全国环境影响评价工程师职业资格考试系列参考资料

环境影响评价技术导则与标准基础过关800题

（2023年版）

马　源　主编

中国环境出版集团·北京

图书在版编目（CIP）数据

环境影响评价技术导则与标准基础过关 800 题：2023 年版/马源主编．—16 版．—北京：中国环境出版集团，2023.3

全国环境影响评价工程师职业资格考试系列参考资料

ISBN 978-7-5111-5454-5

Ⅰ．①环… Ⅱ．①马… Ⅲ．①环境影响—评价—资格考试—习题集 Ⅳ．① X820.3-44

中国版本图书馆 CIP 数据核字（2023）第 037191 号

出 版 人 武德凯
责任编辑 黄晓燕
封面制作 宋 瑞

出版发行 中国环境出版集团
（100062 北京市东城区广渠门内大街 16 号）
网　　址：http://www.cesp.com.cn
电子邮箱：bjgl@cesp.com.cn
联系电话：010-67112765（编辑管理部）
联系电话：010-67112735（第一分社）
发行热线：010-67125803，010-67113405（传真）

印　　刷 北京中科印刷有限公司
经　　销 各地新华书店
版　　次 2007 年 1 月第 1 版　2023 年 3 月第 16 版
印　　次 2023 年 3 月第 1 次印刷
开　　本 787×960　1/16
印　　张 18.5
字　　数 330 千字
定　　价 52.00 元

本书编委会

主　　编　马　源

副 主 编　秦勇涛　王　丹

参编人员　张　晔　高蕊芳　潘　涛　冯华伟

　　　　　张智锋　李　巍　郝　璟　贾　佳

　　　　　王晓云　王　杰

前　言

环境影响评价是我国环境管理制度之一，是从源头上预防环境污染的主要手段。环境影响评价工程师职业资格考试制度是提高环境影响评价水平的一种有效举措，自 2005 年实施以来，对于整体提高我国环境影响评价从业人员的专业素质起到了很大的推进作用。考试科目设环境影响评价相关法律法规、环境影响评价技术导则与标准、环境影响评价技术方法、环境影响评价案例分析共四科，其中前三个科目的考试全部采用客观题，包括单项选择题和不定项选择题。

为帮助广大考生省时高效地复习应考，我们在总结多年来考试试题的基础上，以最新的法律、法规、各种技术导则、标准和方法为依据，严格按照本年度考试大纲要求，精心编写了本书。本书的全部试题完全按照历年考试试题的形式和考试要求编写，题目涵盖了大纲所有的考点，知识点突出、覆盖面广、仿真性强，部分练习在答案中附有详细解析，方便考生使用。

本书的编写原则是强调实战，急考生之所急，有的放矢，在短时间内帮助考生快速提高应考能力。因为在复习过程中，做练习是检验复习效果的有效方法，也是提高考试成绩的理想途径。

本书可作为环境影响评价工程师考试的辅导材料，并可供高等院校环境科学、环境工程等相关专业教学时参考。

本书在编写的过程中得到了中圣环境科技发展有限公司领导和同事给予的协助和大力支持，在此表示衷心的感谢。同时感谢中国环境出版集团黄晓燕编辑及其同事们为本书付出的劳动。本书编写过程中还参阅了部分国内相关文献和书籍，在此一并感谢。

尽管我们为本书的编写付出了大量的精力，但由于编者水平有限，本书的内容仍然可能存在疏漏，不足之处在所难免，敬请同行和读者批评指正。编者联系方式：zhifzhang@qq.com。

编　者

2023 年 3 月

目 录

第一章　环境保护标准体系

一、单项选择题（每题的备选项中，只有一个最符合题意）

1．按我国环境标准体系构成，环境标准可分为（　　）标准。

A．地方与行业　　　　B．海洋与陆域

C．国家级与地方级　　　　D．国家、省（市）、区县级

2．下列关于不同环境功能区执行的环境质量标准等级或类别的表述，正确的是（　　）。

A．一类环境空气功能区适用环境空气二级浓度限值

B．一类、二类环境空气功能区适用环境空气二级浓度限值

C．珍稀水生生物栖息地、鱼虾类产卵场，执行Ⅱ类地表水环境质量标准

D．鱼虾类产卵场、洄游通道，执行Ⅱ类地表水环境质量标准

3．以下不属于国家已颁布污染物排放标准的是（　　）。

A．《加油站大气污染物排放标准》

B．《钢铁工业大气污染物排放标准》

C．《水泥工业大气污染物排放标准》

D．《炼焦化学工业污染物排放标准》

4．以下环境功能区类别一共划分为两个类别的是（　　）。

A．环境空气　　　　B．地下水环境

C．地表水环境　　　　D．声环境

5．国家环境质量标准是（　　）。

A．污染源控制的标准　　　　B．环境质量的技术标准

C．环境质量的基础标准　　　　D．环境质量的目标标准

6．对环境标准工作中的技术术语、符号、代号（代码）、图形、指南、导则、量纲单位及信息编码等作统一规定，这类环境标准称（　　）。

A．国家环境标准样品标准　　　　B．国家环境基础标准

C．国家环保总局标准　　　　D．国家环境质量标准

7．关于国家环境标准与地方环境标准的关系，说法正确的是（　　）。

A．执行上，地方环境标准优先于国家环境标准

B．执行上，国家环境标准优先于地方环境标准

C．执行上，地方环境监测方法标准优先于国家环境监测方法标准

D．执行上，国家污染物排放标准优先于地方污染物排放标准

8．下列关于跨行业综合性污染物排放标准与行业污染物排放标准的说法，错误的是（　　）。

A．有行业性排放标准的执行行业性排放标准

B．《锅炉大气污染物排放标准》属专项排放标准

C．没有行业性排放标准的执行综合排放标准

D．综合性排放标准与行业性排放标准有时可交叉执行

9．下列关于各类环境标准之间的关系，说法错误的是（　　）。

A．环境方法标准是制定、执行环境质量标准、污染物排放标准的主要技术依据之一

B．污染物排放标准是实现环境质量标准的主要手段、措施

C．环境基础标准为制定环境质量标准、污染物排放标准、环境方法标准确定总的原则、程序和方法

D．环境质量标准是环境质量的目标，是制定污染物排放标准的最主要依据

二、不定项选择题（每题的备选项中至少有一个符合题意）

1．某省2000年发布了严于国家的地方大气污染物排放标准，规定A污染物和B污染物排放分别执行80 mg/m^{3}和400 mg/m^{3}的限值。2003年国家修订“大气污染物排放标准”，要求A污染物和B污染物排放分别执行100 mg/m^{3}和200 mg/m^{3}的限值。目前该省A污染物和B污染物排放标准应分别执行（　　）mg/m^{3}的限值。

A．A污染物80　　B．A污染物100

C．B污染物200　　D．B污染物400

2．根据我国环境标准管理的有关规定，省级人民政府可组织制定（　　）。

A．环境基础标准　　B．监测方法标准

C．环境质量标准　　D．污染物排放标准

3．按照国家与地方环境保护标准相关关系的有关规定，对于国家环境保护标准已做规定的项目，以下可由省级人民政府制定的地方环境保护标准有（　　）。

A．严于国家的大气污染物排放标准　　B．严于国家的环境空气质量标准

C．严于国家的地表水环境质量标准　　D．严于国家的水污染物排放标准

4．环境质量标准分级一般与环境功能区类别相对应，以下关于前述对应关系表述正确的有（　　）。

A．环境空气质量功能区分为三类，分别执行一级～三级标准值

B. 地表水环境质量功能区分为五类，分别执行Ⅰ类～Ⅴ类标准值

C. 声环境功能区分为五类，分别执行0类～4类标准值

D. 土壤环境质量分为两类，分别执行一级、二级标准值

5. 关于地方环境标准制定，说法正确的是（　　）。

A. 对国家环境质量标准中未作规定的项目，可以制定地方环境质量标准

B. 对国家污染物排放标准中未作规定的项目，可以制定地方污染物排放标准

C. 对国家环境质量标准中已作规定的项目，可以制定严于国家的地方环境质量标准

D. 对国家污染物排放标准中已作规定的项目，可以制定严于国家的地方污染物排放标准

6. 我国环境标准可分为（　　）。

A. 国家环境保护标准　　B. 地方环境保护标准

C. 环境保护基础标准　　D. 生态环境部标准

7. 我国环境标准体系中的地方环境保护标准可以分为（　　）。

A. 地方环境监测方法标准　　B. 地方环境质量标准

C. 地方污染物排放（控制）标准　　D. 地方环境标准样品标准

8. 下列标准属于我国环境标准体系中的国家环境保护标准的是（　　）。

A. 国家环境标准样品标准　　B. 国家环境基础标准

C. 国家环境监测方法标准　　D. 国家环境质量标准

E. 国家污染物排放标准（或控制标准）

9. 下列关于地方污染物排放（控制）标准，说法正确的是（　　）。

A. 国家污染物排放标准中未做规定的项目可以制定地方污染物排放标准

B. 国家污染物排放标准已规定的项目，可以制定严于国家污染物排放标准的地方污染物排放标准

C. 省、自治区、直辖市人民政府制定机动车船大气污染物地方排放标准严于国家排放标准的，须报经国务院批准

D. 地方污染物排放（控制）标准是对国家环境标准的补充和完善

10. 国家环境监测方法标准包括（　　）。

A. 监测环境质量和污染物排放分析方法的统一规定

B. 监测环境质量和污染物排放测定方法的统一规定

C. 监测环境质量和污染物排放采样方法的统一规定

D. 监测环境质量和污染物排放数据处理的统一规定

11. 国家环境基础标准包括（　　）。

A. 标准中需要统一的信息编码

B．编制环境质量标准和排放标准的基础数据

C．标准中需要统一的符号

D．标准中需要统一的技术术语

12．下列可以由省、自治区、直辖市人民政府制定的标准是（　　）。

A．地方监测方法标准　　B．地方环境质量标准

C．地方环境基础标准　　D．地方污染物排放（控制）标准

13．下列有权制定地方环境质量标准的机构是（　　）。

A．自治区人民政府　　B．自治州人民政府

C．省级生态环境主管部门　　D．直辖市人民政府

14．下列关于环境标准的实施与实施监督的说法，正确的是（　　）。

A．实行总量控制区域的建设项目，除应执行的污染物排放标准外，还应确定排污单位应执行的污染物排放总量控制指标

B．从国外引进的项目，国内无相应污染物排放指标时，执行项目输出国或发达国家现行的该污染物排放标准，无须经当地生态环境主管部门批准

C．建设项目在设计、施工、验收及投产后，均应执行经生态环境主管部门批准的建设项目环境影响报告书（表）中所确定的污染物排放标准

D．标准实施监督中的排污单位的自我监督属于标准实施监督系统的一个重要组成部分，管理性监督主要由县级以上生态环境主管部门负责

15．下列关于环境标准的实施与实施监督的说法，正确的是（　　）。

A．被环境质量标准和污染物排放标准等强制性标准引用的方法标准具有强制性，必须执行

B．配制标准溶液应使用国家环境标准样品

C．环境保护档案、信息进行分类和编码时可以不执行国家基础标准或生态环境部标准

D．县级以上地方人民政府生态环境部门在向同级人民政府和上级生态环境部门汇报环保工作时，应将标准执行情况作为一项重要内容

参考答案

一、单项选择题

1. C　【解析】我国环境保护标准体系分为国家环境保护标准和地方环境保护标准。

2. C　【解析】Ⅱ类标准主要适用于集中式生活饮用水地表水源地一级保护区、

珍稀水生生物栖息地、鱼虾类产卵场、仔稚幼鱼的索饵场等；Ⅲ类标准主要适用于集中式生活饮用水地表水水源地二级保护区、鱼虾类越冬场、洄游通道、水产养殖区等渔业水域及游泳区。

3. B　【解析】目前，国家已颁布《钢铁工业水污染物排放标准》，而不是大气污染物排放标准，但有些地方颁布了钢铁工业大气污染物排放标准。

4. A　【解析】环境空气目前划为二类，其余均为五类。

5. D　6. B

7. A　【解析】目前，环境监测方法标准都是由国家制定的。

8. D　【解析】综合性排放标准与行业性排放标准不交叉执行，即有行业性排放标准的执行行业性排放标准，没有行业性排放标准的执行综合性排放标准。

9. D　【解析】选项D的正确说法应该是“环境质量标准是环境质量的目标，是制定污染物排放标准的主要依据之一”。

二、不定项选择题

1. AC

2. CD　【解析】省级人民政府可组织制定地方环境标准，地方环境标准包含地方污染物排放标准和地方环境质量标准。

3. ABCD　【解析】《环境保护法》第十五条：“省、自治区、直辖市人民政府对国家环境质量标准中未作规定的项目，可以制定地方环境质量标准；对国家环境质量标准中已作规定的项目，可以制定严于国家环境质量标准的地方环境质量标准。”地方污染物排放标准的有关内容在第十六条中也有类似规定。

4. BC　【解析】环境空气质量功能区分为二类，《土壤环境质量　建设用地土壤污染风险管控标准（试行）》（GB 36600—2018）及《土壤环境质量　农用地土壤污染风险管控标准（试行）》（GB 15618—2018）中不再对土壤环境质量进行分类及分级。

5. ABCD　【解析】该考点是高频考点。

6. ABD　【解析】环境保护基础标准是国家环境保护标准中的一种。

7. BC　8. ABCDE　9. AB　10. ABCD　11. ACD

12. BD　【解析】在我国，地方环境质量标准和地方污染物排放（控制）标准可由省、自治区、直辖市人民政府制定。“监测方法标准”和“环境基础标准”只有“国家级”的标准，没有地方标准之说。

13. AD　【解析】地方环境标准由省、自治区、直辖市人民政府制定。自治州人民政府不是省级政府机构，属于地市级。

14. A　【解析】选项B的正确说法是：建设从国外引进的项目，其排放的污染物在国家和地方污染物排放标准中无相应污染物排放指标时，该建设项目引进单位应提交项目输出国或发达国家现行的该污染物排放标准及有关技术资料，由市（地）人民政府生态环境主管部门结合当地环境条件和经济技术状况，提出该项目应执行的排污指标，经省、自治区、直辖市人民政府生态环境主管部门批准后实行，并报生态环境部备案。选项C的正确说法是：建设项目在设计、施工、验收及投产后，如有最新的污染物排放标准发布，应该执行最新的污染物排放标准。选项D的正确说法是：管理性监督主要由各级生态环境主管部门负责。

15. ABD　【解析】选项C的正确说法是：环境保护档案、信息进行分类和编码时，采用环境档案、信息分类与编码标准。

第二章　建设项目环境影响评价技术导则　总纲

一、单项选择题（每题的备选项中，只有一个最符合题意）

1．根据《建设项目环境影响评价技术导则　总纲》，关于“污染源源强核算”的定义，说法正确的是（　　）。

A．选用可行的方法确定规划项目单位时间内污染物的产生量或排放量

B．选用可行的方法确定建设项目单位时间内污染物的产生量或排放量

C．选用可行的方法确定建设项目单位产品污染物的产生量或排放量

D．选用各种方法确定建设项目单位时间内污染物的产生量或排放量

2．根据《建设项目环境影响评价技术导则　总纲》，属于环境影响评价原则的是（　　）。

A．广泛参与原则　　B．完整性原则

C．针对性原则　　D．突出重点原则

3．根据《建设项目环境影响评价技术导则　总纲》，环境影响评价总的原则是（　　）。

A．突出环境影响评价的源头预防作用，坚持保护和改善环境质量

B．以人为本，建设资源节约型、环境友好型社会和科学发展的要求

C．统筹兼顾原则

D．完整性原则

4．根据《建设项目环境影响评价技术导则　总纲》，不属于建设项目环境影响评价技术导则体系的是（　　）。

A．《环境影响评价技术导则　水利水电工程》

B．《污染源源强核算技术指南　电镀》

C．《建设项目人群健康风险评价技术导则》

D．《规划环境影响评价技术导则　总纲》

5．根据《建设项目环境影响评价技术导则　总纲》，属于专题环境影响评价技术导则的是（　　）。

A．《固体废物环境影响评价技术导则》

B．《海洋工程环境影响评价技术导则》

C.《污染源源强核算技术指南　锅炉》

D.《环境影响评价技术导则　生态影响》

6. 根据《建设项目环境影响评价技术导则　总纲》，不属于专题环境影响评价技术导则的是（　　）。

A.《环境影响经济损益分析技术导则》

B.《建设项目环境风险评价技术导则》

C.《建设项目人群健康风险评价技术导则》

D.《环境影响评价技术导则　土壤环境（试行）》

7. 根据《建设项目环境影响评价技术导则　总纲》，环境影响评价工作一般分三个阶段，即（　　）。

A. 准备阶段，正式工作阶段，环境影响报告书（表）编制阶段

B. 调查分析和工作方案制定阶段，分析论证和预测评价阶段，环境影响报告书编制阶段

C. 前期准备、调研和工作方案制定阶段，分析论证和预测评价阶段，环境影响报告书编制阶段

D. 调查分析和工作方案制定阶段，分析论证和预测评价阶段，环境影响报告书（表）编制阶段

8. 根据《建设项目环境影响评价技术导则　总纲》，“环境影响识别和评价因子筛选”在环境影响评价工作中的（　　）阶段完成。

A. 调查分析和工作方案制定

B. 分析论证和预测评价

C. 环境影响报告书（表）编制

D. 前期准备、调研和工作方案制定

9. 根据《建设项目环境影响评价技术导则　总纲》，下列工作内容中，不属于第二阶段（分析论证和预测评价阶段）环境影响评价工作内容的是（　　）。

A. 建设项目工程分析

B. 环境现状调查、监测与评价

C. 提出环境保护措施，进行技术经济论证

D. 各环境要素环境影响预测与评价

10. 根据《建设项目环境影响评价技术导则　总纲》，关于环境影响报告书（表）的编制要求，说法错误的是（　　）。

A. 环境影响报告表应采用规定格式

B. 环境影响报告书（表）内容涉及国家秘密的，按国家涉密管理有关规定处理

C. 环境影响报告书中的总则可简要说明建设项目的特点、环境影响评价的工作过

程、分析判定相关情况、关注的主要环境问题及环境影响、环境影响评价的主要结论等

D. 环境影响报告表可根据工程特点、环境特征，有针对性地突出环境要素或设置专题开展评价

11. 根据《建设项目环境影响评价技术导则　总纲》，环境影响因素识别应（　　）分析建设项目对各环境要素可能产生的污染和生态影响，包括有利与不利影响、长期与短期影响、可逆与不可逆影响、直接与间接影响、累积与非累积影响等。

A. 定性　　B. 定量

C. 半定量　　D. 定性、半定量

12. 根据《建设项目环境影响评价技术导则　总纲》，环境影响因素识别应结合建设项目所在区域的（　　），分析可能受上述行为影响的环境影响因素。

A. 土地利用规划、环境保护规划、环境功能区划、生态功能区划及环境现状

B. 发展规划、环境保护规划、环境功能区划、生态功能区划及环境现状

C. 国土空间规划、环境保护规划、环境功能区划、生态功能区划及环境现状

D. 发展规划、环境保护规划、环境功能区划、生态功能区划

13. 根据《建设项目环境影响评价技术导则　总纲》，在评价因子筛选过程中，不需要考虑的是（　　）。

A. 环境影响的主要特征　　B. 评价标准和环境制约因素

C. 区域环境功能要求　　D. 建设项目污染防治措施成果

14. 根据《建设项目环境影响评价技术导则　总纲》，筛选确定评价因子可不考虑的因素是（　　）。

A. 项目环保投资　　B. 评价标准

C. 环境保护目标　　D. 建设项目的特点

15.《建设项目环境影响评价技术导则　总纲》所列出的环境影响因素识别方法有（　　）和地理信息系统（GIS）支持下的叠加图法。

A. 矩阵法、类比调查法　　B. 矩阵法、德尔菲法

C. 网络法、专业判断法　　D. 矩阵法、网络法

16. 根据《建设项目环境影响评价技术导则　总纲》，在划分各环境要素、各专题评价工作等级时，下列依据错误的是（　　）。

A. 环境制约因素　　B. 相关法律法规、标准及规划

C. 环境功能区划　　D. 建设项目的特点

17. 根据《建设项目环境影响评价技术导则　总纲》，建设项目有多个建设方案、涉及环境敏感区或环境影响显著时，应重点从环境制约因素、（　　）等方面进行建设方案环境比选。

A．环境影响程度　　B．环境保护目标

C．污染治理措施　　D．生态保护措施

18．根据《建设项目环境影响评价技术导则　总纲》，不属于建设项目概况的基本内容是（　　）。

A．主体工程　　B．投资工程

C．辅助工程　　D．依托工程

19．根据《建设项目环境影响评价技术导则　总纲》，污染影响因素分析遵循（　　）的理念，从工艺的环境友好性、工艺过程的主要产污节点以及末端治理措施的协同性等方面，选择可能对环境产生较大影响的主要因素进行深入分析。

A．清洁生产　　B．循环经济

C．可持续发展　　D．生态文明

20．根据《建设项目环境影响评价技术导则　总纲》，关于污染影响因素分析内容的叙述，错误的是（　　）。

A．绘制包含产污环节的生产工艺流程图

B．存在较大潜在人群健康风险的建设项目，应开展影响人群健康的潜在环境风险因素识别

C．说明各种源头防控、过程控制、末端治理、回收利用等环境影响减缓措施状况

D．给出噪声、热、光、振动、放射性及电磁辐射等污染的来源、特性及强度

21．根据《建设项目环境影响评价技术导则　总纲》，下列工况中，属于生产运行阶段非正常工况的是（　　）。

A．开车、停车、事故　　B．停车、维修、事故

C．开车、停车、维修　　D．开车、维修、事故

22．根据《建设项目环境影响评价技术导则　总纲》，生态影响因素分析内容的重点为（　　）。

A．直接性影响、区域性影响、短期性影响以及累积性影响等特有生态影响因素的分析

B．间接性影响、区域性影响、长期性影响以及累积性影响等特有生态影响因素的分析

C．影响程度大、范围广、历时长或涉及环境敏感区的作用因素和影响源

D．区域性影响以及累积性影响等特有生态影响因素的分析

23．根据《建设项目环境影响评价技术导则　总纲》，下列统计量中，不纳入污染源源强核算的是（　　）。

A．有组织污染物排放强度　　B．无组织污染物排放强度

C．事故工况污染物排放强度　　D．非正常工况污染物排放强度

24. 根据《建设项目环境影响评价技术导则　总纲》，针对环境现状调查与评价，收集和利用评价范围内各例行监测点、断面或站位的环境监测资料或背景值调查资料的时间要求是（　）。

A. 近一年　B. 近二年　C. 近三年　D. 近五年

25. 根据《建设项目环境影响评价技术导则　总纲》，对于环境现状调查与评价的基本要求，下列说法错误的是（　）。

A. 对与建设项目有密切关系的环境要素应全面、详细调查，给出定量的数据并作出分析或评价

B. 对于自然环境的现状调查，可根据建设项目情况进行必要说明

C. 对与建设项目有密切关系的环境要素应全面、详细调查，给出定性的分析或评价

D. 符合相关规划环境影响评价结论及审查意见的建设项目，可直接引用符合时效的相关规划环境影响评价的环境调查资料及有关结论

26. 根据《建设项目环境影响评价技术导则　总纲》，建设项目环境影响预测与评价时，（　）均应根据其评价工作等级、工程特点与环境特性、当地的环境保护要求而定。

A. 环境影响预测与评价的范围、时段、内容及方法

B. 环境影响预测与评价的范围、时段、内容

C. 环境影响预测与评价的时段、内容及方法

D. 环境影响预测与评价的范围、时段、方法

27. 根据《建设项目环境影响评价技术导则　总纲》，建设项目在进行预测和评价时，须考虑环境质量背景与环境影响评价范围内（　）项目同类污染物环境影响的叠加。

A. 在建和未建　B. 拟建

C. 已建、在建和规划　D. 在建

28. 根据《建设项目环境影响评价技术导则　总纲》，建设项目环境影响预测与评价时，对于环境质量不符合环境功能要求或环境质量改善目标的，应结合（　）对环境质量变化进行预测。

A. 区域总量控制指标　B. 环境整治计划

C. 环境功能区划　D. 区域限期达标规划

29. 根据《建设项目环境影响评价技术导则　总纲》，关于各类环境保护措施的有效性判定，说法错误的是（　）。

A. 环保措施可以用同类措施的实际运行效果为依据

B. 没有实际运行经验的环保措施，可提供工程化实验数据为依据

C．没有实际运行经验的环保措施，可提供中试阶段的实验数据为依据

D．环保措施可以用相同措施的实际运行效果为依据

30．根据《建设项目环境影响评价技术导则　总纲》，对于环境质量不达标的区域，关于采取各类环境保护措施的说法，错误的是（　　）。

A．应采取国内外先进可行的环境保护措施

B．应采取国内外经济可行的环境保护措施

C．结合区域限期达标规划及其实施情况，分析建设项目实施对区域环境质量改善目标的贡献

D．结合区域限期达标规划及其实施情况，分析建设项目实施对区域环境质量改善目标的影响

31．根据《建设项目环境影响评价技术导则　总纲》，环境保护投入不包括下列（　　）费用。

A．环保设施的运行维护　　B．直接为建设项目服务的环境管理

C．直接为建设项目服务的监测　　D．环保罚金

32．根据《建设项目环境影响评价技术导则　总纲》，环境影响经济损益分析应采取（　　）的方式。

A．定性与定量相结合　　B．定量

C．定性为主，定量为辅　　D．定性

33．根据《建设项目环境影响评价技术导则　总纲》，关于污染物排放的管理要求，下列说法错误的是（　　）。

A．给出工程组成及原辅材料组分要求

B．给出拟采取的环境保护措施及主要运行参数要求

C．给出排放的污染物种类、排放浓度和总量指标要求

D．给出日常环境管理制度要求

34．根据《建设项目环境影响评价技术导则　总纲》，环境监测计划应包括（　　）。

A．污染源监测计划

B．环境质量监测计划

C．污染源监测计划和环境质量监测计划

D．污染源监测计划和环境管理监测计划

35．根据《建设项目环境影响评价技术导则　总纲》，下列不属于环境监测计划内容的是（　　）。

A．监测因子　　B．采样分析方法

C．监测网点布设　　D．监测时间

36．根据《建设项目环境影响评价技术导则　总纲》，对以生态影响为主的建设

项目，环境监测计划应提出（　　）。

A．环境监理要求　　B．生态监测方案

C．环境跟踪监测计划　　D．定期跟踪监测方案

37．根据《建设项目环境影响评价技术导则　总纲》，对存在较大潜在人群健康风险的建设项目，环境监测计划应提出（　　）。

A．剂量—效应评价要求　　B．毒理监测方案

C．环境跟踪监测计划　　D．健康监测方案

38．根据《建设项目环境影响评价技术导则　总纲》，关于“累积影响”的定义，说法正确的是（　　）。

A．指当一个项目的环境影响与另一个项目的环境影响以协同的方式进行结合时的后果

B．指当一种活动的影响与过去、现在及将来可预见活动的影响叠加时，造成环境影响的后果

C．指当若干个项目对环境系统产生的影响在时间上过于频繁或在空间上过于密集，以至于各单个项目的影响得不到及时消纳时的后果

D．指当多种活动的影响与过去、现在及将来可预见活动的影响叠加时，造成环境影响的后果

二、不定项选择题（每题的备选项中至少有一个符合题意）

1．根据《建设项目环境影响评价技术导则　总纲》，关于“导则的适用范围”，说法正确的是（　　）。

A．需编制环境影响报告书的建设项目环境影响评价

B．需编制环境影响报告表的建设项目环境影响评价

C．需编制环境影响登记表的建设项目环境影响评价

D．其他

2．根据《建设项目环境影响评价技术导则　总纲》，下列属于环境影响评价原则的是（　　）。

A．依法评价　　B．科学评价

C．广泛参与　　D．突出重点

3．根据《建设项目环境影响评价技术导则　总纲》，下列不属于环境影响评价原则的是（　　）。

A．广泛参与　　B．完整性

C．早期介入　　D．依法评价

4．根据《建设项目环境影响评价技术导则　总纲》，属于建设项目环境影响评

价技术导则体系的是（　　）。

A．总纲　B．环境要素环境影响评价技术导则

C．专题环境影响评价技术导则　D．行业建设项目环境影响评价技术导则

5．根据《建设项目环境影响评价技术导则　总纲》，下列（　　）属于建设项目环境影响评价技术导则体系。

A．《建设项目环境影响评价技术导则　总纲》

B．《污染源源强核算技术指南　准则》

C．《人群健康风险评价技术导则》

D．《环境影响评价技术导则　制药建设项目》

6．根据《建设项目环境影响评价技术导则　总纲》，不属于专题环境影响评价技术导则的有（　　）。

A．《环境影响评价技术导则　总纲》

B．《建设项目环境风险评价技术导则》

C．《污染源源强核算技术指南　锅炉》

D．《环境影响评价技术导则　石油化工建设项目》

7．根据《建设项目环境影响评价技术导则　总纲》，属于建设项目环境影响评价技术导则体系的是（　　）。

A．《建设项目环境影响评价技术导则　总纲》

B．《环境影响评价技术导则　生态影响》

C．《建设项目环境风险评价技术导则》

D．《环境影响评价技术导则　水利水电工程》

8．根据《建设项目环境影响评价技术导则　总纲》，下列（　　）是“分析论证和预测评价”阶段完成的工作。

A．给出建设项目环境影响评价结论　B．建设项目工程分析

C．环境现状调查、监测与评价　D．给出污染物排放清单

9．根据《建设项目环境影响评价技术导则　总纲》，下列（　　）是“调查分析和工作方案制定”阶段完成的工作。

A．初步工程分析　B．确定评价重点和环境保护目标

C．环境现状调查监测与评价　D．给出污染物排放清单

10．根据《建设项目环境影响评价技术导则　总纲》，下列工作内容中，属于环境影响报告书（表）编制工作的有（　　）。

A．建设项目工程分析

B．给出污染物排放清单

C．各环境要素环境影响预测与评价

D．提出环境保护措施，进行技术经济论证

11．根据《建设项目环境影响评价技术导则　总纲》，下列关于建设项目环境影响报告书编制包括的内容，说法正确的有（　　）。

A．建设项目工程分析　　B．环境影响经济损益分析

C．环境管理与监测计划　　D．附录附件

12．根据《建设项目环境影响评价技术导则　总纲》，下列关于开展环境影响评价工作的前提和基础的说法，正确的有（　　）。

A．建设项目的规模、性质、工艺路线等与国家、地方产业政策的相符性

B．建设项目的选址选线与规划环境影响评价结论及审查意见的符合性

C．建设项目的选址选线、规模、性质和工艺路线等与有关环境保护法律法规、标准、政策、规范等的符合性

D．建设项目的规模、性质、工艺路线等与清洁生产的相符性

13．根据《建设项目环境影响评价技术导则　总纲》，下列（　　）是环境影响报告书应包括的内容。

A．环境影响经济损益分析　　B．清洁生产

C．公众参与　　D．环境管理与监测计划

14．根据《建设项目环境影响评价技术导则　总纲》，下列选项中环境影响报告书可以不包括（　　）的内容。

A．建设项目工程分析　　B．水土保持

C．环境影响预测与评价　　D．项目建设的必要性

15．根据《建设项目环境影响评价技术导则　总纲》，关于环境影响报告书（表）的编制要求，说法错误的是（　　）。

A．环境影响报告书的内容一般应包括概述、总则、产业政策符合性、建设项目工程分析、环境现状调查与评价、水土保持、占用耕地等内容

B．环境影响报告书应概括地反映环境影响评价的全部工作成果，突出重点

C．环境影响报告书提出的环境保护措施应可行、先进、有效，评价结论应明确

D．文字应简洁、准确，文本应规范，计量单位应标准化，数据应真实、可信，资料应翔实，应强化先进信息技术的应用

16．根据《建设项目环境影响评价技术导则　总纲》，环境影响因素识别的内容包括（　　）。

A．明确建设项目在相同阶段的各种行为与可能受影响的环境要素间的作用效应关系

B．定性分析建设项目对各环境要素可能产生的污染影响与生态影响

C．定量分析建设项目对各环境要素可能产生的污染影响与生态影响

D．明确建设项目在建设阶段、生产运行、服务期满后等不同阶段的各种行为与可能受影响的环境要素间的作用效应关系、影响性质、影响范围、影响程度等

17．根据《建设项目环境影响评价技术导则　总纲》，环境影响因素识别方法可采用（　　）。

A．网络法　　B．类比分析

C．地理信息系统支持下的叠加图法　　D．专家判断法

18．根据《建设项目环境影响评价技术导则　总纲》，筛选确定评价因子时，需考虑包含（　　）的内容。

A．环境影响的主要特征　　B．区域环境功能要求

C．评价标准和环境制约因素　　D．建设项目特点

19．根据《建设项目环境影响评价技术导则　总纲》，说明环境保护目标时需列出包含（　　）的内容。

A．名称　　B．功能

C．与建设项目的位置关系　　D．环境保护要求

20．根据《建设项目环境影响评价技术导则　总纲》，建设项目有多个建设方案、涉及环境敏感区或环境影响显著时，应重点从（　　）等方面进行建设方案环境比选。

A．环境制约因素　　B．技术可行性

C．环境影响程度　　D．经济合理性

21．根据《建设项目环境影响评价技术导则　总纲》，当建设项目（　　）时，应重点从环境制约因素、环境影响程度等方面进行建设方案环境比选。

A．有多个建设方案　　B．涉及环境敏感区

C．环境影响较大　　D．跨行政区域

22．根据《建设项目环境影响评价技术导则　总纲》，下列（　　）属于建设项目概况的基本内容。

A．辅助工程　　B．环保工程

C．储运工程　　D．依托工程

23．根据《建设项目环境影响评价技术导则　总纲》，以污染影响为主的建设项目概况，下列（　　）等内容应明确。

A．平面布置　　B．总投资

C．产品方案　　D．环境保护投资

24．根据《建设项目环境影响评价技术导则　总纲》，以生态影响为主的建设项目概况，下列（　　）等内容应明确。

A．施工方式　　B．施工时序

C．占地规模　　D．建设周期

25．根据《建设项目环境影响评价技术导则　总纲》，改扩建及易地搬迁建设项目概况应包括（　　）。

A．现有工程的基本情况　　B．存在的环境保护问题

C．污染物排放及达标情况　　D．拟采取的整改方案

26．根据《建设项目环境影响评价技术导则　总纲》，关于污染影响因素分析内容的叙述，正确的是（　　）。

A．按照各环节分析包括常规污染物、特征污染物在内的污染物产生、排放情况（包括正常工况和开停工及维修等非正常工况）

B．特征污染物应明确其来源、转移途径和流向

C．说明各种源头防控、过程控制、末端治理、回收利用等环境影响减缓措施状况

D．明确项目消耗的原料、辅料、燃料、水资源等的种类、构成和数量

27．根据《建设项目环境影响评价技术导则　总纲》，关于生态影响因素分析内容的叙述，正确的是（　　）。

A．结合建设项目特点和区域环境特征，分析建设项目建设和运行过程对生态环境的作用因素与影响源

B．结合建设项目特点和区域环境特征，分析建设项目建设和运行过程对生态环境的作用因素与影响方式、影响范围和影响程度

C．重点为影响程度大、范围广、历时长或涉及环境敏感区的作用因素和影响源

D．关注间接性影响、区域性影响、长期性影响以及累积性影响等特有生态影响因素的分析

28．根据《建设项目环境影响评价技术导则　总纲》，污染源源强核算时，需核算建设项目（　　）的污染物产生和排放强度，给出污染因子及其产生和排放的方式、浓度、数量等。

A．有组织与无组织　　B．正常工况与事故工况下

C．事故工况下　　D．正常工况与非正常工况下

29．根据《建设项目环境影响评价技术导则　总纲》，对改扩建项目的污染物排放量的统计，应给出包含（　　）的内容。

A．现有项目的污染物产生量、排放量

B．在建项目的污染物产生量、排放量

C．改扩建项目实施后的污染物产生量、排放量及其变化量

D．改扩建项目建成后最终的污染物排放量

30．根据《建设项目环境影响评价技术导则　总纲》，对于环境现状调查与评价的基本要求，下列说法正确的有（　　）。

A．对与建设项目有密切关系的环境要素应全面、详细调查，给出定性的数据并作

出分析或评价

B．充分收集和利用评价范围内各例行监测点、断面或站位的近三年环境监测资料或背景值调查资料

C．当现有资料不能满足要求时，应进行现场调查和测试，现状监测和观测网点应兼顾均布性和代表性原则布设

D．符合相关规划环境影响评价结论及审查意见的建设项目，可直接引用相关规划环境影响评价的环境调查资料及有关结论

31．根据《建设项目环境影响评价技术导则　总纲》，区域污染源主要调查对象含（　　）。

A．建设项目常规污染因子

B．建设项目特征污染因子

C．影响评价区环境质量的主要污染因子

D．影响评价区环境质量的特殊污染因子

32．根据《建设项目环境影响评价技术导则　总纲》，预测和评价的因子应包括反映（　　）。

A．建设项目特点的常规污染因子、特征污染因子

B．建设项目特点的常规污染因子、特征污染因子和生态因子

C．区域环境质量状况的主要污染因子、特殊污染因子

D．区域环境质量状况的主要污染因子、特殊污染因子和生态因子

33．根据《建设项目环境影响评价技术导则　总纲》，建设项目的环境影响预测与评价的时段、内容及方法均应根据（　　）而定。

A．工程环保投资　　B．评价工作等级

C．当地的环境保护要求　　D．工程特点与环境特性

34．根据《建设项目环境影响评价技术导则　总纲》，建设项目的环境影响，按照建设项目实施过程的不同阶段，可以划分为（　　）的环境影响。

A．运行初期　　B．建设阶段

C．生产运行阶段　　D．服务期满后

35．根据《建设项目环境影响评价技术导则　总纲》，（　　）应重点进行环境影响预测。

A．生产运行阶段正常工况　　B．生产运行阶段非正常工况

C．生产运行阶段事故排放　　D．服务期满后

36．根据《建设项目环境影响评价技术导则　总纲》，当建设阶段的大气、地表水、地下水、噪声、振动、生态以及土壤等（　　）时，应进行建设阶段的环境影响预测和评价。

A．影响范围较广　　B．影响程度较重

C．投资总额较大　　D．影响时间较长

37．根据《建设项目环境影响评价技术导则　总纲》，选择开展建设项目服务期满后的环境影响预测和评价时，可根据（　　）等确定。

A．工程特点、规模　　B．环境敏感程度

C．影响特征　　D．环境规划

38．根据《建设项目环境影响评价技术导则　总纲》，当建设项目排放污染物对环境存在累积影响时，下列说法正确的是（　　）。

A．应明确累积影响的影响源

B．分析项目实施可能发生累积影响的条件、方式和途径

C．需考虑环境对建设项目影响的承载能力

D．预测项目实施在时间和空间上的累积环境影响

39．根据《建设项目环境影响评价技术导则　总纲》，环境监测计划内容应包括（　　）。

A．监测因子、监测频次　　B．监测网点布设

C．监测数据采集与处理　　D．采样分析方法

40．根据《建设项目环境影响评价技术导则　总纲》，建设项目拟采取的环境保护措施包括（　　）。

A．设计阶段拟采取的污染防治、生态保护、环境风险防范措施

B．建设阶段、生产运行阶段和服务期满后（可根据项目情况选择）拟采取的具体污染防治措施

C．建设阶段、生产运行阶段和服务期满后（可根据项目情况选择）拟采取的具体生态保护措施

D．建设阶段、生产运行阶段和服务期满后（可根据项目情况选择）拟采取的环境风险防范措施

41．根据《建设项目环境影响评价技术导则　总纲》，环境保护措施及其可行性论证内容包括（　　）。

A．拟采取措施的技术可行性、经济合理性

B．拟采取措施的长期稳定运行和达标排放的可靠性

C．拟采取措施的满足环境质量改善和排污许可要求的可行性

D．拟采取措施的生态保护和恢复效果的可达性

42．根据《建设项目环境影响评价技术导则　总纲》，对于拟采取环境保护措施的论证应从（　　）进行。

A．技术可行性

B．经济合理性

C．长期稳定运行和达标排放的可靠性

D．满足环境质量与污染物排放总量控制要求的可行性

43．根据《建设项目环境影响评价技术导则　总纲》，对于各类环境保护措施应给出包含（　　）等的内容。

A．资金来源　　B．责任主体

C．实施时段　　D．环境保护投入

44．根据《建设项目环境影响评价技术导则　总纲》，环境保护投入应包括为预防和减缓建设项目不利环境影响而采取的各项费用，包括（　　）。

A．环境保护措施和设施的建设费用、运行维护费用

B．间接为建设项目服务的环境管理与监测费用

C．直接为建设项目服务的环境管理费用

D．直接为建设项目服务的监测费用

45．根据《建设项目环境影响评价技术导则　总纲》，环境影响经济损益分析在进行货币化经济损益核算时，建设项目的环境影响后果包括（　　）。

A．直接和间接影响　　B．短期和长期影响

C．区域性和累积影响　　D．不利和有利影响

46．根据《建设项目环境影响评价技术导则　总纲》，下列（　　）为污染物排放的管理要求。

A．给出排污口信息　　B．给出执行的环境标准

C．给出环境风险防范措施　　D．给出污染物排放的分时段要求

47．根据《建设项目环境影响评价技术导则　总纲》，下列（　　）为污染物排放的管理要求。

A．给出工程组成及原辅材料组分要求

B．给出建设项目拟采取的环境保护措施及主要运行参数

C．给出排放的污染物种类、排放浓度和总量指标

D．给出环境监测要求

48．根据《建设项目环境影响评价技术导则　总纲》，环境监测计划的内容不包括（　　）。

A．监测布点原则　　B．监测网点布设、监测频次

C．采样分析方法　　D．监测数据采集与处理

49．根据《建设项目环境影响评价技术导则　总纲》，关于环境监测计划的说法，正确的有（　　）。

A．污染源监测明确在线监测设备的布设方法和监测因子

B．污染源监测包括对污染源以及各类污染治理设施的运转进行定期或不定期监测

C．根据建设项目环境影响特征、影响范围和影响程度，结合环境保护目标分布，制定环境质量定点监测或定期跟踪监测方案

D．以生态影响为主的建设项目应提出生态监测方案

50．根据《建设项目环境影响评价技术导则　总纲》，下列（　）的建设项目，应提出环境影响不可行的结论。

A．存在重大环境制约因素、环境影响不可接受

B．存在重大环境制约因素、环境风险不可控

C．环境保护措施经济技术不满足长期稳定达标及生态保护要求

D．区域环境问题突出且整治计划不落实

51．根据《建设项目环境影响评价技术导则　总纲》，下列（　）的建设项目，应提出环境影响不可行的结论。

A．环境风险不可控

B．环境影响较大

C．环境保护措施经济技术不满足生态保护要求

D．区域环境问题突出且不能满足环境质量改善目标

52．根据《建设项目环境影响评价技术导则　总纲》，下列（　）的建设项目，不能提出环境影响不可行的结论。

A．存在重大环境制约因素　　B．不满足清洁生产要求

C．环境风险不可控　　D．区域环境问题突出

参考答案

一、单项选择题

1．B　【解析】《建设项目环境影响评价技术导则　总纲》的适用范围中，污染源源强核算是指选用可行的方法确定建设项目单位时间内污染物的产生量或排放量。污染源源强核算强调了“选用可行的方法”，并不是所有的方法都能核算。

2．D　【解析】《建设项目环境影响评价技术导则　总纲》具体提出了“依法评价、科学评价、突出重点”三条原则。选项A、B属于旧总纲的原则。

3．A　【解析】根据《建设项目环境影响评价技术导则　总纲》，环境影响评价原则应突出环境影响评价的源头预防作用，坚持保护和改善环境质量。

4．D　【解析】建设项目环境影响评价技术导则体系由总纲、污染源源强核算技术指南、环境要素环境影响评价技术导则、专题环境影响评价技术导则和行业建

设项目环境影响评价技术导则等构成。污染源源强核算技术指南包括污染源源强核算准则和火电、造纸、水泥、钢铁等行业污染源源强核算技术指南；专题环境影响评价技术导则指环境风险评价、人群健康风险评价、环境影响经济损益分析、固体废物等环境影响评价技术导则；行业建设项目环境影响评价技术导则指水利水电、采掘、交通、海洋工程等建设项目环境影响评价技术导则。

5. A 【解析】专题环境影响评价技术导则指环境风险评价、人群健康风险评价、环境影响经济损益分析、固体废物等环境影响评价技术导则。

6. D 【解析】见上题。

7. D 【解析】《建设项目环境影响评价技术导则　总纲》中环境影响评价工作程序的三个阶段是指调查分析和工作方案制定阶段，分析论证和预测评价阶段，环境影响报告书（表）编制阶段。

8. A 【解析】见《建设项目环境影响评价技术导则　总纲》图1。

9. C 【解析】见《建设项目环境影响评价技术导则　总纲》图1。

10. C 【解析】选项C的内容属环境影响报告书中的概述的内容。概述可简要说明建设项目的特点、环境影响评价的工作过程、分析判定相关情况、关注的主要环境问题及环境影响、环境影响评价的主要结论等。总则应包括编制依据、评价因子与评价标准、评价工作等级和评价范围、相关规划及环境功能区划、主要环境保护目标等。

11. A 【解析】环境影响因素识别应明确建设项目在建设阶段、生产运行、服务期满后（可根据项目情况选择）等不同阶段的各种行为与可能受影响的环境要素间的作用效应关系、影响性质、影响范围、影响程度等，定性分析建设项目对各环境要素可能产生的污染影响与生态影响，包括有利与不利影响、长期与短期影响、可逆与不可逆影响、直接与间接影响、累积与非累积影响等。

12. B 【解析】列出建设项目的直接行为和间接行为，结合建设项目所在区域发展规划、环境保护规划、环境功能区划、生态功能区划及环境现状，分析可能受上述行为影响的环境影响因素。

13. D 【解析】根据建设项目的特点、环境影响的主要特征，结合区域环境功能要求、环境保护目标、评价标准和环境制约因素，筛选确定评价因子。

14. A 【解析】见上题。

15. D 【解析】环境影响因素识别可采用矩阵法、网络法、地理信息系统支持下的叠加图法等。

16. A 【解析】按建设项目的特点、所在地区的环境特征、相关法律法规、标准及规划、环境功能区划等划分各环境要素、各专题评价工作等级。

17. A 【解析】建设项目有多个建设方案、涉及环境敏感区或环境影响显著时，应重点从环境制约因素、环境影响程度等方面进行建设方案环境比选。

18. B 【解析】建设项目概况的基本内容包括主体工程、辅助工程、公用工程、环保工程、储运工程以及依托工程等。

19. A 【解析】污染影响因素分析遵循清洁生产的理念，从工艺的环境友好性、工艺过程的主要产污节点以及末端治理措施的协同性等方面，选择可能对环境产生较大影响的主要因素进行深入分析。注意：环境影响报告书虽然没有清洁生产的内容，但污染影响因素分析是从清洁生产的理念去分析，充分遵循污染源头预防、过程控制和末端治理的全过程控制理念，客观评价项目产污负荷。

20. D 【解析】热污染、光污染在旧总纲中有，现删除，也就是说热污染、光污染等不是环评需要考虑的内容。选项 B、C 属新《建设项目环境影响评价技术导则　总纲》增加的内容。

21. C　22. C

23. C 【解析】核算建设项目有组织与无组织、正常工况与非正常工况下的污染物产生和排放强度，给出污染因子及其产生和排放的方式、浓度、数量等。

24. C　25. C　26. C

27. D 【解析】须考虑环境质量背景与环境影响评价范围内在建项目同类污染物环境影响的叠加。

28. D

29. C 【解析】各类措施的有效性判定应以同类或相同措施的实际运行效果为依据，没有实际运行经验的，可提供工程化实验数据。

30. B 【解析】环境质量不达标的区域，应采取国内外先进可行的环境保护措施，结合区域限期达标规划及其实施情况，分析建设项目实施对区域环境质量改善目标的贡献和影响。

31. D 【解析】环境保护投入应包括为预防和减缓建设项目不利环境影响而采取的各项环境保护措施和设施的建设费用、运行维护费用，直接为建设项目服务的环境管理与监测费用以及相关科研费用。

32. A 【解析】环境影响经济损益分析将建设项目实施后的环境影响预测与环境质量现状进行比较，从环境影响的正负两方面，以定性与定量相结合的方式，对建设项目的环境影响后果（包括直接影响和间接影响、不利影响和有利影响）进行货币化经济损益核算，估算建设项目环境影响的经济价值。

33. D 【解析】选项 D 是环境管理的内容，但不是污染物排放的管理要求。

34. C 【解析】环境监测计划应包括污染源监测计划和环境质量监测计划，内容包括监测因子、监测网点布设、监测频次、监测数据采集与处理、采样分析方法等，明确自行监测计划内容。

35．D

36．B　【解析】对以生态影响为主的建设项目应提出生态监测方案。

37．C　【解析】对存在较大潜在人群健康风险的建设项目，应提出环境跟踪监测计划。

38．B

二、不定项选择题

1．AB　【解析】导则原文。本标准适用于需编制环境影响报告书和环境影响报告表的建设项目环境影响评价。

2．ABD　【解析】选项C属于旧总纲的原则。目前，公众参与的责任主体是建设单位。公众参与的开展情况需单独编制成册，存档备查，建设单位报送的环境影响报告书应附具公众参与说明书，供环评审批决策参考。

3．ABC　【解析】总纲只有“依法评价、科学评价、突出重点”三条原则。

4．ABCD　【解析】导则体系由总纲、污染源源强核算技术指南、环境要素环境影响评价技术导则、专题环境影响评价技术导则和行业建设项目环境影响评价技术导则等构成。

5．ABCD

6．ACD　【解析】专题环境影响评价技术导则指环境风险评价、人群健康风险评价、环境影响经济损益分析、固体废物等环境影响评价技术导则。选项A属总纲，选项C属要素，选项D属行业。

7．ABCD

8．BC　【解析】选项A、D都属环境影响报告书（表）编制阶段完成的工作。

9．AB　【解析】选项C属分析论证和预测评价阶段完成的工作。选项D属环境影响报告书（表）编制阶段完成的工作。

10．BD

11．ABCD　【解析】建设项目环境影响报告书一般包括概述、总则、建设项目工程分析、环境现状调查与评价、环境影响预测与评价、环境保护措施及其可行性论证、环境影响经济损益分析、环境管理与监测计划、环境影响评价结论和附录附件等内容。

12．BC　【解析】分析判定建设项目选址选线、规模、性质和工艺路线等与国家和地方有关环境保护法律法规、标准、政策、规范、相关规划、规划环境影响评价结论及审查意见的符合性，并与生态保护红线、环境质量底线、资源利用上线和环境准入负面清单进行对照，作为开展环境影响评价工作的前提和基础。

依法由其他主管部门管理的内容，有相关的管理办法或技术规范，不再纳入环评内容。如由发展改革部门管理的内容：产业政策符合性、项目建设必要性、工程规模论证、社会稳定风险评估、清洁生产。水利部门主管的内容有：水土保持、水资源论证、涉水工程的防洪影响等。

13. AD 【解析】公众参与单独编制成册。

14. BD

15. AC 【解析】环境保护措施应可行、有效，不一定先进。

16. BD 【解析】污染影响与生态影响包括有利与不利影响、长期与短期影响、可逆与不可逆影响、直接与间接影响、累积与非累积影响等，不一定全部能定量。

17. AC

18. ABCD 【解析】根据建设项目的特点、环境影响的主要特征，结合区域环境功能要求、环境保护目标、评价标准和环境制约因素，筛选确定评价因子。注意是5个方面因素。

19. ABCD 【解析】依据环境影响因素识别结果，附图并列表说明评价范围内各环境要素涉及的环境敏感区，需要特殊保护对象的名称、功能，与建设项目的位置关系以及环境保护要求等。

20. AC 【解析】建设项目有多个建设方案、涉及环境敏感区或环境影响显著时，应重点从环境制约因素、环境影响程度等方面进行建设方案环境比选。

21. AB

22. ABCD 【解析】建设项目概况的基本内容包括主体工程、辅助工程、公用工程、环保工程、储运工程以及依托工程等。

23. ABCD 【解析】现场布置属以生态影响为主的建设项目应明确的内容。以污染影响为主的建设项目应明确项目组成、建设地点、原辅料、生产工艺、主要生产设备、产品（包括主产品和副产品）方案、平面布置、建设周期、总投资及环境保护投资等。

24. ABCD 【解析】以生态影响为主的建设项目应明确项目组成、建设地点、占地规模、总平面及现场布置、施工方式、施工时序、建设周期和运行方式、总投资及环境保护投资等。

25. ABCD 【解析】改扩建及易地搬迁建设项目还应包括现有工程的基本情况、污染物排放及达标情况、存在的环境保护问题及拟采取的整改方案等内容。

26. ACD 【解析】选项B的正确说法是：存在具有致癌、致畸、致突变作用的物质、持久性有机污染物或重金属的，应明确其来源、转移途径和流向。

27. ABCD　28. AD

29. ABCD 【解析】对改扩建项目的污染物排放量的统计，应分别按现有、在建、改扩建项目实施后等几种情形汇总污染物产生量、排放量及其变化量，核算改扩建项目建成后最终的污染物排放量。注意：现有、在建、改扩建项目还包括有组织与无组织、正常工况与非正常工况的统计。

30. BC 【解析】选项A应该是给出定量的数据；选项D的正确表述为：符合相关规划环境影响评价结论及审查意见的建设项目，可直接引用符合时效要求的相关规划环境影响评价的环境调查资料及有关结论。

31. ABCD 【解析】选择建设项目常规污染因子和特征污染因子、影响评价区环境质量的主要污染因子和特殊污染因子作为主要调查对象，注意不同污染源的分类调查。

32. BD 33. BCD 34. BCD

35. AB 【解析】应重点预测建设项目生产运行阶段正常工况和非正常工况等情况的环境影响。

36. BD 【解析】当建设阶段的大气、地表水、地下水、噪声、振动、生态以及土壤等影响程度较重、影响时间较长时，应进行建设阶段的环境影响预测和评价。

37. ABC 【解析】可根据工程特点、规模、环境敏感程度、影响特征等选择开展建设项目服务期满后的环境影响预测和评价。

38. ABD 【解析】当建设项目排放污染物对环境存在累积影响时，应明确累积影响的影响源，分析项目实施可能发生累积影响的条件、方式和途径，预测项目实施在时间和空间上的累积环境影响。

39. ABCD 【解析】环境监测计划应包括污染源监测计划和环境质量监测计划，内容包括监测因子、监测网点布设、监测频次、监测数据采集与处理、采样分析方法等，明确自行监测计划内容

40. BCD

41. ABCD 【解析】分析论证拟采取措施的技术可行性、经济合理性、长期稳定运行和达标排放的可靠性、满足环境质量改善和排污许可要求的可行性、生态保护和恢复效果的可达性。

42. ABC 【解析】分析论证拟采取措施的技术可行性、经济合理性、长期稳定运行和达标排放的可靠性、满足环境质量改善和排污许可要求的可行性、生态保护和恢复效果的可达性。

43. ABCD 【解析】各类环境保护措施应给出各项污染防治、生态保护等环境保护措施和环境风险防范措施的具体内容、责任主体、实施时段，估算环境保护投入，明确资金来源。上述选项没有列出各类环保措施具体内容，如工艺、效果等。

44. ACD 【解析】环境保护投入应包括为预防和减缓建设项目不利环境影响而采取的各项环境保护措施和设施的建设费用、运行维护费用，直接为建设项目服务的环境管理与监测费用以及相关科研费用。

45. AD 【解析】对建设项目的环境影响后果（包括直接和间接影响、不利和有利影响）进行货币化经济损益核算，估算建设项目环境影响的经济价值。

46. ABCD　47. ABCD

48. A 【解析】环境监测计划应包括污染源监测计划和环境质量监测计划，内容包括监测因子、监测网点布设、监测频次、监测数据采集与处理、采样分析方法等，明确自行监测计划内容。

49. ABCD 【解析】污染源监测包括对污染源（废气、废水、噪声、固体废物等）以及各类污染治理设施的运转进行定期或不定期监测，明确在线监测设备的布设方法和监测因子。

50. ABCD 【解析】对存在重大环境制约因素、环境影响不可接受或环境风险不可控、环境保护措施经济技术不满足长期稳定达标及生态保护要求、区域环境问题突出且整治计划不落实或不能满足环境质量改善目标的建设项目，应提出环境影响不可行的结论。

51. ACD

52. BD 【解析】选项 D 的正确说法是：区域环境问题突出且整治计划不落实，或不能满足环境质量改善目标的建设项目，应提出环境影响不可行的结论。

第三章 大气环境影响评价技术导则与相关标准

第一节 环境影响评价技术导则 大气环境

一、单项选择题（每题的备选项中，只有一个最符合题意）

1．下列不属于非正常排放的是（　　）。

A．生产过程中开停炉过程的污染物排放

B．生产过程中设备检修过程的污染物排放

C．生产过程工中艺设备运转异常情况下的污染物排放

D．事故状态下的污染物排放

2．大气环境评价工作分级的方法是根据（　　）计算确定。

A．推荐模式中的 ADMS 模式　　B．AERSCREEN 模式

C．等标排放量的公式　　D．推荐模式中的 AERMOD 模式

3．最大地面浓度占标率的计算公式为 $P_i = \frac{c_i}{c_{0i}} \times 100\%$，式中 c_{0i} 在一般情况下选用 GB 3095 中第 i 类污染物的（　　）。

A．年平均取样时间的二级标准浓度限值

B．日平均取样时间的二级标准浓度限值

C．1 h 平均取样时间的二级标准浓度限值

D．1 h 平均取样时间的一级标准浓度限值

4．最大地面浓度占标率的计算公式为 $P_i = \frac{c_i}{c_{0i}} \times 100\%$，式中的 c_i 是指第 i 个污染物的（　　）。

A．单位时间排放量（g/s）

B．达标排放后的排放浓度（mg/m^3）

C．估算模型计算出的最大地面浓度（mg/m^3）

D．环境空气质量标准（mg/m^3）

5．最大地面浓度占标率的计算公式中，如果 GB 3095 中没有 1 h 浓度限值的污染物，则 c_{0i} 可取（　　）。

A．年平均浓度限值的二倍值　　B．8 h 平均浓度的二倍值

C．日平均浓度限值的二倍值　　D．日平均浓度限值的六倍值

6．大气环境二级评价工作分级判据的条件是（　　）。

A．$P_{max} \geqslant 10\%$　　B．$1\% \leqslant P_{max} \leqslant 10\%$

C．$1\% \leqslant P_{max} < 10\%$　　D．$1\% < P_{max} \leqslant 10\%$

7．建设项目评价因子增加二次 $PM_{2.5}$ 判据的条件是（　　）。

A．$SO_2+NO_x \leqslant 500$（t/a）　　B．$SO_2+O_3 \geqslant 500$（t/a）

C．$NO_x+VOC_s \geqslant 2\,000$（t/a）　　D．$SO_2+NO_x \geqslant 500$（t/a）

8．某建设项目排放两种大气污染物，经计算甲污染物的最大地面浓度占标率 P_i 为 50%；乙污染物的最大地面浓度占标率 P_i 为 9%，则该项目的大气环境评价等级为（　　）。

A．一级　　B．二级　　C．三级　　D．一级或二级

9．某建设项目排放两种大气污染物，经计算甲污染物的最大地面浓度占标率 P_i 为 10%；乙污染物的最大地面浓度占标率 P_i 为 8%，则该项目的大气环境评价等级为（　　）。

A．一级　　B．二级　　C．三级　　D．一级或二级

10．某钢铁建设项目编制环评报告书，其大气污染物排放量较大的有两种污染物，经计算 A 污染物的最大地面浓度占标率 P_i 为 8%；B 污染物的最大地面浓度占标率 P_i 为 9%，则该项目的大气环境评价等级为（　　）。

A．一级　　B．二级　　C．三级　　D．一级或二级

11．某建设项目排放两种大气污染物，经计算 A 污染物的最大地面浓度占标率 P_i 为 15%，$D_{10\%}$ 为 1.2 km；B 污染物的最大地面浓度占标率 P_i 为 10%，$D_{10\%}$ 为 1.1 km，则该项目的大气环境评价范围为边长为（　　）km 的矩形区域。

A．5　　B．2.5　　C．1.2　　D．3

12．某建设项目排放两种大气污染物，经计算 A 污染物的最大地面浓度占标率 P_i 为 9%，$D_{10\%}$ 为 1.2 km；B 污染物的最大地面浓度占标率 P_i 为 8%，$D_{10\%}$ 为 1.1 km，则该项目的大气环境评价范围为边长为（　　）km 的矩形区域。

A．2.5　　B．1.2　　C．1.1　　D．5

13．下列关于大气环境评价等级确定的说法，正确的有（　　）。

A．对新建包含 1 km 隧道工程的城市主干路，按项目隧道主要通风竖井及隧道出口排放的污染物计算其评价等级

B．对新建包含 1 km 隧道工程的城市次干路，按项目隧道主要通风竖井及隧道出口

排放的污染物计算其评价等级

C．对新建包含1 km隧道工程的城市主干路，按城市主干路沿线产生的颗粒物及通行车辆尾气计算其评价等级

D．对新建包含1 km隧道工程的城市主干路，按城市主干路沿线通行车辆尾气确定其评价等级

14．新建枢纽及干线机场项目的评价等级为（　　）。

A．一级　B．三级　C．二级　D．一级或二级

15．某有色建设项目编制环评报告表，其大气污染物排放量较大的有两种污染物，经计算污染物A的最大地面浓度占标率 P_i 为8%，B污染物最大地面浓度占标率 P_i 为6%，则该评价等级应为（　　）。

A．一级　B．三级　C．二级　D．不能确定

16．项目的大气环境影响评价范围是根据（　　）确定。

A．项目周围敏感目标　B．项目排放污染物的最大影响程度

C．项目排放污染物的最远影响距离　D．最大地面浓度占标率

17．大气环境一级和二级评价等级评价范围的边长一般不应（　　）km。

A．小于2.5　B．小于5　C．小于6　D．小于8

18．对于新建、迁建及飞行区扩建的枢纽及干线机场项目，大气环境评价范围边长最大取（　　）km。

A．50　B．5　C．25　D．100

19．某规划包含三个规划项目，经计算A规划项目 $D_{10\%}$ 为20 km，B规划项目 $D_{10\%}$ 为30 km，C规划项目 $D_{10\%}$ 为45 km，则该规划大气环境影响评价范围为以规划区边界为起点，外延（　　）km的区域。

A．20　B．30　C．45　D．50

20．某建设项目排放两种大气污染物，经计算A污染物的最大地面浓度占标率 P_i 为0.8%，B污染物的最大地面浓度占标率 P_i 为0.16%，则该项目的大气环境评价范围为自厂界外延（　　）的矩形区域。

A．5 km　B．2.5 km

C．不需要设置评价范围　D．10 km

21．某建设项目排放两种大气污染物，经计算A污染物的最大地面浓度占标率 P_i 为20%，$D_{10\%}$ 为27 km；B污染物的最大地面浓度占标率 P_i 为15%，$D_{10\%}$ 为23 km，则该项目的大气环境评价范围为自厂界外延（　　）km的矩形区域。

A．50　B．25　C．27　D．23

22．下列说法正确的是（　　）。

A．二级评价项目大气环境影响评价范围边长取2.5 km

B．三级评价项目不需要设置大气环境影响评价范围

C．二级评价项目大气环境影响评价范围边长取 10 km

D．三级评价项目大气环境影响评价范围边长取 5 km

23．对于三级评价项目，大气污染源调查内容应包括（　　）。

A．只调查本项目新增污染源和拟被替代的污染源

B．现场评价范围内与评价项目排放污染物有关的其他在建项目、已批复环境影响评价文件的拟建项目等污染源

C．对于编制报告书的工业项目，分析调查受本项目物料及产品运输影响新增的交通运输移动源，包括运输方式、新增交通流量、排放污染物及排放量

D．调查本项目所有拟被替代的污染源（如有），包括被替代污染源名称、位置、排放污染物及排放量、拟被替代时间等

24．大气环境影响评价时，对于评价范围内的在建和拟建项目的污染源调查，下列（　　）方法最合适。

A．使用物料衡算进行估算　　B．使用已批准的环境影响报告书中的资料

C．引用设计资料中的数据　　D．进行类比调查

25．对于三级评价项目，环境空气质量现状调查的内容为（　　）。

A．只调查项目所在区域环境质量达标情况

B．调查评价范围内有环境质量标准的评价因子的环境质量监测数据

C．对评价范围内有环境质量标准的评价因子进行补充监测

D．不需要进行调查

26．城市环境空气质量达标情况评价指标为（　　）。

A．SO_2、NO_2　　B．SO_2、NO_2、$PM_{2.5}$

C．PM_{10}、$PM_{2.5}$、O_3　　D．SO_2、NO_2、$PM_{2.5}$、PM_{10}、CO、O_3

27．下列说法错误的是（　　）。

A．优先采用国家或地方生态环境主管部门公开发布的评价基准年环境质量公告或环境质量报告中的数据或结论作为区域达标判定依据

B．采用评价范围内国家或地方环境空气质量监测网中评价基准年连续 1 年的监测数据作为区域达标判定依据

C．其他污染物环境质量现状数据优先采用评价范围内国家或地方环境空气质量监测网中评价基准年连续 1 年的监测数据

D．评价范围内没有环境空气质量监测网数据或公开发布的环境空气质量现状数据的，可收集评价范围内近 2 年与项目排放的其他污染物有关的历史监测资料

28．评价范围内没有环境空气质量监测网数据或公开发布的环境空气质量现状数据的，可选择符合 HJ 664 规定，并且与评价范围地理位置邻近，地形、气候条件

相近的环境空气质量（　　）监测数据。

A．城市点　B．区域点

C．背景点　D．城市点或区域点

29．对污染因子进行补充监测时，应选择哪一个季节进行现状监测（　　）。

A．冬季　B．春季

C．秋季　D．根据监测因子的污染特征，选择污染较重的季节

30．在进行补充监测时，应以近20年统计的当地主导风向为轴向，在厂址及主导风向下风向（　　）km范围内设置（　　）个监测点

A．5，4　B．2.5，1～2　C．2.5，4　D．5，1～2

31．某建设项目所在区域为达标区，下列判断正确的为（　　）。

A．因此区域SO_2、NO_2、CO、O_3达标，故此区域为达标区

B．因此区域SO_2、NO_2、$PM_{2.5}$、PM_{10}达标，故此区域为达标区

C．因此区域$PM_{2.5}$、PM_{10}、CO、O_3达标，故此区域为达标区

D．因此区域SO_2、NO_2、$PM_{2.5}$、PM_{10}、CO、O_3达标，故此区域为达标区

32．某建设项目评价范围涉及三个行政区，经调查A行政区为达标区，B行政区为达标区，C行政区为不达标区，则该项目所在评价区域为（　　）。

A．达标区　B．无法判定

C．不达标区　D．达标区和不达标区均可

33．其他污染物在评价范围内没有环境空气质量监测网数据或公开发布的环境空气质量现状数据的，可收集评价范围内近（　　）年与项目排放的其他污染物有关的历史监测资料。

A．3　B．2　C．1　D．5

34．通过基本6项年评价指标判定所在区域达标情况，其中SO_2的评价指标正确的是（　　）。

A．SO_2年评价、SO_2 24 h平均第96百分位数

B．SO_2年评价、SO_2 24 h平均第95百分位数

C．SO_2年评价、SO_2 24 h平均第90百分位数

D．SO_2年评价、SO_2 24 h平均第98百分位数

35．通过基本6项年评价指标判定所在区域达标情况，其中PM_{10}的评价指标正确的是（　　）。

A．PM_{10}年评价、PM_{10} 24 h平均第95百分位数

B．PM_{10}年评价、PM_{10} 24 h平均第98百分位数

C．PM_{10}年评价、PM_{10} 24 h平均第90百分位数

D．PM_{10}年评价、PM_{10} 24 h平均第96百分位数

36．通过基本 6 项年评价指标判定所在区域达标情况，其中 CO 的评价指标正确的是（　　）。

A．CO 年评价、CO 24 h 平均第 95 百分位数

B．CO 年评价、CO 24 h 平均第 90 百分位数

C．CO 年评价、CO 24 h 平均第 98 百分位数

D．CO 24 h 平均第 95 百分位数

37．通过基本 6 项年评价指标判定所在区域达标情况，其中 O_3 的评价指标正确的是（　　）。

A．O_3 日最大 8 h 滑动平均值的第 90 百分位数

B．O_3 日最大 8 h 滑动平均值的第 95 百分位数

C．O_3 日最大 8 h 平均值的第 90 百分位数

D．O_3 日最大 8 h 平均值的第 95 百分位数

38．对采用多个长期监测点位数据进行现状评价的，取各污染物（　　）作为评价范围内环境空气保护目标及网格点环境质量现状浓度。

A．相同时刻各监测点位的浓度平均值

B．相同时刻任意 2 个监测点位平均值

C．不同时刻各监测点位的浓度平均值

D．不同时刻任意 2 个监测点位平均值

39．对采用补充监测数据进行现状评价的，取各污染物（　　）作为评价范围内环境空气保护目标及网格点环境质量现状浓度。

A．不同评价时段监测浓度最小值　　B．不同评价时段监测浓度最大值

C．不同评价时段监测浓度平均值　　D．相同评价时刻监测浓度最大值

40．在采用补充监测数据进行现状评价时，对于有多个监测点位数据的，（　　）作为评价范围内环境空气保护目标及网格点环境质量现状浓度。

A．先计算不同时刻各监测点位平均值，再取各监测时段平均值

B．先计算不同时刻各监测点位平均值，再取各监测时段平均值的最大值

C．先计算不同时刻各监测点位平均值，再取各监测时段平均值的最小值

D．先计算相同时刻各监测点位平均值，再取各监测时段平均值中的最大值

41．下列对于环境空气质量现状调查内容说法错误的是（　　）。

A．一级评价项目需调查项目所在区域环境质量达标情况

B．二级评价项目需调查项目所在区域环境质量达标情况

C．一、二、三级评价项目均需要调查评价范围内有环境质量标准的评价因子的环境质量监测数据或进行补充监测

D．三级评价项目需调查项目所在区域环境质量达标情况

42．项目所在区域达标判断说法错误的是（　　）。

A．根据国家或地方生态环境主管部门公开发布的城市环境空气质量达标情况，判断项目所在区域是否属于达标区

B．如果项目评价范围涉及多个行政区，需分别评价各行政区的达标情况，若存在不达标行政区，则判定项目所在评价区域为不达标区

C．年评价指标中的年均浓度和相应百分位数 24 h 平均或 8 h 平均质量浓度满足 GB 3095 种浓度限值要求即为达标

D．城市环境空气质量达标情况评价指标为 SO_2、NO_2、$PM_{2.5}$、PM_{10}、CO、O_3 六项污染物有四项污染物达标即为城市环境空气质量达标

43．大气环境影响评价时，对于评价范围内的改建、扩建项目现状工程的污染源调查，下列（　　）方法不合适。

A．项目监督性监测数据　　B．年度排污许可执行报告

C．自主验收报告　　D．引用设计资料中的数据

44．网格模型模拟所需的区域现状污染源排放清单数据采用近（　　）年内国家或地方生态环境主管部门发布的所有区域污染源清单数据。

A．3　　B．5　　C．6　　D．8

45．下列说法错误的是（　　）。

A．一级评价项目应采用进一步预测模型开展大气环境影响预测与评价

B．二级评价项目应采用进一步预测与评价

C．二级评价项目不进行进一步预测与评价，只对污染物排放量进行核算

D．三级评价项目不进行进一步预测与评价

46．预测范围应覆盖评价范围，并覆盖各污染物短期浓度贡献值占标率大于（　　）的区域。

A．5%　　B．10%　　C．15%　　D．1%

47．对于经判定需预测二次污染物的项目，预测范围应覆盖 $PM_{2.5}$ 年平均质量浓度贡献值占标率大于（　　）的区域。

A．5%　　B．10%　　C．3%　　D．1%

48．大气环境预测时，预测范围一般以（　　），项目厂址为中心。

A．主导风向为 *X* 坐标轴，主导风向的垂直方向为 *Y* 坐标轴

B．东西向为 *X* 坐标轴，南北向为 *Y* 坐标轴

C．南北向为 *X* 坐标轴，东西向为 *Y* 坐标轴

D．可以任意设置 *X*、*Y* 坐标轴

49．AERMOD 适用于评价范围（　　）km 的一级评价项目。

A．≤50　　B．≥50　　C．≤30　　D．≥30

50．ADMS 模型不适用于污染源的排放形式为（　　）。

A．点源　B．面源　C．体源　D．机场源

51．大气环境线源预测不可选择（　　）进行预测。

A．AUSTAL2000　B．AERMOD 模型

C．ADMS 模型　D．CALPUFF 模型

52．某项目风速≤0.5 m/s 的持续时间超过 72 h，应采用（　　）模型进行进一步模拟。

A．AERMOD　B．CALPUFF

C．区域光化学网格模型　D．ADMS

53．某规划项目需模拟二次 $PM_{2.5}$ 和 O_3，选用（　　）模型进行进一步模拟。

A．CALPUFF　B．AERMOD

C．AEDT　D．区域光化学网格模型

54．某建设项目处于渤海岸边 3 km 范围内，经估算存在岸边熏烟，并且最大 1 h 平均质量浓度超过环境质量标准，应采用（　　）进行进一步预测。

A．CALPUFF　B．ADMS　C．AEDT　D．AERMOD

55．采用 AERMOD 模型模拟 $PM_{2.5}$ 时，二次 $PM_{2.5}$ 质量浓度通过 SO_2、NO_2 等前体物转化比率估算所得，其中 SO_2、NO_2 转换系数（　　）。

A．0.56，0.45　B．0.54，0.48　C．0.44，0.58　D．0.58，0.44

56．大气环境预测因子应根据评价因子而定，选取有（　　）的评价因子作为预测因子。

A．国家环境空气质量标准　B．国家环境空气排放标准

C．环境空气质量标准　D．地方环境空气质量标准

57．大气环境影响预测分析与评价时，对于达标区项目需叠加环境空气质量现状浓度，分析项目建成后最终的区域环境质量状况，下列公式正确的是（　　）。

A．新增污染源预测值+现状浓度−区域削减污染源计算值（如有）+以新带老污染源计算值（如有）=项目建成后最终环境影响

B．新增污染源预测值+现状浓度+区域削减污染源计算值（如有）−以新带老污染源计算值（如有）+其他在建、拟建污染源计算值（如有）=项目建成后最终环境影响

C．新增污染源预测值+现状浓度−区域削减污染源计算值（如有）−以新带老污染源计算值（如有）−其他在建、拟建污染源计算值（如有）=项目建成后最终环境影响

D．新增污染源预测值+现状浓度−区域削减污染源计算值（如有）−以新带老污染源计算值（如有）+其他在建、拟建污染源计算值（如有）=项目建成后最终环

境影响

58．只需预测小时最大浓度贡献值的污染源类别有（　　）。

A．新增污染源的正常排放　　B．新增污染源的非正常排放

C．削减污染源　　D．以新带老污染源

59．不需要预测主要污染物的长期浓度贡献值的污染源类别有（　　）。

A．新增污染源的非正常排放　　B．新增污染源的正常排放

C．其他在建、拟建污染源　　D．削减污染源

60．区域规划项目需预测主要污染物年平均质量浓度和（　　）达标情况。

A．保证率日平均质量浓度　　B．小时质量浓度

C．日最大质量浓度　　D．日平均质量浓度

61．大气环境影响预测分析与评价时，对于不达标区项目需叠加达标规划中达标年的目标浓度，分析项目建成后最终的区域环境质量状况，下列公式正确的是（　　）。

A．新增污染源预测值+达标年目标浓度+其他在建、拟建污染源计算值−区域削减污染源计算值（如有）=项目建成后最终环境影响

B．新增污染源预测值−达标年目标浓度+其他在建、拟建污染源计算值−区域削减污染源计算值（如有）=项目建成后最终环境影响

C．新增污染源预测值+达标年目标浓度−其他在建、拟建污染源计算值−区域削减污染源计算值（如有）=项目建成后最终环境影响

D．新增污染源预测值+达标年目标浓度+其他在建、拟建污染源计算值+区域削减污染源计算值（如有）=项目建成后最终环境影响

62．对于保证率日平均质量浓度 C_m 中序数 m 的计算方式正确的是（　　）。

A．$m=1+(n+1)\times p$　　B．$m=1-(n+1)\times p$

C．$m=1-(n-1)\times p$　　D．$m=1+(n-1)\times p$

63．实施区域削减方案后预测范围的年平均质量浓度变化率（　　）时，可判定项目建设后区域环境质量得到整体改善。

A．$k\leqslant-20\%$　　B．$k<-20\%$　　C．$k\geqslant-20\%$　　D．$k\geqslant20\%$

64．当无法获得不达标区规划达标年的区域污染源清单或预测浓度时，可采用下式（　　）计算实施区域削减方案后预测范围的年平均质量浓度变化率 k。式中 C_1 为某项目对所有网格点的年平均质量浓度贡献值的算数平均值，C_2 为区域削减污染源对所有网格点的年平均质量浓度贡献值的算数平均值。

A．$k=(C_1-C_2)/C_1\times100\%$　　B．$k=(C_1-C_2)/C_2\times100\%$

C．$k=(C_2-C_1)/C_1\times100\%$　　D．$k=(C_2-C_1)/C_1\times100\%$

65．大气环境防护距离为自厂界起至所有污染源超过环境质量（　　）浓度标

准值的网格区域的最远垂直距离。

A．短期　B．长期　C．小时　D．短期或长期

66．污染物排放量核算污染源包括（　　）。

A．新增污染源及改建、扩建项目污染源

B．新增污染源及区域削减源

C．改建、扩建项目污染源及区域削减源

D．新增污染源及以新带老污染源

67．项目大气污染物年排放量包括（　　）。

A．各有组织排放源和无组织排放源在非正常排放条件下的预测排放量之和

B．各有组织排放源和无组织排放源在正常排放条件下的预测排放量之和

C．各有组织排放源和无组织排放源在非正常排放条件下的预测排放量之差

D．各有组织排放源和无组织排放源在正常排放条件下的预测排放量之差

68．下列（　　）不会出现在项目基本信息底图上。

A．项目边界　B．总平面布置

C．大气排放口位置　D．大气环境防护区域

69．环境质量监测计划中监测点位一般在项目厂界或大气环境防护距离外侧设置（　　）个监测点。

A．1～2　B．3～4　C．4～5　D．5～6

二、不定项选择题（每题的备选项中至少有一个符合题意）

1．评价范围内下列（　　）属于环境空气保护目标。

A．农村地区中人群较集中的区域　B．文化区

C．工业区　D．商业交通居民混合区

2．下列大气污染源排放的污染物分类正确的是（　　）。

A．大气污染源排放的污染物按存在形态分为颗粒态污染物和气态污染物

B．大气污染源排放的污染物按生成机理分为直接污染物和间接污染物

C．大气污染源排放的污染物按生成机理分为一次污染物和二次污染物

D．大气污染源排放的污染物按存在形态分为基本污染物和其他污染物

3．下列属于短期浓度的是（　　）。

A．1 h 平均质量浓度　B．8 h 平均质量浓度

C．24 h 平均质量浓度　D．月平均质量浓度

4．下列属于长期浓度的是（　　）。

A．24 h 平均质量浓度　B．月平均质量浓度

C．季平均质量浓度　D．年平均质量浓度

5．下列关于大气环境影响评价环境质量标准的说法正确的是（　　）。

A．环境质量标准选用 GB 3095 中的环境空气质量浓度限值

B．如已有地方环境质量标准，应选用地方标准中的浓度限值

C．对于 GB 3095 及地方质量标准中未包含的污染物，可参照大气导则附录 D 中的浓度限值。

D．对于 GB 3095、地方质量标准及大气导则附录 D 中未包含的污染物，可直接选用其他国家、国际组织发布的环境质量浓度限值或基准值

6．大气环境评价工作等级的确定是根据（　　）确定。

A．最大地面浓度占标率 P_i

B．等标排放量

C．最远距离 $D_{10\%}$

D．环境空气敏感区的分布

7．最大地面浓度占标率的计算公式 $P_i=\frac{c_i}{c_{0i}}\times100\%$，关于 c_{0i} 的选用，说法正确的有（　　）。

A．一般选用 GB 3095 中 1 h 平均质量浓度的二级标准的浓度限值

B．对 GB 3095 中未包含的污染物，可参照 TJ 36 中的居住区大气中有害物质的最高容许浓度的日均浓度限值

C．如项目位于一类环境空气功能区，应选择相应的一级浓度限值

D．对仅有 8 h 平均质量浓度限值、日平均质量浓度限值或年平均质量浓度限值的，可分别按 3 倍、2 倍、6 倍折算为 1 h 平均质量浓度限值

8．下列建设项目的大气环境评价等级提高一级说法正确的是（　　）。

A．编制环境影响报告书的钢铁项目大气环境评级等级需提高一级

B．编制环境影响报告表的电力项目大气环境评级等级需提高一级

C．编制环境影响报告书的化工项目大气环境评级等级需提高一级

D．编制环境影响报告书的公路项目大气环境评级等级需提高一级

E．编制环境影响报告书的平板玻璃项目大气环境评级等级需提高一级

9．下列关于大气环境评价等级确定的说法，正确的有（　　）。

A．确定评价工作等级的同时应说明估算模型计算参数和选项

B．对新建、迁建及飞行区扩建的枢纽及干线机场项目，应考虑机场飞机起降及相关辅助设施排放源对周边城市的环境影响，评级等级取一级

C．同一项目有多个（两个及以上）时，则按各污染源分别确定评价等级，并取评价等级最高者作为项目的评价等级

D．对等级公路、铁路等项目，分别按项目沿线主要集中式排放源（如服务区、车站等大气污染源）排放的污染物总量计算其评价等级

10．环境空气保护目标需调查明确的是（　　）。

A．主要保护对象的名称　　B．保护内容
C．所在大气环境功能区划　　D．与项目厂址相对距离、方位、坐标

11．下列属于大气环境影响评价一级评价项目调查内容的是（　　）。
A．调查项目所在区域环境质量达标情况，作为项目所在区域是否为达标区的判断依据
B．只调查项目所在区域环境质量达标情况
C．调查评价范围内有环境质量标准的评价因子的环境质量监测数据或进行补充监测，用于评价项目所在区域污染物环境质量现状
D．调查评价范围内有环境质量标准的评价因子的环境质量监测数据或进行补充监测，计算环境空气保护目标和网格点的环境质量现状浓度

12．对于基本污染物环境质量现状数据表述正确的是（　　）。
A．优先采用国家或地方生态环境主管部门公开发布的评价基准年环境质量公告或环境质量报告中的数据或结论
B．采用评价范围内国家或地方环境空气质量监测网中评价基准年连续半年的监测数据，或采用生态环境主管部门公开发布的环境空气质量现状数据
C．评价范围内没有环境空气质量监测网数据或公开发布的环境空气质量现状数据的，可选择与评价范围地理位置临近，地形、气候条件相近的环境空气质量城市点或区域点监测数据
D．环境空气质量一类区的环境空气保护目标或网格点，各污染物环境质量现状浓度可取符合 HJ 664 规定，并且与评价范围地理位置邻近，地形、气候条件相近的环境空气质量区域点或背景点监测数据

13．对于新建项目一级评价项目，大气污染源调查与分析对象应包括（　　）。
A．不同排放方案有组织及无组织排放源
B．项目现有污染源
C．评价范围内与评价项目排放污染物有关的其他在建项目
D．评价范围内与评价项目排放污染物有关的已批复环境影响评价文件的拟建项目污染源

14．对于改扩建项目现状工程的污染源和评价范围内拟被替代的污染源调查来源有（　　）。
A．项目监督性监测数据　　B．在线监测数据
C．年度排污许可执行报告　　D．参照设计文件

15．下列（　　）情况下评价范围为边长 50 km 的矩形区域。
A．一级评价项目 $D_{10\%}$为 30 km
B．新建、迁建及飞行区扩建的枢纽及干线机场项目

C．一级评价项目$D_{10\%}$为20 km

D．一级评价项目$D_{10\%}$>2.5 km

16．下列选项中对评价范围表述错误的是（　　）。

A．规划项目的大气环境影响评价范围以规划区边界为起点外延规划项目排放污染物的最远影响距离（$D_{10\%}$）区域

B．三级评价项目大气环境影响评价范围边长取5 km

C．二级评价项目大气环境影响评价范围边长取5 km

D．一级评价项目当$D_{10\%}$<2.5 km时，评价范围边长取5 km

17．城市环境空气质量达标情况评价指标为（　　）。

A．SO_2、NO_2　　B．PM_{10}、$PM_{2.5}$

C．CO　　D．O_3

18．如需在一类区进行补充监测，对于监测点的布点叙述错误的是（　　）。

A．监测点应设置在受人为活动影响较小的区域

B．监测点应设置在不受人为活动影响的区域

C．监测点应设置在受人为活动影响较大的区域

D．监测点不应设置在受人为活动影响的区域

19．大气环境点源调查的内容包括（　　）。

A．各主要污染物正常排放量（kg/h），排放工况，年排放小时数（h）

B．排气筒底部中心坐标，以及排气筒底部的海拔高度（m）

C．排气筒有效高度（m）及排气筒出口内径（m）

D．烟气出口速度（m/s）、排气筒出口处烟气温度（K）

20．下列属于大气环境面源调查内容的是（　　）。

A．各主要污染物排放速率（kg/h），排放工况，年排放小时数（h）

B．排气筒高度和出口内径（m）

C．面源的海拔高度和有效排放高度（m）

D．矩形面源初始点坐标，面源的长度（m），面源的宽度（m），与正北方向顺时针的夹角

E．近圆形面源中心点坐标，近圆形半径（m），近圆形顶点数或边数

21．下列属于大气环境体源调查内容的是（　　）。

A．体源有效高度（m）

B．体源中心点坐标，以及体源所在位置的海拔高度（m）

C．体源排放速率（kg/h），排放工况，年排放小时数（h）

D．体源的边长（m）、宽度（m）

E．初始横向扩散参数（m），初始垂直扩散参数（m）

22．对采用补充监测数据进行现状评价时，下列说法错误的是（ ）。

A．取各污染物不同评价时段监测浓度的最大值

B．取各污染物不同评价时段监测浓度的最小值

C．取各污染物不同评价时段监测浓度的平均值

D．取各污染物相同评价时刻监测浓度的最大值

23．大气环境线源调查的内容包括（ ）。

A．平均车速（km/h），各时段车流量（辆/h）、车型比例

B．各种车型的污染物排放速率［kg/（km·h）］

C．有效排放高度（m）

D．线源几何尺寸（分段坐标），线源距地面高度（m），线源宽度（m）

E．各种车型排气口高度

24．大气环境烟塔合一排放源调查内容包括（ ）。

A．冷却塔底部中心坐标

B．冷却塔高度（m）及冷却塔出口内径（m）

C．冷却塔出口烟气流速（m/s）

D．气态含水量

25．下列对预测范围说法正确的是（ ）。

A．预测范围应覆盖评价范围

B．对于需预测二次污染物的项目，预测范围应覆盖 $PM_{2.5}$ 年平均质量浓度贡献值占标率大于 10%的区域

C．评价范围内包含环境空气功能区一类区的，预测范围应覆盖项目对一类区最大环境影响

D．预测范围应覆盖各污染物短期浓度贡献值占标率大于 10%的区域

E．预测范围一般以项目厂址为中心，南北向为 X 坐标轴、东西向为 Y 坐标轴

26．下列关于大气环境补充监测的叙述，错误的是（ ）。

A．补充监测应至少取得 2 d 有效数据

B．如需在一类区进行补充监测，监测点应设置在不受人为活动影响的区域

C．对于部分无法进行连续监测的特殊污染物，可监测其一次浓度值

D．根据监测因子的污染特征，选择污染较轻的季节进行现状监测

27．下列关于项目所在区域达标判断的叙述，正确的是（ ）。

A．根据国家或地方生态环境主管部门公布的城市环境空气质量达标情况，判断所在区域是否属于达标区

B．项目评价范围涉及多个行政区，需分别进行判断，若存在达标行政区，则判定项目所在区域为达标区

C．国家或地方生态环境主管部门未发布城市环境空气质量达标情况的，可按照 HJ 663 中各评价项目的年评价指标进行判定

D．城市环境空气质量达标情况评价指标中有四项污染物达标即为城市环境空气质量达标

28．下列关于环境空气质量现状评价的说法，正确的是（　　）。

A．长期监测数据的现状评价内容按 HJ 663 中的统计方法对各污染物的年评价指标进行环境质量现状评价

B．长期监测数据中对于超标的污染物，只计算超标倍数

C．补充监测数据的现状评价内容，分别对各监测点位不同污染物的短期浓度进行环境质量现状评价

D．补充监测数据中对于超标的污染物，计算其超标倍数和超标率

29．适用于进一步预测，污染源为点源的预测模型有（　　）。

A．AERMOD　　B．ADMS

C．AERSCREEN　　D．CALPUFF

30．下列属于点源参数调查清单的内容的是（　　）。

A．排气筒底部海拔高度　　B．排气筒高度

C．排气筒内径　　D．年排放小时数

E．烟气流速

31．下列属于点源参数调查清单的内容的是（　　）。

A．x 坐标、y 坐标　　B．烟气出口温度

C．排放工况　　D．评价因子源强

E．毒性较大物质的属性

32．矩形面源、多边形面源、近圆形面源参数调查清单中共有的内容是（　　）。

A．评价因子源强　　B．海拔高度

C．面源有效排放高度　　D．年排放小时数

E．排放工况

33．在矩形面源、多边形面源、近圆形面源参数调查清单中，矩形面源所特有的内容是（　　）。

A．排放工况　　B．污染物排放速率

C．面源长度　　D．面源的宽度

E．与正北方向逆时针的夹角

34．在矩形面源、多边形面源、近圆形面源参数调查清单中，近圆形面源所特有的内容是（　　）。

A．近圆形半径　　B．顶点数或边数

C．面源中心坐标　　D．面源的宽度

E．与正北方向逆时针的夹角

35．在各类污染源调查清单中，体源所有的内容有（　　）。

A．体源初始排放高度　　B．体源边长

C．体源的宽度　　D．体源有效高度

E．初始横向、垂直扩散参数

36．下列（　　）情况下选取 CALPUFF 模型进行进一步预测。

A．风速小于等于 0.5 m/s 持续时间超过 72 h

B．项目处于大型水体 3 km 范围内并存在岸边熏烟

C．某建设项目评价范围为 80 km

D．二次污染物评价因子为 O_3

37．下列属于达标区评价项目内容是（　　）。

A．正常排放条件下，预测主要污染物的短期浓度

B．正常排放条件下，预测主要污染物的长期浓度

C．正常排放条件下，叠加环境空气质量现状后，评价污染物保证率日平均质量浓度和年平均质量浓度的达标情况

D．非正常条件下，预测主要污染物的 1 h 最小浓度贡献值及占标率

38．下列属于不达标区评价项目内容是（　　）。

A．项目正常排放条件下，预测主要污染物的长期浓度贡献值

B．项目正常排放条件下，预测主要污染物的短期浓度贡献值正常排放条件下，叠加环境空气质量现状后，评价污染物保证率日平均质量浓度和年平均质量浓度的达标情况

C．对无法获得达标规划目标浓度场或区域污染源清单的评价项目，需评价区域环境质量的整体变化情况

D．项目正常排放条件下，预测主要污染物的短期浓度贡献值

39．下列属于区域规划预测的内容是（　　）。

A．预测评价区域规划方案中不同规划年叠加现状浓度后，主要污染物保证率日平均质量浓度达标情况

B．预测评价区域规划方案中不同规划年叠加现状浓度后，主要污染物年平均质量浓度达标情况

C．对于规划排放的其他污染物仅有短期浓度限值的，评价其叠加现状浓度后短期浓度的达标情况

D．对于规划排放的其他污染物仅有短期浓度限值的，评价其叠加现状浓度后短期和长期浓度的达标情况

40．下列关于大气环境防护距离说法，正确的是（　　）。

A．厂界外预测网格分辨率不应超过150 m

B．厂界外预测网格分辨率不应超过50 m

C．从厂界起所有超过环境质量短期浓度标准值的网格区域，以自厂界起至超标区域最远垂直距离作为大气环境防护距离

D．从厂界起所有超过环境质量短期浓度标准值的网格区域，以自厂界起至超标区域最远距离作为大气环境防护距离

41．需预测小时浓度的污染源类别有（　　）。

A．新增污染源的正常排放　　B．新增污染源的非正常排放

C．削减污染源　　D．被取代污染源

42．对于新增污染源预测内容包括（　　）。

A．正常排放条件下小时浓度　　B．正常排放条件下日平均浓度

C．非正常排放条件下小时浓度　　D．正常排放条件下年均浓度

43．只需预测日平均浓度、年均浓度的污染源类别有（　　）。

A．新增污染源的正常排放　　B．新增污染源的非正常排放

C．削减污染源　　D．被取代污染源

E．其他在建、拟建项目相关污染源

44．对于大气环境防护距离的确定，采用进一步预测模型模拟评价基准年内，项目所有污染源（改建、扩建项目应包括全厂现有污染源）对厂界外主要污染物的短期贡献浓度分布。厂界外预测网格分辨率叙述不正确的是（　　）。

A．厂界外预测网格分辨率不应超过50 m

B．厂界外预测网格分辨率应超过50 m

C．厂界外预测网格分辨率应为150 m

D．厂界外预测网格分辨率应为100 m

45．下列关于大气环境防护距离说法，正确的是（　　）。

A．对于项目厂界浓度满足大气污染物厂界浓度限值，但厂界外大气污染物短期贡献浓度超过环境质量浓度限值的，可以自厂界外设置一定范围的大气环境防护区域，以确保大气环境防护区域外的贡献浓度满足环境质量标准

B．对于项目厂界浓度超过大气污染物厂界浓度限值的，可直接核算大气环境防护距离

C．大气环境防护距离内不应有长期居住的人群

D．采用进一步预测模型模拟评价基准年内，本项目所有污染源对厂界外主要污染物的短期贡献浓度分布

E．大气环境防护区域起点为厂址中心

46．对于新增污染源正常排放，需预测的计算点有（　　）。

A．区域最远地面距离　　B．网格点

C．环境空气保护目标　　D．区域最大地面浓度点

47．当无法获得不达标区规划达标年的区域污染源清单或预测浓度场时，判定项目建设后区域环境质量得到整体改善的依据不对的是（　　）。

A．$k \geqslant -20\%$　　B．$k \geqslant 20\%$

C．$k \leqslant -20\%$　　D．$k \leqslant 20\%$

48．下列关于污染控制措施有效性分析与方案比选的说法，正确的是（　　）。

A．达标区建设项目选择大气污染治理设施、预防措施或多方案比选时，应综合考虑成本和治理效果，选择最佳可行技术方案，保证大气污染物能够达标排放，并使环境影响可以接受

B．不达标区建设项目选择大气污染治理设施、预防措施或多方案比选时，应优先考虑成本，结合达标规划和替代源削减方案的实施情况，在只考虑环境因素的前提下选择最优技术方案，保证大气污染物达到最低排放强度和排放浓度，并使环境影响可以接受

C．达标区建设项目选择大气污染治理设施、预防措施或多方案比选时，应综合考虑成本和治理效果，选择最佳可行技术方案，保证大气污染物能够达标排放，并使环境影响可以接受

D．不达标区建设项目选择大气污染治理设施、预防措施或多方案比选时，应优先考虑治理效果，结合达标规划和替代源削减方案的实施情况，在只考虑环境因素的前提下选择最优技术方案，保证大气污染物达到最低排放强度和排放浓度，并使环境影响可以接受

49．在项目基本信息图上应标示（　　）等信息。

A．项目边界　　B．监测点位

C．总平面布置　　D．大气排放口位置

50．某项目大气环境影响评价等级为一级，大气环境影响评价结果表达的图表应包括（　　）。

A．基本信息底图　　B．项目基本信息图

C．达标评价结果表　　D．污染物排放量核算表

E．污染治理设施、预防措施及方案比选结果表

51．基本信息底图指包含项目所在区域相关地理信息的底图，至少应包括评价范围内的（　　），以及图例、比例尺、基准年风频玫瑰图等要素。

A．项目位置　　B．环境功能区划　　C．总平面布置

D．环境空气保护目标　　E．监测点位

52．污染物排放量核算表包括（　　）。

A．有组织及无组织排放量　　B．大气污染物年排放量

C．非正常排放量　　D．事故排放量

53．用AERMOD模型预测时，地面气象数据的要素至少包括（　　）。

A．风速　　B．风向

C．总云量　　D．干球温度

54．估算模型适用于（　　）。

A．线源的最大地面浓度预测　　B．评价等级的确定

C．评价范围的确定　　D．点源污染物日平均浓度的分布预测

55．下列关于估算模型的说法，错误的是（　　）。

A．估算模型可以模拟熏烟和建筑物下洗

B．估算模型应采用满负荷运行条件下排放强度及对应的污染源参数

C．估算模型所需最高和最低环境温度，一般需选取评价区域近5年资料统计结果

D．估算模型最小风速可取0.2 m/s，风速计高度区10 m

56．下列关于项目不同评价等级环境监测计划的要求说法，正确的有（　　）。

A．一级评价项目提出在生产运行阶段的污染源监测计划和环境质量监测计划

B．二级评价项目提出在生产运行阶段的污染源监测计划和环境质量监测计划

C．三级评价项目须提出在生产运行阶段的污染源监测计划

D．三级评价项目可适当简化环境监测计划

57．下列关于污染源监测计划的说法，错误的是（　　）。

A．污染源监测计划应明确监测点位、监测指标、监测频次、执行排放标准

B．污染源监测计划仅按照排污单位自行监测技术指南的总则和排污许可证申请与核发技术规范的总则执行

C．污染源监测计划主要指有组织废气的监测计划

D．污染源监测计划仅需明确监测点位、监测指标、监测频次

58．建设项目大气环境影响评价结论主要内容，正确的有（　　）。

A．新增污染源正常排放下污染物短期浓度贡献值的最大浓度占标率≥100%

B．新增污染源正常排放下污染物年均浓度贡献值的最大浓度占标率≤30%

C．新增污染源正常排放下污染物年均浓度贡献值的最大浓度占标率≥30%

D．新增污染源正常排放下污染物短期浓度贡献值的最大浓度占标率≤100%

59．下列属于大气环境影响评价结论与建议的内容是（　　）。

A．结合大气环境影响预测结果，给出大气污染控制措施可行性建议及最终的推荐方案

B．评价项目完成后污染物排放总量控制指标能否满足环境管理要求
C．若大气环境防护区域内存在长期居住的人群，应给出相应的搬迁建议或优化调整项目布局的建议
D．明确总量控制指标的来源和替代源的削减方案
E．根据大气环境影响预测结果，给出项目选址及总图布置优化调整的建议及方案

60．对于大气环境一级评价项目，需附上（　　）基本附图。
A．基本信息底图　　B．项目基本信息图
C．网格浓度分布图　　D．大气环境防护区域图

61．对于大气环境一级评价项目，需附上（　　）基本附件。
A．估算模型相关文件　　B．气象、地形原始数据文件
C．进一步预测模型相关文件　　D．环境质量现状监测报告

62．环境空气质量监测计划包括（　　）。
A．监测点位　　B．监测指标
C．执行环境质量标准　　D．监测频次

63．对于使用 CALPUFF 模型预测时下列说法，正确的是（　　）。
A．高空气象资料应获取至少 3 个站点的数据
B．高空气象资料中离地高度 3 000 m 以内的有效数据不少于 10 层
C．若预测范围内地面观测站少于 3 个，可采用范围外的地面观测站进行补充
D．地面气象资料应至少获取风速、干球温度、地面气压等 3 个要素

64．污染物排放量核算表包括（　　）。
A．有组织排放量　　B．无组织排放量
C．大气污染物年排放量　　D．非正常排放量

65．下列关于估算模型参数说法，正确的是（　　）。
A．农村地区在采用估算模型计算评价等级时需输入人口数
B．城市地区在采用估算模型计算评价等级时需输入人口数
C．编制环境影响报告书的项目在采用估算模型计算评价等级时需输入地形参数
D．估算模型参数中的最高环境温度指多年平均最高环境温度

66．在使用 AERMOD 模型进行预测时，（　　）设置是正确的。
A．距离源中心 5 km 的网格间距不超过 100 m
B．距离源中心 5～15 km 的网格间距不超过 250 m
C．距离源中心大于 15 km 的网格间距应超过 500 m
D．地表参数一般根据项目周边 3 km 范围内的土地利用类型进行合理划分

67．关于二次污染物预测方法，正确的是（　　）。
A．采用 AERMOD 模拟 $PM_{2.5}$ 时，需按 SO_2、NO_2 等前体物转化比率估算二次 $PM_{2.5}$

B．使用 AERMOD 模型模拟二次 $PM_{2.5}$ 时前体物转化比率可引用科研成果

C．使用 AERMOD 模型模拟二次 $PM_{2.5}$ 时，无法获得前体物转化比率的可通过 SO_2、NO_2 浓度换算 $PM_{2.5}$ 浓度的系数进行计算

D．AERMOD 模型预测二次污染物的方法为模型模拟法

68．地形数据资料包括（　　）。

A．地形数据时间　　B．地形数据格式

C．地形数据范围　　D．地形数据分辨率

参考答案

一、单项选择题

1．D　【解析】依据导则 3.5，非正常排放指生产过程中开停车（工、炉）、设备检修、工艺设备运转异常等非正常工况下的污染物排放，以及污染物排放控制措施达不到应有效率等情况下的排放。

2．B　3．C　4．C

5．B　【解析】导则 5.3.2.1 原文：“c_{0i} 一般选用 GB 3095 中 1 h 平均质量浓度的二级浓度限值，如项目位于一类环境空气功能区，应选择相应的一级浓度限值；对该标准中未包含的污染物，使用确定的各评价因子 1 h 平均质量浓度限值。对仅有 8 h 平均质量浓度限值、日平均质量浓度限值或年平均质量浓度限值的，可分别按 2 倍、3 倍、6 倍折算为 1 h 平均质量浓度限值。”

6．C　【解析】导则 5.3.2.3 中，$P_{max} \geq 10\%$ 为一级评价，$1\% \leq P_{max} < 10\%$ 为二级评价，$P_{max} < 1\%$ 为三级评价。

7．D　【解析】导则 5.1.3 中，建设项目中 $SO_2+NO_x \geq 500$（t/a），二次污染物评价因子为 $PM_{2.5}$；规划项目 $SO_2+NO_x \geq 500$（t/a），二次污染物评价因子为 $PM_{2.5}$；规划项目 $NO_x+VOC_s \geq 2\,000$（t/a），二次污染物评价因子为 O_3。

8．A　【解析】同一项目有多个污染源时，则按各污染源分别确定评价等级，并取评价等级最高者作为项目的评价等级。本题 P_{max} 取 50%，按照导则应为一级。

9．A　【解析】同一项目有多个污染源时，则按各污染源分别确定评价等级，并取评价等级最高者作为项目的评价等级。本题 P_{max} 取 10%，按照导则应为一级。

10．A　【解析】依据导则 5.3.3.1，本题 P_{max} 取 9%，评价等级应为二级，但由于本题建设项目为炼钢项目因此依据导则 5.3.3.2，最终确定本项目评价等级应为一级。

11．A　【解析】依据导则 5.3.3.1，本题 P_{max} 取 15%，确定评价等级为一级。

其次依据导则 5.4.1，一级评价项目根据建设项目排放污染物的最远影响距离（$D_{10\%}$）确定大气环境影响评价范围，即以项目厂址为中心区域，自厂界外延 $D_{10\%}$ 的矩形区域作为大气环境影响评价范围。当 $D_{10\%}>25$ km 时，确定评价范围为边长 50 km 的矩形区域；当 $D_{10\%}<2.5$ km 时，评价范围边长取 5 km。因此本题排放污染物的最远影响距离为 1.2 km，评价范围为边长取 5 km 的矩形区域。

12. D 【解析】本项目存在两种可能性，第一种是依据导则 5.3.3.1，本题 P_{max} 取 9%，确定评价等级为二级；其次依据导则 5.4.2，二级评价项目大气环境影响评价范围边长取 5 km。第二种是依据 5.3.3.2，本项目评价等级为一级，依据导则 5.4.2，$D_{10\%}<2.5$ km 时，评价范围边长取 5 km。因此本题评价范围为边长取 5 km 的矩形区域。

13. A 【解析】依据导则 5.3.3.4，对新建包含 1 km 及以上隧道工程的城市快速路、主干路等城市道路项目，按项目隧道主要通风竖井及隧道出口排放的污染物计算其评价等级。

14. A 【解析】依据导则 5.3.3.5，对新建、迁建及飞行区扩建的枢纽及干线机场项目，应考虑机场飞机起降及相关辅助设施排放源对周边城市的环境影响，评价等级取一级。因此本题按照导则评价等级应为一级。

15. C 【解析】依据导则 5.3.3.1，本题 P_{max} 取 8%，确定评价等级为二级；其次依据导则 5.3.3.2，本题编制环境影响报告表，因此不进行提级。

16. C　17. B　18. A

19. C 【解析】依据导则 5.3.3.1，本题排放污染物的最远影响距离为 45 km；其次依据导则 5.4.5 确定本题评价范围以规划区边界为起点外延 45 km 的区域。

20. C 【解析】依据导则 5.3.2.3，本题 P_{max} 取 0.8%，确定评价等级为三级；其次依据导则 5.4.3，三级评价项目不需设置大气环境影响评价范围。

21. B 【解析】依据导则 5.3.3.1，本题 P_{max} 取 20%，确定评价等级为一级。其次依据导则 5.4.1，一级评价项目根据建设项目排放污染物的最远影响距离（$D_{10\%}$）确定大气环境影响评价范围，即以项目厂址为中心区域，自厂界外延 $D_{10\%}$ 的矩形区域作为大气环境影响评价范围。当 $D_{10\%}$ 超过 25 km 时，确定评价范围为边长 50 km 的矩形区域；当 $D_{10\%}<2.5$ km 时，评价范围边长取 5 km。因此本题排放污染物的最远影响距离为 27 km，评价范围为边长取 50 km 的矩形区域。

22. B 【解析】依据导则 5.3.2.3，三级评价项目不需设置大气环境影响评价范围。

23. A 【解析】依据导则 7.1.3，三级评价项目只调查本项目新增污染源和拟被替代的污染源。

24. B

25. A 【解析】依据导则 6.1.3，三级评价项目只调查项目所在区域环境质量达标情况。

26. D 【解析】依据导则 6.4.1.1，城市环境空气质量达标情况评价指标为 SO_2、NO_2、$PM_{2.5}$、PM_{10}、CO 和 O_3，六项污染物全部达标即为城市环境空气质量达标。

27. D 【解析】依据导则 6.2.2.2，评价范围内没有环境空气质量监测网数据或公开发布的环境空气质量现状数据的，可收集评价范围内近 3 年与项目排放的其他污染物有关的历史监测资料。

28. D 【解析】依据导则 6.2.1.3，评价范围内没有环境空气质量监测网数据或公开发布的环境空气质量现状数据的，可选择符合 HJ 664 规定，并且与评价范围地理位置邻近，地形、气候条件相近的环境空气质量城市点或区域点监测数据。

29. D 【解析】依据导则 6.3.1.1，根据监测因子的污染特征，选择污染较重的季节进行现状监测。

30. D 【解析】依据导则 6.3.2，以近 20 年统计的当地主导风向为轴向，在厂址及主导风向下风向 5 km 范围内设置 1～2 个监测点。

31. D 【解析】依据导则 6.4.1.1，城市环境空气质量达标情况评价指标为 SO_2、NO_2、$PM_{2.5}$、PM_{10}、CO 和 O_3，六项污染物全部达标即为城市环境空气质量达标。

32. C 【解析】依据导则 6.4.1.2，根据国家或地方生态环境主管部门公开发布的城市环境空气质量达标情况，判断项目所在区域是否属于达标区。如项目评价范围涉及多个行政区，需分别评价各行政区的达标情况，若存在不达标行政区，则判定项目所在评价区域为不达标区。故本题中建设项目所在评价区域为不达标区。

33. A 【解析】依据导则 6.2.2.2，评价范围内没有环境空气质量监测网数据或公开发布的环境空气质量现状数据的，可收集评价范围内近 3 年与项目排放的其他污染物有关的历史监测资料。

34. D 【解析】依据导则 6.4.1.3，国家或地方生态环境主管部门未发布城市环境空气质量达标情况的，可按照 HJ 663 中各评价项目的年评价指标进行判定。

35. A 【解析】依据导则 6.4.1.3，国家或地方生态环境主管部门未发布城市环境空气质量达标情况的，可按照 HJ 663 中各评价项目的年评价指标进行判定。

36. D 【解析】依据导则 6.4.1.3，国家或地方生态环境主管部门未发布城市环境空气质量达标情况的，可按照 HJ 663 中各评价项目的年评价指标进行判定。

37. A 【解析】依据导则 6.4.1.3，国家或地方生态环境主管部门未发布城市环境空气质量达标情况的，可按照 HJ 663 中各评价项目的年评价指标进行判定。

38. A 【解析】依据导则 6.4.3.1，对采用多个长期监测点位数据进行现状评价的，取各污染物相同时刻各监测点位的浓度平均值，作为评价范围内环境空气保护目标及网格点环境质量现状浓度。

39. B 【解析】依据导则 6.4.3.2，对采用补充监测数据进行现状评价的，取各污染物不同评价时段监测浓度的最大值，作为评价范围内环境空气保护目标及网格点环境质量现状浓度。

40. D 【解析】依据导则 6.4.3.2，对于有多个监测点位数据的，先计算相同时刻各监测点位平均值，再取各监测时段平均值中的最大值。

41. C 【解析】依据导则 6.1.1.2、6.1.2.2 和 6.1.3，一级评价项目调查评价范围内有环境质量标准的评价因子的环境质量监测数据或进行补充监测，用于评价项目所在区域污染物环境质量现状，以及计算环境空气保护目标和网格点的环境质量现状浓度。二级评价项目调查评价范围内有环境质量标准的评价因子的环境质量监测数据或进行补充监测，用于评价项目所在区域污染物环境质量现状。三级评价项目只调查项目所在区域环境质量达标情况。

42. D 【解析】依据导则 6.4.1.1，城市环境空气质量达标情况评价指标为 SO_2、NO_2、$PM_{2.5}$、PM_{10}、CO 和 O_3，六项污染物全部达标即为城市环境空气质量达标。

43. D 【解析】依据导则 7.2.2，评价范围内在建和拟建项目的污染源调查，可使用已批准的环境影响评价文件中的资料；改建、扩建项目现状工程的污染源和评价范围内拟被替代的污染源调查，可根据数据的可获得性，依次优先使用项目监督性监测数据、在线监测数据、年度排污许可执行报告、自主验收报告、排污许可证数据、环评数据或补充污染源监测数据等。污染源监测数据应采用满负荷工况下的监测数据或者换算至满负荷工况下的排放数据。

44. A 【解析】依据导则 7.2.3，网格模型模拟所需的区域现状污染源排放清单调查按国家发布的清单编制相关技术规范执行。污染源排放清单数据应采用近 3 年内国家或地方生态环境主管部门发布的包含人为源和天然源在内所有区域污染源清单数据。在国家或地方生态环境主管部门未发布污染源清单之前，可参照污染源清单编制指南自行建立区域污染源清单，并对污染源清单准确性进行验证分析。

45. B 【解析】依据导则 8.1.1、8.1.2、8.1.3，一级评价项目应采用进一步预测模型开展大气环境影响预测与评价。二级评价项目不进行进一步预测与评价，只对污染物排放量进行核算。三级评价项目不进行进一步预测与评价。

46. B 【解析】依据导则 8.3.1，预测范围应覆盖评价范围，并覆盖各污染物短期浓度贡献值占标率大于 10%的区域。

47. D 【解析】依据导则 8.3.2，对于经判定需预测二次污染物的项目，预测范围应覆盖 $PM_{2.5}$ 年平均质量浓度贡献值占标率大于 1%的区域。

48. B 【解析】依据导则 8.3.4，预测范围一般以项目厂址为中心，东西向为 X 坐标轴、南北向为 Y 坐标轴。

49. A　50. D　51. A

52. B 【解析】依据导则8.5.2.1，当项目评价基准年内存在风速≤0.5 m/s的持续时间超过72 h或近20年统计的全年静风（风速≤0.2 m/s）频率超过35%时，应采用附录A中的CALPUFF模型进行进一步模拟。

53. D

54. A 【解析】依据导则8.5.2.2，当建设项目处于大型水体（海或湖）岸边3 km范围内时，应首先采用附录A中估算模型判定是否会发生熏烟现象。如果存在岸边熏烟，并且估算的最大1 h平均质量浓度超过环境质量标准，应采用附录A中的CALPUFF模型进行进一步模拟。

55. D 【解析】依据导则8.6.3，采用AERMOD、ADMS等模型模拟$PM_{2.5}$时，需将模型模拟的$PM_{2.5}$一次污染物的质量浓度，同步叠加按SO_2、NO_2等前体物转化比率估算的二次$PM_{2.5}$质量浓度，得到$PM_{2.5}$的贡献浓度。前体物转化比率可引用科研成果或有关文献，并注意地域的适用性。对于无法取得SO_2、NO_2等前体物转化比率的，可取φ_{SO_2}为0.58、φ_{NO_2}为0.44。

56. C

57. D 【解析】依据导则8.8.1.1，达标区环境影响叠加预测评价项目建成后各污染物对预测范围的环境影响，应用本项目的贡献浓度，叠加（减去）区域削减污染源以及其他在建、拟建项目污染源环境影响，并叠加环境质量现状浓度。

58. B 【解析】依据导则8.7.1.3，项目非正常排放条件下，预测评价环境空气保护目标和网格点主要污染物的1 h最大浓度贡献值及占标率。

59. A 【解析】依据导则8.7.1.3，项目非正常排放条件下，预测评价环境空气保护目标和网格点主要污染物的1 h最大浓度贡献值及占标率。

60. A 【解析】依据导则8.7.3.1，预测评价区域规划方案中不同规划年叠加现状浓度后，环境空气保护目标和网格点主要污染物保证率日平均质量浓度和年平均质量浓度的达标情况；对于规划排放的其他污染物仅有短期浓度限值的，评价其叠加现状浓度后短期浓度的达标情况。

61. A 【解析】依据导则8.8.1.2，对于不达标区的环境影响评价，应在各预测点上叠加达标规划中达标年的目标浓度，分析达标规划年的保证率日平均质量浓度和年平均质量浓度的达标情况。叠加方法可以用达标规划方案中的污染源清单参与影响预测，也可直接用达标规划模拟的浓度场进行叠加计算。

62. D 【解析】依据导则8.8.2，对于保证率日平均质量浓度，首先按8.8.1.1或8.8.1.2的方法计算叠加后预测点上的日平均质量浓度，然后对该预测点所有日平均质量浓度从小到大进行排序，根据各污染物日平均质量浓度的保证率（p），计算排在p百分位数的第m个序数，序数m对应的日平均质量浓度即为保证率日平均浓度C_m。

63. A 【解析】依据导则 8.8.4，当无法获得不达标区规划达标年的区域污染源清单或预测浓度场时，也可评价区域环境质量的整体变化情况，计算实施区域削减方案后预测范围的年平均质量浓度变化率 k，当 $k \leqslant -20\%$时，可判定项目建设后区域环境质量得到整体改善。

64. B 【解析】依据导则 8.8.4。

65. A 【解析】依据导则 8.8.5.2，在底图上标注从厂界起所有超过环境质量短期浓度标准值的网格区域，以自厂界起至超标区域的最远垂直距离作为大气环境防护距离。

66. A 【解析】依据导则 8.8.7.1，污染物排放量核算包括本项目的新增污染源及改建、扩建污染源（如有）。

67. B 【解析】依据导则 8.8.7.4，本项目大气污染物年排放量包括项目各有组织排放源和无组织排放源在正常排放条件下的预测排放量之和。

68. D 【解析】依据导则 8.9.2，在基本信息底图上标示项目边界、总平面布置、大气排放口位置等信息。

69. A 【解析】依据导则 9.3.2，环境质量监测点位一般在项目厂界或大气环境防护距离（如有）外侧设置 1～2 个监测点。

二、不定项选择题

1. AB 【解析】依据导则 3.1，环境空气保护目标指评价范围按 GB 3095 规定划分为一类区的自然保护区、风景名胜区和其他需要特殊保护的区域，二类区中的居住区、文化区和农村地区中人群较集中的区域。

2. AC 【解析】依据导则 3.1，大气污染源排放的污染物按存在形态分为颗粒态污染物和气态污染物。按生成机理分为一次污染物和二次污染物。

3. ABC 【解析】依据导则 3.8，短期浓度指某污染物的评价时段小于等于 24 h 的平均质量浓度，包括 1 h 平均质量浓度、8 h 平均质量浓度以及 24 h 平均质量浓度（也称为日平均质量浓度）。

4. BCD 【解析】依据导则 3.9，长期浓度指某污染物的评价时段大于等于 1 个月的平均质量浓度，包括月平均质量浓度、季平均质量浓度和年平均质量浓度。

5. ABC 【解析】依据导则 5.2，环境质量标准选用 GB 3095 中的环境空气质量浓度限值，如已有地方环境质量标准，应选用地方标准中的浓度限值。对于 GB 3095 及地方质量标准中未包含的污染物，可参照附录 D 中的浓度限值。对于以上标准中都未包含的污染物，可参照选用其他国家、国际组织发布的环境质量浓度限值或基准值，但应做出说明，经生态环境主管部门同意后执行。

6. A 【解析】依据导则 5.3.2.3，评价等级按表 2 的分级判据进行划分。最大地面空气质量浓度占标率 P_i 按公式（1）计算，如污染物数 $i>1$，取 P 值中最大者 P_{max}。

7. AC 【解析】依据导则 5.3.2.1，c_{0i} 指第 i 个污染物的环境空气质量浓度标准，单位μg/m^3。一般选用 GB 3095 中 1 h 平均质量浓度的二级浓度限值，如项目位于一类环境空气功能区，应选择相应的一级浓度限值；对该标准中未包含的污染物，使用 5.2 确定的各评价因子 1 h 平均质量浓度限值。对仅有 8 h 平均质量浓度限值、日平均质量浓度限值或年平均质量浓度限值的，可分别按 2 倍、3 倍、6 倍折算为 1 h 平均质量浓度限值。

8. ACE 【解析】依据导则 5.3.3.2，对电力、钢铁、水泥、石化、化工、平板玻璃、有色等高耗能行业的多源项目或以使用高污染燃料为主的多源项目，并且编制环境影响报告书的项目评价等级提高一级。

9. ABCD 【解析】依据导则 5.3.3。

10. ABCD 【解析】依据导则 5.6.1。

11. ACD 【解析】依据导则 6.1.1。

12. ACD 【解析】依据导则 6.2.1。

13. ACD 【解析】依据导则 7.1.1。

14. ABC 【解析】依据导则 7.2.2，评价范围内在建和拟建项目的污染源调查，可使用已批准的环境影响评价文件中的资料；改建、扩建项目现状工程的污染源和评价范围内拟被替代的污染源调查，可根据数据的可获得性，依次优先使用项目监督性监测数据、在线监测数据、年度排污许可执行报告、自主验收报告、排污许可证数据、环评数据或补充污染源监测数据等。污染源监测数据应采用满负荷工况下的监测数据或者换算至满负荷工况下的排放数据。

15. AB 【解析】依据导则 5.4.1 和 5.4.4，A 和 B 选项的评价范围为边长 50 km 的矩形区域。

16. B 【解析】依据导则 5.4.1、5.4.3 和 5.4.5，三级评价项目不需设置大气环境影响评价范围；一级评价项目当 $D_{10\%}<2.5$ km 时，评价范围边长取 5 km。规划的大气环境影响评价范围以规划区边界为起点，外延规划项目排放污染物的最远影响距离（$D_{10\%}$）的区域。

17. ABCD 【解析】依据导则 6.4.1.1，城市环境空气质量达标情况评价指标为 SO_2、NO_2、$PM_{2.5}$、PM_{10}、CO 和 O_3，六项污染物全部达标即为城市环境空气质量达标。

18. AC 【解析】依据导则 6.3.2，如需在一类区进行补充监测，监测点应设置在不受人为活动影响的区域。

19. ABD 【解析】依据导则附录 C.4.1。

20. ACE　【解析】依据导则附录 C.4.2。

21. ABCE　【解析】依据导则附录 C.4.3。

22. BCD　【解析】依据导则 6.4.3.2，对采用补充监测数据进行现状评价的，取各污染物不同评价时段监测浓度的最大值，作为评价范围内环境空气保护目标及网格点环境质量现状浓度。对于有多个监测点位数据的，先计算相同时刻各监测点位平均值，再取各监测时段平均值中的最大值。

23. ABCD　【解析】依据导则附录 C.4.4。

24. ABC　【解析】依据导则附录 C.4.6。

25. ACD　【解析】依据导则 8.3。

26. AD　【解析】依据导则 6.3。

27. AC　【解析】依据导则 6.4.1。

28. ACD　【解析】依据导则 6.4.2。

29. ABD　【解析】依据导则附录表 A.1 推荐模型适用情况表，AERSCREEN 适用于评价等级及评价范围的判定。

30. ABCDE　【解析】依据导则附录 C.4.1。

31. ABCD　【解析】依据导则附录 C.4.1。

32. ABCDE　【解析】依据导则附录 C.4。

33. CDE　【解析】依据导则附录 C.4。

34. ABC　【解析】依据导则附录 C.4。

35. BDE　【解析】依据导则附录 C.4。

36. ABC　【解析】依据导则附录表 A.1 推荐模型适用情况表，二次污染物 O_3 的预测适用于光化学网格模型。

37. ABC　【解析】依据导则 8.7.1。

38. ACD　【解析】依据导则 8.8.5。

39. ABC　【解析】依据导则 8.7.3.1，预测评价区域规划方案中不同规划年叠加现状浓度后，环境空气保护目标和网格点主要污染物保证率日平均质量浓度和年平均质量浓度的达标情况；对于规划排放的其他污染物仅有短期浓度限值的，评价其叠加现状浓度后短期浓度的达标情况。

40. BC　【解析】依据导则 8.8.5.1，采用进一步预测模型模拟评价基准年内，本项目所有污染源（改建、扩建项目应包括全厂现有污染源）对厂界外主要污染物的短期贡献浓度分布。厂界外预测网格分辨率不应超过 50 m。

41．AB　42．ABCD　43．CDE

44. BCD　【解析】依据导则 8.8.5.1，采用进一步预测模型模拟评价基准年内，本项目所有污染源（改建、扩建项目应包括全厂现有污染源）对厂界外主要污染物的短期贡献浓度分布。厂界外预测网格分辨率不应超过50 m。

45. ACD 【解析】依据导则8.7.5.2和8.8.5.1，对于项目厂界浓度超过大气污染物厂界浓度限值的，应要求削减排放源强或调整工程布局，待满足厂界浓度限值后，再核算大气环境防护距离。采用进一步预测模型模拟评价基准年内，本项目所有污染源（改建、扩建项目应包括全厂现有污染源）对厂界外主要污染物的短期贡献浓度分布。

46. BCD 47. ABD

48. ACD 【解析】依据导则8.8.6.1和8.8.6.2，达标区建设项目选择大气污染治理设施、预防措施或多方案比选时，应综合考虑成本和治理效果，选择最佳可行技术方案，保证大气污染物能够达标排放，并使环境影响可以接受。不达标区建设项目选择大气污染治理设施、预防措施或多方案比选时，应优先考虑治理效果，结合达标规划和替代源削减方案的实施情况，在只考虑环境因素的前提下选择最优技术方案，保证大气污染物达到最低排放强度和排放浓度，并使环境影响可以接受。

49. ACD 【解析】依据导则8.9.2，在基本信息底图上标示项目边界、总平面布置、大气排放口位置等信息。

50. ABCDE 【解析】依据导则8.9，一级评价的评价结果应包括基本信息图、项目基本信息图、达标评价结果表、网格浓度分布图、大气环境防护区域图、污染治理设施、预防措施及方案比选结果表、污染物排放量核算表。二级评价的评价结果应包括基本信息图、项目基本信息图、污染物排放量核算表。

51. ABDE 【解析】依据导则8.9.1，基本信息底图指包含项目所在区域相关地理信息的底图，至少应包括评价范围内的环境功能区划、环境空气保护目标、项目位置、监测点位，以及图例、比例尺、基准年风频玫瑰图等要素。

52. ABC 【解析】依据导则8.9.7，污染物排放量核算表包括有组织及无组织排放量、大气污染物年排放量、非正常排放量等。

53. ABCD 【解析】依据导则附录B.3.2，地面气象数据选择距离项目最近或气象特征基本一致的气象站的逐时地面气象数据，要素至少包括风速、风向、总云量和干球温度。

54. BC

55. CD 【解析】依据导则附录A.2.3模型的适用情况表A.1推荐模型适用情况表，估算模型可以模拟熏烟和建筑物下洗，故A选项正确。依据导则附录B.1.1估算模型应采用满负荷运行条件下排放强度及对应的污染源参数，B选项正确。依据导则附录B.3.1估算模型所需最高和最低环境温度，一般需选取评价区域近20年资料统计结果。最小风速可取0.5 m/s，风速计高度取10 m，故C和D选项不对。

56. AD 【解析】依据导则9.1。

57. BCD　【解析】依据导则 9.2。

58. BD　59. ABCD

60. ABCD　【解析】依据导则 8.9。

61. ABCD　【解析】依据附录 C.8。

62. ABCD　【解析】依据导则 9.3.6 环境空气质量监测计划包括监测点位、监测指标、监测频次、执行环境质量标准等。

63. ABC　【解析】依据导则附录 B.3.4，CALPUFF 地面气象资料应尽量获取预测范围内所有地面气象站的逐时地面气象数据，要素至少包括风速、风向、干球温度、地面气压、相对湿度、云量、云底高度。若预测范围内地面观测站少于 3 个，可采用预测范围外的地面观测站进行补充，或采用中尺度气象模拟数据。

高空气象资料应获取最少 3 个站点的测量或模拟气象数据，要素至少包括一天早晚两次不同等压面上的气压、离地高度、干球温度、风向及风速，其中离地高度 3 000 m 以内的有效数据层数应不少于 10 层。

64. ABCD　65. BC

66. ABD　【解析】依据导则附录 B.6.3.3，AERMOD 和 ADMS 预测网格点的设置应具有足够的分辨率以尽可能精确预测污染源对预测范围的最大影响。网格点间距可以采用等间距或近密远疏法进行设置，距离源中心 5 km 的网格间距不超过 100 m，5 ~ 15 km 的网格间距不超过 250 m，大于 15 km 的网格间距不超过 500 m。

67. ABC　【解析】依据导则 8.6.3，采用 AERMOD、ADMS 等模型模拟 $PM_{2.5}$ 时，需将模型模拟的 $PM_{2.5}$ 一次污染物的质量浓度，同步叠加按 SO_2、NO_2 等前体物转化比率估算的二次 $PM_{2.5}$ 质量浓度，得到 $PM_{2.5}$ 的贡献浓度。前体物转化比率可引用科研成果或有关文献，并注意地域的适用性。对于无法取得 SO_2、NO_2 等前体物转化比率的，可取 φ_{SO_2} 为 0.58、φ_{NO_2} 为 0.44。

68. ABCD　【解析】依据导则附录 C.5.3 地形数据包括地形数据的数据来源、数据时间、格式、范围、分辨率等。

第二节 相关大气环境标准

一、单项选择题（每题的备选项中，只有一个最符合题意）

1．据《环境空气质量标准》（GB 3095—2012），SO_2 的二级标准的 1 h 平均浓度限值是（ ）μg/m^3。

A．500 B．300 C．150 D．200

2．据《环境空气质量标准》（GB 3095—2012），NO_2 的二级标准的 1 h 平均浓度限值是（ ）μg/m^3。

A．240 B．200 C．80 D．120

3．据《环境空气质量标准》（GB 3095—2012），PM_{10} 的二级标准的 24 h 平均浓度限值是（ ）μg/m^3。

A．75 B．35 C．100 D．150

4．据《环境空气质量标准》（GB 3095—2012），$PM_{2.5}$ 的二级标准的 24 h 平均浓度限值是（ ）μg/m^3。

A．75 B．35 C．100 D．150

5．在《环境空气质量标准》（GB 3095—2012）中，没有 24 h 平均浓度限值的污染物是（ ）。

A．O_3 B．NO_2 C．CO D．$PM_{2.5}$

6．根据《环境空气质量标准》（GB 3095—2012），环境空气污染物二级浓度限值正确的是（ ）。

A．SO_2 1 h 平均浓度限值为 150 μg/m^3

B．PM_{10} 24 h 平均浓度限值为 100 μg/m^3

C．$PM_{2.5}$ 24 h 平均浓度限值为 75 μg/m^3

D．NO_2 1 h 平均浓度限值为 240 μg/m^3

7．《环境空气质量标准》（GB 3095—2012） 自（ ）起在全国实施。

A．2013 年 1 月 1 日 B．2014 年 1 月 1 日

C．2015 年 1 月 1 日 D．2016 年 1 月 1 日

8．据《关于实施〈环境空气质量标准〉（GB 3095—2012）的通知》（环发〔2012〕11 号），（ ）2015 年执行该标准。

A．所有地级以上城市 B．国家环保模范城市

C．环境保护重点城市 D．所有县级以上城市

9．据《环境空气质量标准》（GB 3095—2012），环境空气二氧化氮（NO_2）的手工监测分析方法有（　　）。

A．盐酸萘乙二胺分光光度法　　B．化学发光法

C．紫外荧光法　　D．Saltzman 法

10．据《环境空气质量标准》（GB 3095—2012），$PM_{2.5}$ 的手工监测分析方法是（　　）。

A．化学发光法　　B．重量法

C．火焰原子吸收分光光度法　　D．Saltzman 法

11．据《环境空气质量标准》（GB 3095—2012），环境空气一氧化碳的手工监测分析方法是（　　）。

A．甲醛吸收副玫瑰苯胺分光光度法　　B．非分散红外法

C．紫外荧光法　　D．化学发光法

12．据《环境空气质量标准》（GB 3095—2012），根据数据统计的有效性规定，为获得 1 小时平均值，每小时至少有（　　）分钟的采样时间。

A．15　　B．20　　C．30　　D．45

13．据《环境空气质量标准》（GB 3095—2012），SO_2、NO_2 的年平均浓度数据统计的有效性是每年至少有（　　）个日平均浓度值，每月至少有 27 个日均值。

A．360　　B．300　　C．324　　D．144

14．据《环境空气质量标准》（GB 3095—2012），PM_{10}、$PM_{2.5}$ 的年平均浓度数据统计的有效性是每年至少有（　　）个日平均浓度值，每月至少有 27 个日均值。

A．60　　B．300　　C．324　　D．144

15．据《环境空气质量标准》（GB 3095—2012），NO_2 的 24 小时平均浓度值数据统计的有效性是每天至少有（　　）h 的采样时间。

A．12　　B．16　　C．18　　D．20

16．据《环境空气质量标准》（GB 3095—2012）数据统计有效性的规定，对 PM_{10} 和 $PM_{2.5}$ 24 h 平均浓度值监测数据，每日至少的采样时间为（　　）h。

A．20　　B．18　　C．15　　D．12

17．据《环境空气质量标准》（GB 3095—2012）数据统计有效性的规定，TSP 24 小时平均浓度值监测数据，每日应有（　　）h 的采样时间。

A．18　　B．20　　C．24　　D．6

18．据《环境空气质量标准》（GB 3095—2012）数据统计有效性的规定，下列关于 PM_{10} 浓度数据有效性的说法，正确的是（　　）。

A．PM_{10} 每日至少有 20 个小时平均浓度值或采样时间

B．PM_{10} 每年至少有 320 个日平均浓度值

C．PM_{10} 每月至少有25个日平均浓度值

D．PM_{10} 每日至少有24个小时平均浓度值或采样时间

19．$PM_{2.5}$ 是指悬浮在空气中，空气动力学当量直径（　　）的颗粒物。

A．≤10 μm　　B．≤2.5 μm　　C．＜2.5 mm　　D．≤1 μm

20．《大气污染物综合排放标准》设置了（　　）项指标体系。

A．2　　B．3　　C．4　　D．5

21．以下工业点源颗粒物排放应执行《大气污染物综合排放标准》的是（　　）。

A．火电厂备煤车间破碎机排气筒　　B．火电厂发电锅炉烟囱

C．陶瓷隧道窑烟囱　　D．水泥厂石灰石矿山开采破碎机排气筒

22．某厂有2根 SO_2 排气筒，高度均为80 m，排放速率均为50 kg/h，彼此间距100 m，根据《大气污染物综合排放标准》，等效排气筒的高度和排放速率分别为（　　）。

A．80 m，100 kg/h　　B．160 m，50 kg/h

C．160 m，100 kg/h　　D．80 m，50 kg/h

23．2000年建成的某包装印刷厂使用有机溶剂，其非甲烷总烃排气筒高12 m。《大气污染物综合排放标准》规定的15 m排气筒对应的最高允许排放速率为10 kg/h，则该排气筒非甲烷总烃排放速率应执行的标准是（　　）kg/h。

A．≤8　　B．≤6.4　　C．≤5　　D．≤3.2

24．某生产装置 SO_2 排气筒高度100 m，执行《大气污染物综合排放标准》的新污染源标准，标准规定排气筒中 SO_2 最高允许排放浓度960 mg/m^3，100 m烟囱对应的最高允许排放速率为170 kg/h。距该排气筒半径200 m范围内有一建筑物高96 m，则排气筒中 SO_2 排放应执行的标准是（　　）。

A．排放浓度≤960 mg/m^3，排放速率≤170 kg/h

B．排放浓度≤960 mg/m^3，排放速率≤85 kg/h

C．排放浓度≤480 mg/m^3，排放速率≤170 kg/h

D．排放浓度≤480 mg/m^3，排放速率≤85 kg/h

25．《大气污染物综合排放标准》规定的最高允许排放速率，新污染源分为（　　）。

A．一、二、三级　　B．二、三、四级

C．二、三级　　D．二级

26．《大气污染物综合排放标准》规定的最高允许排放速率，现有污染源分为（　　）。

A．一、二、三级　　B．二、三、四级

C．一、二级　　D．二级

27．排气筒高度除须遵守《大气污染物综合排放标准》中列出的排放速率标准值外，还应高出周围 200 m 半径范围的建筑（　　）m 以上。

A．15　　B．10　　C．6　　D．5

28．排气筒高度如不能达到《大气污染物综合排放标准》中规定要求的高度，应按其高度对应的排放速率标准值严格（　　）执行。

A．80%　　B．50%　　C．60%　　D．40%

29．据《大气污染物综合排放标准》，两个排放相同污染物（不论其是否由同一生产工艺过程产生）的排气筒，若其距离（　　）其几何高度之和，应合并视为一根等效排气筒。

A．等于　　B．小于　　C．大于　　D．等于或小于

30．据《大气污染物综合排放标准》，新污染源的排气筒一般不应低于（　　）m。若新污染源的排气筒必须低于此高度时，其应按排放速率标准值外推法计算结果再严格 50%执行。

A．20　　B．10　　C．15　　D．5

31．据《大气污染物综合排放标准》，工业生产尾气确需燃烧排放的，其烟气黑度不得超过林格曼（　　）。

A．1 级　　B．2 级　　C．3 级　　D．4 级

32．据《大气污染物综合排放标准》，对于排气筒中连续性排放的废气，如在 1 h 内等时间间隔采样，应至少采集（　　）个样品，计算平均值。

A．2　　B．3　　C．4　　D．5

33．《大气污染物综合排放标准》规定的三项指标，均指（　　）不得超过的限值。

A．日平均值　　B．月平均值

C．任何 1 h 平均值　　D．年平均值

34．据《大气污染物综合排放标准》，排气筒中废气的采样是以连续 1 h 的采样获取平均值，或在 1 h 内，以（　　）采集 4 个样品，并计算平均值。

A．昼间　　B．夜间

C．任意时间间隔　　D．等时间间隔

35．据《大气污染物综合排放标准》，若某排气筒的排放为间断性排放，排放时间小于 1 h，应在排放时段内实行连续采样，或在排放时段内以等时间间隔采集（　　）个样品，并计算平均值。

A．3　　B．4　　C．1～3　　D．2～4

36．某厂排气筒高 20 m，生产周期在 8 小时以内，根据《恶臭污染物排放标准》，以下关于采样频率表述正确的是（　　）。

A．每2小时采集一次，取其平均值
B．每2小时采集一次，取其最大测定值
C．每4小时采集一次，取其平均值
D．每4小时采集一次，取其最大测定值

37．（　　）起立项的新、扩、改建项目及其建成后投产的企业排放恶臭污染物时执行二级、三级标准中相应的标准值。

A．1994年6月1日　　B．1997年1月1日
C．1997年12月31日　　D．2001年1月1日

38．排入GB 3095中一类区的企业排放恶臭污染物时执行一级标准，一类区中（　　）。

A．不得改建排污单位　　B．不得扩建排污单位
C．可以建新的排污单位　　D．不得建新的排污单位

39．恶臭污染物厂界标准值分（　　）。

A．一级　　B．二级　　C．三级　　D．四级

40．《恶臭污染物排放标准》中的“恶臭污染物排放标准值”的单位是（　　）。

A．mg/L　　B．mg/m^3　　C．量纲为一　　D．kg/h

41．“恶臭污染物厂界标准值”中的臭气浓度的单位是（　　）。

A．mg/L　　B．mg/m^3　　C．量纲为一　　D．kg/h

42．排污单位排放的恶臭污染物，在排污单位边界上规定监测点（无其他干扰因素）的（　　）都必须低于或等于恶臭污染物厂界标准值。

A．月平均监测值　　B．一次最大监测值
C．一小时平均监测值　　D．一小时最大监测值

43．排污单位经烟、气排气筒（高度在15 m以上）排放的恶臭污染物的排放量和臭气浓度都必须（　　）恶臭污染物排放标准。

A．大于或等于　　B．等于　　C．低于　　D．低于或等于

44．总挥发性有机物在实际工作中，应按预期分析结果，对占总量（　　）以上的单项VOCs物质进行测量，加和得出。

A．70%　　B．80%　　C．90%　　D．85%

45．根据《挥发性有机物无组织排放控制标准》，以下对挥发性有机液体储罐控制要求表述不正确的是（　　）。

A．储存真实蒸气压≥76.6 kPa且储罐容积≥75 m^3的挥发性有机液体储罐，应采取低压罐、压力罐或其他等效措施
B．储存真实蒸气压≥27.6 kPa但＜76.6 kPa且储罐容积≥75 m^3的挥发性有机液体储罐，应采取气相平衡措施

C．储存真实蒸气压≥27.6 kPa 但<76.6 kPa 且储罐容积≥75 m^3 的挥发性有机液体储罐，采用固定顶罐，排放的废气应收集处理并满足相关行业排放标准的要求，或者处理效率不低于 80%

D．储存真实蒸气压≥27.6 kPa 但<76.6 kPa 且储罐容积≥75 m^3 的挥发性有机液体储罐，采用固定顶罐，排放的废气应收集处理并满足相关行业排放标准的要求，而且处理效率不低于 80%

46．下列（　　）不适用于《锅炉大气污染物排放标准》（GB 13271—2014）。

A．单台出力 70 t/h 燃气蒸汽锅炉　　B．各种容量的层燃炉、抛煤机炉

C．各种容量的有机热载体锅炉　　D．28 MW 的热水锅炉

47．下列（　　）适用于《锅炉大气污染物排放标准》（GB 13271—2014）。

A．以生活垃圾为燃料的锅炉　　B．以危险废物为燃料的锅炉

C．有机热载体锅炉　　D．单台出力 80 t/h 燃煤蒸汽锅炉

48．根据《锅炉大气污染物排放标准》（GB 13271—2014），以生物质成型燃料为燃料的锅炉，其大气污染物排放浓度限值参照执行（　　）。

A．燃气锅炉物排放浓度限值　　B．燃轻柴油锅炉物排放浓度限值

C．燃煤锅炉物排放浓度限值　　D．燃重油锅炉物排放浓度限值

49．根据《锅炉大气污染物排放标准》（GB 13271—2014），以水煤浆为燃料的锅炉，其大气污染物排放浓度限值参照执行（　　）。

A．燃气锅炉物排放浓度限值　　B．燃煤锅炉物排放浓度限值

C．燃轻柴油锅炉物排放浓度限值　　D．燃重油锅炉物排放浓度限值

50．某企业（不属重点地区）现有一台 14 MW 燃煤热水锅炉，据《锅炉大气污染物排放标准》（GB 13271—2014），其产生的污染物项目目前执行（　　）。

A．GB 13271—2001 中规定的排放限值

B．GB 13271—2014 中表 2 规定的排放限值

C．GB 13271—2014 中表 1 规定的大气污染物排放限值

D．GB 13271—2014 中表 3 规定的大气污染物特别排放限值

51．某企业（不属重点地区）现有一台 10 t/h 燃煤蒸汽锅炉，据《锅炉大气污染物排放标准》（GB 13271—2014），其产生的污染物项目 2016 年 5 月执行的是（　　）。

A．GB 13271—2001 中规定的排放限值

B．GB 13271—2014 表 1 中规定的排放限值

C．GB 13271—2014 中表 2 规定的大气污染物排放限值

D．GB 13271—2014 中表 3 规定的大气污染物特别排放限值

52．某企业（不属重点地区）新建一台 10 t/h 燃煤蒸汽锅炉，据《锅炉大气污

染物排放标准》（GB 13271—2014），其产生的污染物项目执行（　　）。

A．2016年6月30日前执行GB 13271—2001中规定的排放限值

B．2015年9月30日前执行GB 13271—2001中规定的排放限值

C．GB 13271—2014中表2规定的大气污染物排放限值

D．GB 13271—2014中表3规定的大气污染物特别排放限值

53．目前，广州某企业新建20 t/h燃煤蒸汽锅炉一台，据《锅炉大气污染物排放标准》（GB 13271—2014），其产生的污染物项目执行（　　）。

A．GB 13271—2001中的Ⅱ时段大气污染物排放限值

B．2016年7月1日后执行GB 13271—2014中表3的大气污染物特别排放限值

C．GB 13271—2014中表2规定的大气污染物排放限值

D．GB 13271—2014中表3规定的大气污染物特别排放限值

54．《锅炉大气污染物排放标准》（GB 13271—2014）中没有的污染物项目是（　　）。

A．烟气黑度　　B．铅及其化合物

C．氮氧化物　　D．汞及其化合物

55．某化肥厂新建一座锅炉房，锅炉房内设2×4 t/h、3×35 t/h燃煤锅炉。根据《锅炉大气污染物排放标准》（GB 13271—2014），该锅炉房允许建设的烟囱数是（　　）根。

A．5　　B．3　　C．2　　D．1

56．根据《锅炉大气污染物排放标准》（GB 13271—2014），燃轻柴油锅炉烟囱高度不得低于（　　）m。

A．A．8　　B．15　　C．25　　D．35

57．新建锅炉房周围150 m处有47 m高的建筑物，根据《锅炉大气污染物排放标准》（GB 13271—2014）的规定，以下该锅炉房烟囱设计高度中，符合要求的有（　　）m。

A．A．40　　B．45　　C．47　　D．55

58．某企业拟建设一台1.2 t/h的燃气锅炉，根据《锅炉大气污染物排放标准》（GB 13271—2014），其烟囱高度不得低于（　　）m。

A．6　　B．8　　C．10　　D．12

59．某化工厂新建一座锅炉房，内设一台30 t/h燃煤锅炉，依据《锅炉大气污染物排放标准》（GB 13271—2014），该锅炉房烟囱最低允许高度是（　　）m。

A．30　　B．35　　C．40　　D．45

60．根据《锅炉大气污染物排放标准》（GB 13271—2014），无须安装污染物排放自动监控设备的锅炉是（　　）。

A．20 t/h 蒸汽锅炉　　B．30 t/h 蒸汽锅炉
C．7 MW 热水锅炉　　D．28 MW 热水锅炉

61．某企业燃煤锅炉排放二氧化硫的实测浓度为 220 mg/m^3，实测的氧含量为 8%，基准氧含量为 9%，则该锅炉的基准氧含量二氧化硫浓度排放为（　　）mg/m^3。

A．220　　B．238　　C．203　　D．249

62．某企业燃煤锅炉排放二氧化硫的实测浓度为 200 mg/m^3，实测的氧含量为 10%，基准氧含量为 9%，二氧化硫的浓度排放限制为 200 mg/m^3，则该锅炉的二氧化硫浓度排放为（　　）。

A．达标排放　　B．超标排放　　C．不能确定

63．下列关于排气筒/烟囱高度的说法错误的是（　　）。

A．《大气污染物综合排放标准》规定排气筒高度应高出周围 200 m 半径范围的建筑 5 m 以上，不能达到该要求的排气筒，应按其高度对应的排放速率标准值严格 50%执行

B．《锅炉大气污染物排放标准》规定新建锅炉房的烟囱周围半径 200 m 距离内有建筑物时，其烟囱应高出最高建筑物 3 m 以上

C．《工业炉窑大气污染物排放标准》规定当烟囱周围半径 200 m 距离内有建筑物时，烟囱还应高出最高建筑物 3 m 以上

D．《恶臭污染物排放标准》规定排气筒高度应高出周围 200 m 半径范围的建筑 5 m 以上

64．下列关于污染物排放执行标准值说法错误的是（　　）。

A．《大气污染物综合排放标准》规定新污染物的排气筒一般不应低于 15 m，若某新污染源的排气筒必须低于 15 m 时，其排放速率标准值按外推计算结果再严格 50%执行

B．《挥发性有机物无组织排放控制标准》VOCs 排放控制要求规定排气筒高度不低于 15 m（因安全考虑或有特殊工艺要求的除外），具体高度以及与周围建筑物高度的相对高度关系应根据环境影响评价文件确定

C．《大气污染物综合排放标准》规定排气筒高度应高出周围 200 m 半径范围的建筑 5 m 以上，不能达到该要求的排气筒，应按其高度对应的表列排放速率标准值严格 50%执行

D．《锅炉大气污染物排放标准》规定新建锅炉房烟囱周围半径 200 m 距离内有建筑物，但烟囱未高出最高建筑物 3 m 以上，其排放速率标准值按外推计算结果再严格 50%执行

65．依据《锅炉大气污染物排放标准》，燃油锅炉应执行的基准氧含量是（　　）。

A．3%　　B．3.5%　　C．6%　　D．5%

66．某玻璃纤维增强塑料制品制造企业生产过程中排放的苯乙烯废气应执行的标准是（　　）。

A．《大气污染物综合排放标准》　　B．《工业炉窑大气污染物排放标准》

C．《恶臭污染物排放标准》　　D．《危险废物焚烧污染控制标准》

67．按照《挥发性有机物无组织排放控制标准》，对于储罐呼吸排气等排放强度周期性波动的污染源，污染物排放监测时段应涵盖其（　　）的时段。

A．排放强度大　　B．排放强度小

C．非正常排放　　D．事故排放

二、不定项选择题（每题的备选项中至少有一个符合题意）

1．据《环境空气质量标准》，下列（　　）属一类区。

A．自然保护区　　B．风景名胜区

C．农村地区　　D．其他需要特殊保护的区域

2．据《环境空气质量标准》，下列（　　）属二类区。

A．工业区　　B．商业交通居民混合区

C．文化区　　D．农村地区

3．据《环境空气质量标准》，下列（　　）属二类区。

A．一般工业区　　B．居住区

C．特定工业区　　D．风景名胜区

4．据《环境空气质量标准》，关于环境空气功能区质量要求，以下说法正确的有（　　）。

A．一类区适用一级浓度限值　　B．二类区适用二级浓度限值

C．三类区适用三级浓度限值　　D．三类区适用二级浓度限值

5．下列污染源不适用《大气污染物综合排放标准》的是（　　）。

A．锅炉　　B．工业炉窑　　C．火电厂

D．水泥厂　　E．恶臭物质

6．下列污染源适用《大气污染物综合排放标准》的是（　　）。

A．火炸药厂　　B．摩托车　　C．汽车

D．石棉生产厂　　E．建筑搅拌

7．《大气污染物综合排放标准》适用于现有污染源大气污染物排放管理以及建设项目的（　　）。

A．施工　　B．环境影响评价　　C．环境保护设施竣工验收

D．设计　　E．投产后的大气污染物排放管理

8．以下标准规定的控制指标中，按不同功能区设立了分级排放标准的有（　　）。

A.《大气污染物综合排放标准》排气筒中大气污染物最高允许排放速率

B.《大气污染物综合排放标准》无组织排放监控浓度限值

C.《大气污染物综合排放标准》排气筒中大气污染物最高允许排放浓度

D.《恶臭污染物排放标准》排气筒中恶臭污染物小时排放量

E.《恶臭污染物排放标准》恶臭污染物厂界标准

9. 根据《大气污染物综合排放标准》，以下污染物排气筒高度不得低于 25 m 的有（ ）。

A. 甲苯　　B. 氯气　　C. 氰化氢　　D. 光气

10. 根据《大气污染物综合排放标准》，以下关于“采样时间和频次”的规定表述正确的有（ ）。

A. 连续排放废气的排气筒，进行连续 1 h 采样计平均值

B. 无组织排放监控点的采样，一般采用连续 1 h 采样计平均值

C. 排气筒为间断性排放且时间小于 1 h 的，可在排放时段内连续采样

D. 污染事故排放监测必须连续采样 1 h 计平均值

11. 1990 年建厂的某企业甲、乙两类生产装置排放的污染物均执行《大气污染物综合排放标准》，1998 年之后国家颁布了甲类装置适用的《××行业大气污染物排放标准》，以下关于甲、乙两类生产装置适用标准表述正确的有（ ）。

A. 乙类装置执行《大气污染物综合排放标准》

B. 甲类装置执行《××行业大气污染物排放标准》

C. 乙类装置执行《××行业大气污染物排放标准》

D. 甲类装置执行《大气污染物综合排放标准》

12. 任何一个排气筒必须同时遵守《大气污染物综合排放标准》设置的两项指标，超过其中任何一项均为超标排放，其两项指标是（ ）。

A. 通过排气筒排放的污染物最高允许排放浓度

B. 通过排气筒排放的污染物，按排气筒大小规定的最高允许排放速率

C. 以无组织方式排放的废气，规定无组织排放的监控点及相应的监控浓度限值

D. 通过排气筒排放的污染物，按排气筒高度规定的最高允许排放速率

13. 下列关于大气污染源排放速率标准分级的说法，错误的是（ ）。

A. 位于一类区的污染源执行一级标准，位于二类区的污染源执行二级标准

B. 位于三类区的污染源执行二级标准

C. 一类区禁止新、扩、改建污染源

D. 一类区现有污染源改建执行新污染源的一级标准

14. 下列关于废气监测采样时间与频次的说法，正确的是（ ）。

A. 无组织排放监控点和参照点监测的采样，一般采用连续 1 h 采样计平均值

B. 无组织排放监控点和参照点若分析方法灵敏度高，仅需用短时间采集样品时，应实行等时间间隔采样，采集 4 个样品计平均值

C. 若某排气筒的排放为间断性排放，排放时间小于 1 h，则应在排放时段内以连续 1 h 的采样获取平均值，或在 1 h 内，以等时间间隔采集 4 个样品，并计平均值

D. 当进行污染事故排放监测时，应按需要设置采样时间和采样频次，不受《大气污染物综合排放标准》规定要求的限制

15. 按照《恶臭污染物排放标准》，对排污单位经排水排出并散发的恶臭污染物和臭气浓度的控制，以下表述正确的是（　　）。

A. 不得超过“恶臭污染物厂界标准值”

B. 可以等于“恶臭污染物厂界标准值”

C. 不得超过“恶臭污染物排放标准值”

D. 可以等于“恶臭污染物排放标准值”

16.《恶臭污染物排放标准》适用于全国（　　）及其建成后的排放管理。

A. 垃圾堆放场的排放管理　　B. 所有向大气排放恶臭气体的单位

C. 建设项目的环境影响评价　　D. 建设项目的竣工验收

E. 建设项目的设计

17.《挥发性有机物无组织排放控制标准》适用于涉及 VOCs 无组织排放的现有企业或生产设施的 VOCs 无组织排放管理，以及涉及 VOCs 无组织排放的建设项目的（　　）。

A. 环境影响评价　　B. 环境保护设施设计　　C. 竣工环境保护验收

D. 排污许可证核发　　E. 投产后 VOCs 无组织排放管理

18. 企业执行《挥发性有机物无组织排放控制标准》时间，叙述正确的是（　　）。

A. 新建企业 2019 年 7 月 1 日起执行　　B. 现有企业 2020 年 7 月 1 日起执行

C. 新建企业 2019 年 10 月 1 日起执行　　D. 现有企业 2020 年 10 月 1 日起执行

19. 根据《挥发性有机物无组织排放控制标准》，关于企业厂区内 VOCs 无组织排放监控点浓度限值的表述，正确的是（　　）。

A. NMHC 监控点处 1 h 平均浓度排放限值为 10 mg/m^3

B. NMHC 监控点处 1 h 平均浓度特别排放限值为 6 mg/m^3

C. NMHC 监控点处任意一次浓度排放限值为 30 mg/m^3

D. NMHC 监控点处任意一次浓度特别排放限值为 20 mg/m^3

20. 下列（　　）不适用于《锅炉大气污染物排放标准》（GB 13271—2014）。

A. 以生活垃圾为燃料的锅炉　　B. 以危险废物为燃料的锅炉

C. 导热油锅炉　　D. 单台出力 70 t/h 燃气蒸汽锅炉

21. 下列（　　）适用于《锅炉大气污染物排放标准》（GB 13271—2014）。

A．4 t/h 的层燃炉　　B．10 t/h 的抛煤机炉
C．导热油锅炉　　D．单台出力 60 t/h 燃气蒸汽锅炉

22．属于《锅炉大气污染物排放标准》（GB 13271—2014）的污染物项目是（　　）。

A．二氧化硫　　B．氟及其化合物
C．氮氧化物　　D．汞及其化合物

23．根据《锅炉大气污染物排放标准》（GB 13271—2014），必须安装污染物排放自动监控设备的锅炉的最小容量是（　　）。

A．20 t/h 及以上蒸汽锅炉　　B．30 t/h 及以上蒸汽锅炉
C．14 MW 及以上热水锅炉　　D．21 MW 及以上热水锅炉

24．根据《锅炉大气污染物排放标准》（GB 13271—2014），必须安装污染物排放自动监控设备的锅炉是（　　）。

A．10 t/h 蒸汽锅炉　　B．30 t/h 蒸汽锅炉
C．7 MW 热水锅炉　　D．28 MW 热水锅炉

参考答案

一、单项选择题

1．A　【解析】新老标准中的 SO_2 二级标准浓度限值没变，只是单位有变化。另外，对于 SO_2 的 24 h 平均浓度限值二级标准的 150 μg/m^3 也该记住。

2．B　【解析】新标准中的 NO_2 二级标准浓度限值比老标准要严。

3．D　4．A

5．A　【解析】O_3 只有"日最大 8 h 平均"和"1 h 平均"，另外，铅（Pb）也没有 24 h 平均浓度限值。

6. C　7. D　8. A　9. A　10. B　11. B　12. D　13. C　14. C　15. D　16. A　17．C　18．A

19．B　【解析】空气中的颗粒物大多是不规则的，而粒径是对球形尘粒而言的。颗粒物的大小一般也用"粒径"来衡量，因此，按不同的方法测量颗粒物的粒径，其数值是不同的。空气动力学当量直径是指在静止空气中颗粒物的沉降速度与密度为 1 g/cm^3 的圆球的沉降速度相同时的圆球直径。几何当量直径是指与颗粒物的某一几何量（如面积、体积等）相同时的球形粒子的直径。

20．B　21．A

22．A　【解析】本题符合等效排气筒的条件。排放速率直接相加，等效排气筒的高度相同，不用公式计算，可知为 80 m。

23. D 【解析】用外推法计算排气筒高 12 m 对应的最高允许排放速率为 6.4 kg/h，因排气筒高度达不到相应要求，再严格 50%。注意：这类应用性的题目每年必考，在案例中也有小题出现。

24. B 【解析】最高允许排放浓度不需要严格。

25. C 【解析】1997 年 1 月 1 日前设立的污染源称现有污染源，1997 年 1 月 1 日后设立的污染源称新污染源。

26. A 27. D 28. B 29. B 30. C 31. A 32. C 33. C 34. D 35. D 36. B

37. A 【解析】各种污染物排放标准执行时段划分见下表。

各种污染物排放标准执行时段

排放标准类型	时段划分
《大气污染物综合排放标准》	1997 年 1 月 1 日
《恶臭污染物排放标准》	1994 年 6 月 1 日
《工业炉窑大气污染排放标准》	1997 年 1 月 1 日
《污水综合排放标准》	1997 年 12 月 31 日

38. D 39. C

40. D 【解析】“恶臭污染物排放标准值”是针对排污单位经烟、气排气筒（高度在 15 m 以上）排放的恶臭污染物的排放量。

41. C 【解析】注意在《恶臭污染物排放标准》中，“臭气浓度”的量纲为一。臭气浓度是指恶臭气体（包括异味）用无臭空气进行稀释，稀释到刚好无臭时，所需的稀释倍数。

42. B 43. D 44. C 45. D

46. A 【解析】本标准适用于以燃煤、燃油和燃气为燃料的单台出力 65 t/h 及以下的蒸汽锅炉、各种容量的热水锅炉及有机热载体锅炉；各种容量的层燃炉、抛煤机炉。对于热水锅炉没有容量限制。

47. C 【解析】有机热载体锅炉是指载热工质为高温导热油（也称热煤体、热载体）的新型热能转换设备，是一种以热传导液为加热介质的新型特种锅炉。它的中间热载体不是水和蒸汽，而是合成油、矿物油等。通常用“MW”（兆瓦）表示炉的容量。

48. C 【解析】使用型煤、水煤浆、煤矸石、石油焦、油页岩、生物质成型燃料等的锅炉，参照本标准中燃煤锅炉排放控制要求执行。

49. B 【解析】《锅炉大气污染物排放标准》（GB 13271—2014）中没有轻柴

油、重油之分。

50. C　【解析】10 t/h 以上在用蒸汽锅炉和 7 MW 以上在用热水锅炉 2015 年 10 月 1 日执行 GB 13271—2014 表 1 中规定的大气污染物排放限值。

51. A　52. C

53. D　【解析】广州属重点地区。据《重点区域大气污染防治“十二五”规划》(2012 年 12 月 5 日)，重点区域包括京津冀、长三角、珠三角等“三区十群”19 个省市（区、市）47 个地级及地级以上城市（具体范围详见《重点区域大气污染防治“十二五”规划》中的附表）。

54. B　55. D　56. A　57. D　58. B

59. D　【解析】GB 13271—2014 表 4 中，大于等于 20 t/h 的锅炉，烟囱最低允许高度为 45 m。

60. C

61. C　【解析】$\rho = \rho' \times \dfrac{21-\phi_{(O_2)}}{21-\phi'_{(O_2)}} = 220 \times \dfrac{21-9}{21-8} \approx 203$。从解题技巧上看，实测的氧含量如果低于基准氧含量，折算为基准氧含量排放浓度比实测值要低，只有选项 C 符合。实测的氧含量如果大于基准氧含量，折算为基准氧含量排放浓度比实测值要高。

62. B　【解析】$\rho = \rho' \times \dfrac{21-\phi_{(O_2)}}{21-\phi'_{(O_2)}} = 200 \times \dfrac{21-9}{21-10} \approx 218$

63. D　【解析】《恶臭污染物排放标准》未规定排气筒高度应高出周围 200 m 半径范围的建筑 5 m 以上。

64. D　【解析】《锅炉大气污染物排放标准》规定新建锅炉房的烟囱周围半径 200 m 距离内有建筑物时，其烟囱应高出最高建筑物 3 m 以上，无烟囱未高出最高建筑物 3 m 以上，其排放速率标准值按外推计算结果再严格 50%执行之说。

65. B　【解析】《锅炉大气污染物排放标准》规定燃煤锅炉的基准氧含量为 9%，燃油、燃气锅炉的基准氧含量为 3.5%。

66. C　【解析】《恶臭污染物排放标准》的控制项目为氨、三甲胺、硫化氢、甲硫醇、甲硫醚、二甲二硫、二硫化碳、苯乙烯和臭气浓度。

67. A

二、不定项选择题

1. ABD　2. ABCD

3. ABC 【解析】GB 3095—2012中没有一般工业区和特定工业区的划分，只要是工业区都是二类区。

4. AB

5. ABCDE 【解析】在我国现有的国家大气污染物排放标准体系中，按照综合性排放标准与行业性排放标准不交叉执行的原则，上述污染源都有各自的排放标准，不再执行《大气污染物综合排放标准》。

6. ADE 【解析】汽车排放执行 GB 14761.1 ~ 14761.7—93《汽车大气污染物排放标准》、摩托车排气执行GB 14621—93《摩托车排气污染物排放标准》。

7. BCDE 8. AE 9. BCD 10. ABC 11. AB 12. AD

13. BCD 【解析】一类区禁止新、扩建污染源，一类区现有污染源改建执行现有污染源的一级标准。

14. ABD 15. AB 16. ABCDE 17. ABCDE 18. AB 19. ABCD

20. ABD 【解析】导热油锅炉是有机热载体锅炉的通俗说法。

21. ABCD 【解析】层燃炉、抛煤机炉都是工业锅炉的一种。抛煤机炉是用机械或风力将煤抛撒在炉排上的一种层燃炉。

22. ACD

23. AC 【解析】蒸汽锅炉的容量用蒸发量表示，单位是t/h（俗称蒸吨）。热水锅炉的容量是用热功率（过去称为供热量）表示的，单位是MW。热水锅炉的容量单位不应换算成蒸汽锅炉的容量单位，即：不能将热水锅炉的容量用t/h来表示。相反，在统计各种锅炉的总容量大小时，国际上通行用热功率MW来表示。也就是说，蒸汽锅炉的容量也要换算成MW来进行统计，为了方便统计，一律按1 t/h相当于0.7 MW进行换算。

24. BD

第四章　地表水环境影响评价技术导则与相关标准

第一节　环境影响评价技术导则　地表水环境

一、单项选择题（每题的备选项中，只有一个最符合题意）

1．按照《环境影响评价技术导则　地表水环境》中地表水环境影响评价基本任务，在调查和分析评价范围地表水环境质量现状与水环境保护目标的基础上，预测和评价建设项目对（　　）、水环境保护目标及水环境控制单元的影响范围与影响程度。

A．水环境功能区　　B．水功能区

C．地表水环境质量　　D．以上三项全选

2．建设项目可能导致受纳水体富营养化的，（　　）为必须评价的因子。

A．总磷　　B．总氮

C．叶绿素 a　　D．高锰酸盐指数

3．按照《环境影响评价技术导则　地表水环境》，水污染影响型建设项目根据（　　）划分评价等级。

A．排放方式和受影响地表水域　　B．废水排放量和径流

C．废水排放方式和排放量　　D．受影响地表水域和径流

4．根据《环境影响评价技术导则　地表水环境》，水文要素影响型建设项目评价因子，应根据建设项目对地表水体水文要素影响的特征确定，下列（　　）不属于湖泊主要评价因子。

A．水温　　B．径流过程

C．流量　　D．水量

5．按照《环境影响评价技术导则　地表水环境》，下列（　　）属于水文要素影响型建设项目评价因子。

A．水面面积、水量、水温、径流过程、水位、水深、流速、水面宽、冲淤变化等因子

B．湖底水域面积或蓄水量及水力停留时间等因子

C．流量、流向、潮区界、潮流界、纳潮量、水位、流速、水面宽、水深、冲淤变化等因子

D．以上三项全选

6．拟建项目向附近的一条小河（Ⅳ类水质）排放生活、生产污水共 1.5 万 m^3/d，水污染物当量数 2.0×10^4，生产污水中含有总汞等 7 个水质参数，pH 值为 5。按照《环境影响评价技术导则　地表水环境》，确定本项目地表水环境影响评价工作等级为（　　）。

A．一级　　B．二级　　C．三级 A　　D．三级 B

7．根据《环境影响评价技术导则　地表水环境》，关于第一类水污染物污染当量值，下列说法错误的是（　　）。

A．总汞的污染物当量值为 0.2 kg

B．六价铬、总砷、总银的污染物当量值相同

C．总镉、总铬的污染物当量值不同

D．总铅的污染物当量值为 0.025 kg

8．根据《环境影响评价技术导则　地表水环境》中评价等级判定，废水排放量在（　　）可以判定水污染影响型建设项目二级评价。

A．$Q\geqslant20\,000$ 或 $W\geqslant600\,000$　　B．$Q\geqslant20\,000$ 或 $W\geqslant6\,000$

C．$20\,000>Q\geqslant200$ 或 $600\,000>W\geqslant6\,000$　　D．$Q<200$ 或 $W<6\,000$

9．根据《环境影响评价技术导则　地表水环境》，下列水污染影响型建设项目地表水环境影响评价等级肯定应不低于二级的有（　　）。

A．造成入海河口（湾口）宽度束窄（束窄尺度达到原宽度的 3%）的建设项目

B．建设项目直接排放的污染物为受纳水体超标因子的

C．跨流域调水的建设项目

D．某建设项目其不透水的单方向建筑尺度较长的水工建筑物（如防波堤、导流堤等），其与潮流或水流主流向切线垂直方向投影长度等于 2 km 时

10．按照《环境影响评价技术导则　地表水环境》，建设项目直接排放第一类污染物的评价等级为（　　）。

A．一级　　B．二级

C．不低于二级　　D．三级 A

11．按照《环境影响评价技术导则　地表水环境》，建设项目直接排放的污染物为受纳水体超标因子的，评价等级为（　　）。

A．一级　　B．二级

C．不低于二级　　D．三级 A

12．按照《环境影响评价技术导则　地表水环境》，建设项目向河流、湖库排放温排水引起受纳水体水温变化超过水环境质量标准要求，且评价范围有水温敏感目标时，评价等级为（　　）。

A．一级　　B．二级

C．不低于二级　　D．三级 A

13．按照《环境影响评价技术导则　地表水环境》，建设项目利用海水作为调节温度介质，排水量（　　），评价等级为二级。

A．>500 万 m^3/d　　B．<500 万 m^3/d

C．≥500 万 m^3/d　　D．≤500 万 m^3/d

14．拟改扩建项目，由于设备的更新和工艺的改进，依托现有排放口排放的废水量及水污染物量比改扩建前有所减少，评价等级为（　　）。

A．一级　　B．二级

C．三级 A　　D．三级 B

15．按照《环境影响评价技术导则　地表水环境》，水文要素影响型建设项目评价等级为二级的年径流量与总库容百分比为（　　）。

A．$\alpha \leqslant 10$　　B．$20>\alpha>10$

C．$\alpha \geqslant 20$　　D．$20 \geqslant \alpha \geqslant 10$

16．按照《环境影响评价技术导则　地表水环境》，水文要素影响型建设项目评价等级为二级的兴利库容与年径流量百分比为（　　）。

A．$\beta \leqslant 2$　　B．$20>\beta>2$

C．$\beta \geqslant 20$　　D．$20 \geqslant \beta \geqslant 2$

17．按照《环境影响评价技术导则　地表水环境》，水文要素影响型建设项目评价等级为二级的取水量占多年平均径流量百分比为（　　）。

A．$\gamma \leqslant 10$　　B．$30>\gamma>10$

C．$\gamma \geqslant 30$　　D．$30 \geqslant \gamma \geqslant 10$

18．按照《环境影响评价技术导则　地表水环境》，跨流域调水、引水式水电站、可能受到大型河流感潮河段咸潮影响的建设项目，评价等级为（　　）。

A．一级　　B．二级

C．不低于二级　　D．三级

19．某建项目造成原入河口宽度由 140 m 束窄到 115 m，评价等级为（　　）。

A．一级　　B．二级

C．不低于二级　　D．三级

20．某河流治理工程修筑一条长 4 km 的导流堤，其与水流主流向切线垂直方向投影长度为 2.5 km，评价等级为（　　）。

A．一级　　　　B．二级

C．不低于二级　　　　D．三级

21．按照《环境影响评价技术导则　地表水环境》，水污染影响型建设项目，受纳水体为湖泊、水库时，其一、二、三级评价时，评价范围分别为宜不小于以湖（库）排放口为中心，半径为（　　）的扇形区域。

A．8 km、6 km、4 km　　　　B．6 km、4 km、2 km

C．5 km、3 km、1 km　　　　D．7 km、5 km、3 km

22．按照《环境影响评价技术导则　地表水环境》，水文要素影响型建设项目，地表水域影响评价范围为相对建设项目建设前日均或潮均流速及水深，或高（累积频率5%）低（累积频率90%）水位（潮位）变化幅度超过（　　）的水域。

A．±6%　　B．±5%　　C．±4%　　D．±3%

23．某水污染影响型建设项目地表水环境影响评价等级为一级，污水拟排放附近的湖泊。根据《环境影响评价技术导则　地表水环境》，该湖泊评价时期至少应包括（　　）。

A．丰水期和平水期　　　　B．平水期和枯水期

C．枯水期　　　　D．丰水期和枯水期

24．根据《环境影响评价技术导则　地表水环境》，水污染影响型直接排放建设项目评价等级根据（　　）确定。

A．废水排放量、水污染物当量数

B．废水产生放量、水污染物污染当量数

C．废水排放量、水污染物数量

D．废水产生量、水污染物数量

25．根据《环境影响评价技术导则　地表水环境》，位于入海河口的某建设项目地表水评价等级为一级，评价时期至少为（　　）。

A．平水期和枯水期　　　　B．丰水期和枯水期，春季和秋季

C．丰水期和平水期　　　　D．丰水期、平水期和枯水期

26．按照《环境影响评价技术导则　地表水环境》，受影响地表水体类型为河流、湖库，评价等级为二级，评价时段为（　　）。

A．丰水期　　　　B．平水期

C．至少丰水期和枯水期　　　　D．至少枯水期

27．按照《环境影响评价技术导则　地表水环境》，受影响地表水体类型为近岸海域，评价等级为二级，评价时段为（　　）。

A．丰水期　　　　B．平水期

C．枯水期　　　　D．至少1个季节

28. 按照《环境影响评价技术导则　地表水环境》，受影响地表水体类型为河流、湖库，评价等级为一级，评价时段至少含（　　）。

A. 丰水期　　B. 平水期

C. 丰、平水期　　D. 丰、枯水期

29. 按照《环境影响评价技术导则　地表水环境》，受影响地表水体类型为河流、湖库，评价等级为水文要素影响型三级或水污染影响型三级 A，评价时段至少含（　　）。

A. 丰水期　　B. 平、枯水期

C. 枯、丰水期　　D. 枯水期

30. 按照《环境影响评价技术导则　地表水环境》，受影响地表水体类型为入海河口（感潮河段），评价等级为水文要素影响型三级或水污染影响型三级 A，评价时段为（　　）。

A. 丰水期　　B. 平水期

C. 至少枯、丰水期　　D. 至少枯水期或 1 个季节

31. 按照《环境影响评价技术导则　地表水环境》，受影响地表水体类型为近岸海域，评价等级为一级，评价时段为（　　）。

A. 春季和夏季　　B. 秋季和冬季

C. 春季和冬季　　D. 至少春季和秋季 2 个季节

32. 按照《环境影响评价技术导则　地表水环境》，受影响地表水体类型为近岸海域，评价等级为水文要素影响型三级或水污染影响型三级 A，评价时段为（　　）。

A. 春季和夏季　　B. 秋季和冬季

C. 春季和冬季　　D. 至少一次调查

33. 对于水污染影响型建设项目，除覆盖评价范围外，受纳水体为河流时，在不受回水影响的河流段，排放口上游调查范围宜不小于（　　）m。

A. 100　　B. 500　　C. 1 000　　D. 1 500

34. 对于水污染影响型建设项目，除覆盖评价范围外，受纳水体为河流时，在受回水影响的河流段，排放口上游调查范围（　　）。

A. 下游调查河段长度的 1/4　　B. 下游调查河段长度的 1/2

C. 下游调查河段长度的 3/4　　D. 与下游调查河段长度相等

35. 对于水污染影响型建设项目，除覆盖评价范围外，受纳水体为湖库时，以排放口为圆心，调查半径在评价范围基础上外延（　　）。

A. 10%～20%　　B. 20%～50%　　C. 50%～70%　　D. 70%～100%

36. 对于水污染影响型建设项目，建设项目排放污染物中包含氮、磷或有毒污染物且受纳水体为湖泊、水库时，（　　）评价的调查范围应包括整个湖泊、水库。

A．一级　　B．二级

C．三级A　　D．三级B

37．对于水文要素影响型建设项目，受影响水体为河流、湖库时，除覆盖评价范围外，（　　）评价还应包括库区及支流回水影响区、坝下至下一个梯级或河口、受水区、退水影响区。

A．一级　　B．二级

C．水文要素影响型三级　　D．一级、二级

38．水污染影响型建设项目一级、二级评价时，应调查受纳水体近（　　）的水环境质量数据，分析其变化趋势。

A．2年　　B．3年　　C．4年　　D．5年

39．水文要素影响型建设项目（　　）评价时，应展开建设项目所在流域、区域的水资源与开发利用状况调查。

A．一级　　B．二级

C．水文情势影响型三级　　D．一级、二级

40．水文情势调查时，水文调查与水温测量宜在（　　）进行。

A．丰水期　　B．平水期　　C．枯水期　　D．冰封期

41．水文情势调查时，临近水文站水文年鉴和其他相关的有效水文观测资料不足时，应进行现场水文调查与水文测量，水文调查与水文测量宜（　　）水质调查。

A．先于　　B．后于　　C．同步于　　D．无所谓

42．水污染影响型建设项目开展与水质调查同步进行的水文测量，原则上可只在（　　）内进行。

A．丰水期和平水期　　B．枯水期和冰封期

C．丰水期和枯水期　　D．一个时期（水期）

43．区域水污染源调查中，（　　）以收集利用已建项目的排污许可登记数据、环评及环保验收数据及既有实测数据为主，并辅以现场调查及现场监测。

A．一级评价　　B．二级评价

C．水污染影响型三级A评价　　D．水文要素影响型三级评价

44．地表水环境现状调查因子应（　　）评价因子。

A．大于　　B．等于　　C．不少于　　D．少于

45．当调查的水下地形数据不能满足水环境影响预测要求时，应（　　）。

A．对水下地形进行简化　　B．按复杂地形进行预测

C．开展水下地形补充测绘　　D．按简单地形进行预测

46．面源污染调查主要采用（　　）的调查方法。

A．现场调查　　B．遥感判读

C．现场测试　D．收集利用既有数据资料

47．一般情况，水污染影响型建设项目，水域布设对照断面宜在拟建排污口上游（　）m 以内设置。

A．500　B．400　C．300　D．200

48．下列选项不属于水污染影响型河流水文情势调查内容的为（　）。

A．水文参数　B．水动力学参数

C．水文年及水期划分　D．丰枯水期水流及水位变化特征

49．下列选项不属于水文要素影响型河流水文情势调查内容的为（　）。

A．水文系列及其特征参数

B．水温分层结构

C．河流水沙参数

D．丰枯水期水流及水位变化特征

50．河流水温观测频次，应每间隔（　）h 观测一次水温，统计计算日平均水温。

A．2　B．4　C．6　D．8

51．湖库水污染影响型建设项目一级评价在评价范围内布设的水质取样垂线数宜不少于（　）条。

A．18　B．20　C．22　D．24

52．湖库水污染影响型建设项目二级评价在评价范围内布设的水质取样垂线数宜不少于（　）条。

A．12　B．14　C．16　D．18

53．入海口、近海岸海域一级评价可布设（　）个水质取样断面。

A．1～3　B．3～5　C．5～7　D．7～9

54．入海口、近海岸海域二级评价可布设（　）个水质取样断面。

A．1～3　B．3～5　C．5～7　D．7～9

55．对于近岸海域采样频次，一个水期宜在（　）太阴月内的大潮期或小潮期分别采样，明确所采样品所处潮时。

A．半个　B．一个　C．一个半　D．两个

56．湖库生态环境需水计算中，可采用不同频率最枯月平均值法或近（　）年最枯月平均水位法确定湖库生态需水最小值。

A．3　B．10　C．5　D．20

57．湖库生态环境需水可采用（　）表示。

A．最小值、年内不同时段值和年均值

B．最小值、年内不同时段值和全年值

C．最大值、年内不同时段值和全年值

D．最大值、年内不同时段值和年均值

58．一般性水质因子（随浓度增加而水质变差的水质因子）的指数计算公式：$S_{i,j}=C_{i,j}/C_{si}$ 中，$C_{i,j}$ 表示（　　）。

A．评价因子 i 的水质指数

B．评价因子 i 在 j 点的实测统计代表值

C．评价因子 i 的水质评价标准限值

D．评价因子 j 的水质指数

59．溶解氧（DO）的标准计算公式：$S_{DO,j}=DO_s/DO_j$　$DO_j \leqslant DO_f$ 中，DO_j 表示（　　）。

A．溶解氧的标准指数　　B．溶解氧在 j 点的实测统计代表值

C．溶解氧的水质评价标准限值　　D．饱和溶解氧浓度

60．溶解氧（DO）的标准计算公式：$S_{DO,j}=\dfrac{|DO_f-DO_j|}{DO_f-DO_s}$　$DO_j>DO_f$ 中，$S_{DO,j}$ 表示（　　）。

A．溶解氧的标准指数，大于 1 表明该水质因子超标

B．溶解氧在 j 点的实测统计代表值

C．溶解氧的水质评价标准限值

D．实用盐度符号，量纲为一

61．pH 值的指数计算公式：$S_{pH,j}=\dfrac{7.0-pH_j}{7.0-pH_{sd}}$　$pH \leqslant 7.0$ 中，pH_j 表示（　　）。

A．pH 值的指数　　B．pH 值实测统计代表值

C．评价标准中 pH 值的下限值　　D．评价标准中 pH 值的上限值

62．pH 值的指数计算公式：$S_{pH,j}=\dfrac{7.0-pH_j}{7.0-pH_{sd}}$　$pH \leqslant 7.0$ 中，pH_{sd} 表示（　　）。

A．pH 值的指数　　B．pH 值实测统计代表值

C．评价标准中 pH 值的下限值　　D．评价标准中 pH 值的上限值

63．底泥污染指数计算公式：$P_{i,j}=C_{i,j}/C_{si}$ 中，$C_{i,j}$ 表示（　　）。

A．底泥污染因子 i 的单项污染指数

B．调查点位污染因子 i 的实测值

C．调查点位污染因子 j 的实测值

D．污染因子 i 的评价标准值或参考值

64. 下列选项中可不进行水环境影响预测的是（　　）。

A. 一级

B. 二级

C. 水文要素影响型三级或水污染影响型三级 A

D. 水污染影响型三级 B

65. 影响预测应考虑评价范围内（　　）项目中，与建设项目排放同类（种）污染物、对相同水文要素产生的叠加影响。

A. 已建　　B. 在建

C. 拟建　　D. 已建、在建及拟建

66. 水污染影响型建设项目，水体自净能力最不利以及水质状况相对较差的不利时期、（　　）应作为重点预测时期。

A. 水环境现状补充监测时期　　B. 水环境现状资料收集时期

C. 水环境影响预测时期　　D. 水环境影响结论时期

67. 水文要素影响型建设项目，以水质状况相对较差或对评价范围内（　　）影响最大的不利时期为重点预测时期。

A. 水量　　B. 水温

C. 水生生物　　D. 水文情势

68. 下列（　　）不是水污染影响型建设项目的预测内容。

A. 各关心断面（控制断面、取水口、污染源排放核算断面等）水质预测因子的浓度及变化

B. 到达水环境保护目标处的污染物浓度

C. 各污染物最小影响范围

D. 排放口混合区范围

69. 当评价区域有可采用的源强产生、流失及入河系数等面源污染负荷估算参数时，可采用（　　）。

A. 箱式模型法　　B. 源强系数法

C. 水文分析法　　D. 面源模型法

70. 水域基本均匀混合，适用于河流数学模型中的（　　）。

A. 零维模型　　B. 纵向一维模型

C. 河网模型　　D. 平面二维

71. 沿程横断面均匀混合，适用于河流数学模型中的（　　）。

A. 零维模型　　B. 纵向一维模型

C. 河网模型　　D. 平面二维

72. 多条河道相互连通，使得水流运动和污染物交换相互影响的河网地区，适

用于河流数学模型中的（　　）。

A．零维模型　　B．纵向一维模型

C．河网模型　　D．平面二维

73．垂向均匀混合，适用于河流数学模型中的（　　）。

A．零维模型　　B．纵向一维模型

C．河网模型　　D．平面二维

74．垂向分层特征明显，适用于河流数学模型中的（　　）。

A．三维模型　　B．纵向一维模型

C．河网模型　　D．立面二维

75．垂向及平面分布差异明显，适用于河流数学模型中的（　　）。

A．三维模型　　B．纵向一维模型

C．河网模型　　D．立面二维

76．水流交换作用较充分，污染物质分布基本均匀，适用于湖库数学模型中的（　　）。

A．零维模型　　B．纵向一维模型

C．垂向一维　　D．平面二维

77．污染物在断面上均匀混合的河道型水库，适用于湖库数学模型中的（　　）。

A．零维模型　　B．纵向一维模型

C．垂向一维　　D．平面二维

78．浅水湖库，垂向分层不明显，适用于湖库数学模型中的（　　）。

A．零维模型　　B．纵向一维模型

C．垂向一维　　D．平面二维

79．深水湖库，水平分布差异不明显，存在垂向分层，适用于湖库数学模型中的（　　）。

A．零维模型　　B．纵向一维模型

C．垂向一维　　D．平面二维

80．深水湖库，横向分布差异不明显，存在垂向分层，适用于湖库数学模型中的（　　）。

A．平面二维　　B．纵向一维模型

C．垂向一维　　D．立面二维

81．垂向及平面分布差异明显，适用于湖库数学模型中的（　　）。

A．三维模型　　B．纵向一维模型

C．垂向一维　　D．立面二维

82．污染物在断面上均匀混合的感潮河段、入海河口，可采用（　　）。

A．零维非恒定数学模型　B．纵向一维非恒定数学模型
C．平面二维非恒定数学模型　D．一维河网数学模型

83．污染物在断面上均匀混合的感潮河网区，可采用（　　）。
A．零维非恒定数学模型　B．纵向一维非恒定数学模型
C．平面二维非恒定数学模型　D．一维河网数学模型

84．浅水感潮河段和入海河口，可采用（　）。
A．零维非恒定数学模型　B．纵向一维非恒定数学模型
C．平面二维非恒定数学模型　D．一维河网数学模型

85．近岸海域，可采用（　）。
A．零维非恒定数学模型　B．纵向一维非恒定数学模型
C．平面二维非恒定数学模型　D．一维河网数学模型

86．评价海域的水流和水质分布在垂向上存在较大的差异（如排放口附近水域），宜采用（　）。
A．零维非恒定数学模型　B．纵向一维非恒定数学模型
C．平面二维非恒定数学模型　D．三维数学模型

87．预测河段及代表性断面的宽深比（　　）时，可视为矩形河段。
A．≥10　B．≥15　C．≥20　D．≥30

88．河段弯曲系数（　　）时，可视为弯曲河段。
A．>2.0　B．>1.2　C．>1.3　D．>1.5

89．河流、湖库建设项目水文数据时间精度应根据建设项目调控影响的时空特征，分析典型时段的水文情势与过程变化影响，涉及日调度影响的，时间精度宜不小于（　　）。
A．1 小时　B．24 小时　C．1 月　D．1 年

90．感潮河段、入海河口及近岸海域建设项目应考虑盐度对污染物运移扩散的影响，一级评价时间精度不得低于（　　）h。
A．0.5　B．1　C．12　D．24

91．近岸海域的潮位边界条件界定，应选择（　　）作为基本水文条件。
A．0.5 个潮周期　B．1 个潮周期
C．1.5 个潮周期　D．2 个潮周期

92．河流不利枯水条件宜采用（　　）保证率最枯月流量或 10 年最枯月平均流量。
A．80%　B．85%　C．90%　D．95%

93．感潮河段、入海河口的下游水位边界的确定，应选择对应时段潮周期作为基本水文条件计算，可取保证率（　　）潮差。

A．5%、35%和75%　　B．10%、45%和85%

C．10%、50%和90%　　D．15%、55%和95%

94．污染负荷确定应覆盖预测范围内的所有与建设项目排放污染物相关的污染源或污染源负荷占预测范围总污染负荷的比例超过（　　）。

A．80%　　B．85%　　C．90%　　D．95%

95．当采用数值解模型时，宜采用（　　）核定模型参数。

A．类比法　　B．模型率定法

C．经验公式　　D．现场实测

96．参数确定与验证中，当采用（　　）模型时，应展开流场分析。

A．零维或一维　　B．一维或二维

C．二维或三维　　D．一维或三维

97．某建设项目废水排入某河流（Ⅴ类水域），该项目污染源排放量核算断面（点位）所在水环境功能区COD水环境质量标准限值为40 mg/L，根据《环境影响评价技术导则　地表水环境》，至少需预留必要的安全余量为（　　）mg/L。

A．6　　B．4　　C．3.2　　D．2

98．直接排放建设项目污染源排放量核算时，当受纳水体为河流时，不受回水影响的河段，建设项目污染源排放量核算断面位于排放口下游，与排放口的距离应小于（　　）km。

A．0.5　　B．1　　C．1.5　　D．2

99．直接排放建设项目污染源排放量核算时，当受纳水体为河流时，受回水影响的河段，建设项目污染源排放量核算断面位于排放口下游，与排放口的距离应小于（　　）m。

A．500　　B．1 000　　C．1 500　　D．2 000

100．直接排放建设项目污染源排放量核算时，当受纳水体为湖库时，建设项目污染源排放量核算点位应布置在以排放口为中心、半径不超过50 m的扇形水域内，且扇形面积占湖库面积比例不超过（　　），核算点位应不少于（　　）个。

A．1%，2　　B．2%，3　　C．5%，3　　D．10%，2

101．直接排放建设项目污染源排放量核算时，当受纳水体为Ⅲ类水域，以及涉及水环境保护目标的水域，安全余量按照不低于建设项目污染源排放量核算断面（点位）处环境质量标准的（　　）确定。

A．7%　　B．8%　　C．9%　　D．10%

102．直接排放建设项目污染源排放量核算时，当受纳水体为Ⅳ、Ⅴ类水域，安全余量按照不低于建设项目污染源排放量核算断面（点位）处环境质量标准的（　　）确定。

A．7%　　B．8%　　C．9%　　D．10%

二、不定项选择题（每题的备选项中至少有一个符合题意）

1．根据《环境影响评价技术导则　地表水环境》“水环境保护目标定义”，下列选项属于水环境保护目标的是（　　）。

A．饮用水水源保护区　　B．重要湿地

C．水产种质资源保护区　　D．天然渔场

2．在调查和分析评价范围地表水环境质量现状与水环境保护目标的基础上，预测和评价建设项目对（　　）及水环境控制单元的影响范围与影响程度。

A．地表水环境质量　　B．水环境功能区

C．水功能区　　D．水环境保护目标

3．根据建设项目地表水环境影响预测与评价的结果，（　　），给出建设项目污染物排放清单和地表水环境影响评价的结论，完成环境影响评价文件的编写。

A．制定地表水环境保护措施

B．开展地表水环境保护措施的有效性评价

C．编制地表水环境监测计划

D．编制地表水污染源削减计划方案

4．水污染影响型建设项目评价因子的筛选应符合（　　）等作为评价因子的要求。

A．行业污染物排放标准中涉及的水污染物

B．在车间或车间处理设施排放口排放的第一类污染物

C．水温

D．面源污染所含的主要污染物

5．下列（　　）属于水体富营养化的评价因子。

A．总磷　　B．COD

C．总氮　　D．叶绿素 a

6．水污染影响型建设项目中，下列（　　）应统计排放量。

A．含热量大的冷却水　　B．间接冷却水

C．循环水　　D．其他含污染物极少的清净下水

7．直接排放受纳水体影响范围涉及（　　）等保护目标时，评价等级不低于二级。

A．饮用水水源保护区

B．重点保护与珍稀水生生物的栖息地

C．饮用水取水口

D．重要水生生物的自然产卵场

8．下列关于评价范围确定，符合一级、二级及三级A要求的是（　　）。

A．应根据主要污染物迁移转化状况，至少需覆盖建设项目污染影响所及水域

B．受纳水体为河流时，应满足覆盖对照断面、控制断面与消减断面等关心断面的要求

C．受纳水体为湖泊、水库时，一级评价时评价范围宜不小于湖（库）排放口为中心、半径为3 km的扇形区域

D．影响范围涉及水环境保护目标的，评价范围至少应扩大到水环境保护目标内受到影响的水域

9．下列关于评价范围确定，不符合三级B要求的是（　　）。

A．应根据主要污染物迁移转化状况，至少需覆盖建设项目污染影响所及水域

B．应满足其依托污水处理设施环境可行性分析的要求

C．涉及地表水环境风险的，应覆盖环境风险影响范围所及的水环境保护目标水域

D．受纳水体为河流时，应满足覆盖对照断面、控制断面与消减断面等关心断面的要求

10．下列关于水文要素影响型建设项目评价范围确定，符合要求的是（　　）。

A．水温要素影响评价范围为建设项目形成水温分层水域，以及下游未恢复到天然水温的水域

B．径流要素影响评价范围为水体天然性状发生变化的水域，以及下游增减水影响水域

C．存在多类水文要素影响的建设项目，应按照影响程度最大要素的评价范围，作为项目评价范围

D．建设项目影响范围涉及水环境保护目标的，评价范围至少应扩大到水环境保护目标内受影响的水域

11．地表水环境的现状调查范围应覆盖评价范围，（　　）。

A．明确起始断面位置　　B．明确终止断面位置

C．应以平面图方式表示　　D．明确涉及范围

12．对于水污染影响型建设项目环境现状调查范围，除覆盖评价范围以外，（　　）。

A．受纳水体为河流时，在不受回水影响的河流段，排放口上游调查范围宜不小于500 m

B．受纳水体为河流时，在不受回水影响的河流段，排放口上游调查范围宜不小于1 000 m

C．受纳水体为河流时，在受回水影响的河流段，排放口上游调查范围原则上与下游调查的河段长度相等

D．受纳水体为湖库时，以排放口为圆心，调查半径在评价范围基础上外延 20%～50%

13．地表水环境质量现状调查主要采用（　　）等方法。

A．资料收集　　B．现场监测

C．无人机　　D．卫星遥感遥测

14．下列关于区域水污染源调查要求的说法，正确的是（　　）。

A．一级评价，以收集利用排污许可登记数据、环评及环保验收数据及既有实测数据为主，必要时补充现场监测

B．二级评价，主要收集利用排污许可证登记数据、环评及环保验收数据及既有实测数据，必要时补充现场监测

C．水污染影响型三级 A 评价与水文要素影响型三级评价，主要收集利用与建设项目排放口的空间位置和所排污染物的性质关系密切的污染源资料，可不进行现场调查及现场监测

D．水污染影响型三级 B 评价，可不展开区域污染源调查

15．（　　）建设项目直接导致受纳水体内源污染变化，或存在与建设项目排放污染物同类的且内源污染影响受纳水体环境质量，应展开内源污染调查，必要时应开展底泥污染补充监测。

A．一级评价

B．二级评价

C．水文要素影响型三级或水污染影响型三级 A

D．三级 B 评价

16．关于地表水质量现状调查补充监测内容，包含（　　）。

A．应在常规监测断面的基础上，重点针对对照断面、控制断面开展水质补充监测

B．应在常规监测断面的基础上，重点针对环境保护目标所在水域的监测断面开展水质补充监测

C．建设项目需要确定生态流量时，应结合主要生态保护对象敏感用水时段进行调查分析，有针对性地开展必要的生态流量与径流过程监测等

D．当调查的水下地形数据不能满足水环境影响预测要求时，应开展水下地形补充测绘

17．底泥污染源调查与评价的监测点位布设，应根据底泥（　　）等设置。

A．分布区域　　B．分布深度

C．扰动区域　　D．扰动深度及扰动时间

18．下列（　　）属于地表水环境现状评价内容。

A．水资源与开发利用程度及其水文情势评价

B．水环境保护目标质量状况

C．底泥污染评价

D．水环境质量回顾评价

19．环境质量现状监测断面或点位水环境质量评价方法采用（　　）。

A．矩阵法　　B．自净利用指数法

C．水质指数法　　D．加权平均法

20．环境质量现状底泥污染状况评价方法采用（　　）。

A．极值指数法　　B．单项污染指数法

C．矩阵法　　D．自净利用指数法

21．水污染影响型建设项目预测内容主要包括（　　）等。

A．各关心断面（控制断面、取水口、污染源排放核算断面等）水质预测因子的浓度及变化

B．到达水环境保护目标处污染物浓度

C．各污染物最大影响范围

D．排放口混合区范围

22 根据《环境影响评价技术导则　地表水环境》，河流水动力模型、水质模型，在模拟以下（　　）条件时，可采用解析解。

A．河流顺直　　B．水流均匀

C．排污稳定　　D．水域形态规则

23．下列（　　）属于地表水环境影响预测模型中的数学模型。

A．面源污染负荷估算模型　　B．箱式模型法

C．水动力模型　　D．水质（包括水温及富营养化）模型

24．感潮河段、入海河口数学模型中，当感潮河段、入海河口的下边界难以确定时，宜采用（　　）。

A．零维模型　　B．一维模型

C．二维模型　　D．一、二维连接数学模型

25．地表水环境影响预测模型概化工作中，对预测河流水域概化要求正确的是（　　）。

A．预测河段及代表性断面的宽深比≥10时，可视为矩形河段

B．预测河段及代表性断面的宽深比≥20时，可视为矩形河段

C．河段弯曲系数＞1.3时，可视为弯曲河段

D．河段弯曲系数＞1.5时，可视为弯曲河段

26．地表水环境影响预测模型概化工作中，对预测入海河口、近岸海域水域概化要求正确的是（　　）。

A．可将潮区界作为感潮河段的边界

B．可按潮周平均、高潮平均和低潮平均三种情况，概化为非稳态进行预测

C．预测近岸海域可溶性物质水质分布时，可只考虑潮汐作用

D．预测密度小于海水的不可溶物质时应考虑潮汐、波浪及风的作用

E．注入近岸海域的小型河流可视为点源，可忽略其对近岸海域流场的影响

27．地表水环境影响预测边界条件设计水文条件确定要求中，下列关于河流、湖泊设计水文条件要求说法正确的是（　）。

A．河流不利枯水条件宜采用90%保证率最枯月流量或近3年最枯月平均流量

B．流向不定的河网地区和潮汐河段，宜采用90%保证率流速为零时的低水位相应水量作为不利枯水水量

C．受人工调控的河段，可采用最小下泄流量或河道内生态流量作为设计流量

D．根据设计流量，采用水力学、水文学等方法确定水位、流速、河宽、水深等其他水力学数据

28．地表水环境影响预测边界条件设计水文条件确定要求中，下列关于入海河口、近岸海域设计水文条件要求说法，错误的是（　）。

A．入海河口、近岸海域的下游水位边界的确定，应选择对应时段潮周期作为基本水文条件进行计算，可取保证率为10%、50%、90%潮差

B．入海河口、近岸海域的下游水位边界的确定，应选择对应时段潮周期作为基本水文条件进行计算，可取保证率为5%、45%、85%潮差

C．近岸海域的潮位边界条件界定，应选择一个潮周期作为基本水文条件

D．近岸海域的潮位边界条件界定，应选择二个潮周期作为基本水文条件

29．地表水环境影响预测边界条件污染负荷的确定要求中，下列关于内源负荷预测要求说法，正确的是（　）。

A．内源负荷估算可采用释放系数法，必要时可采用释放动力学模型方法

B．内源释放系数法可采用静水、动水试验进行测定或参考类似工程资料确定

C．水环境影响敏感且资料缺乏区域需开展静水试验、动水试验确定释放系数

D．类比时需要结合施工工艺、沉积物类型、水动力等因素进行修正

30．下列对地表水环境影响预测模型结果合理性分析的说法，正确的是（　）。

A．模型计算成果的内容、精度和深度应满足环境影响评价要求

B．采用数值解模型进行影响预测时，应说明模型时间步长、空间步长设定的合理性，在必要的情况下应对模拟结果开展质量或热量守恒分析

C．应对模型计算的所有影响区域和时段的流场、流速分布、水质（水温）等模拟结果进行分析，并给出相关图件

D．区域水环境影响较大的建设项目，只需要一种模型进行预测

31．下列属于一级、二级、水污染影响型三级A及水文要素影响型三级评价需

要考虑的评价内容有（　　）。

A．水污染控制减缓措施有效性评价

B．水环境影响减缓措施有效性评价

C．依托污水处理设施的环境可行性分析

D．水环境影响评价

32．下列关于水污染控制和水环境影响减缓措施有效性评价，正确的是（　　）。

A．水动力影响、生态流量、水温影响减缓措施应满足水环境保护目标的要求

B．涉及面源污染的，应满足国家和地方有关面源污染控制治理要求

C．污染控制措施及各类排放口浓度限值只需满足国家和地方相关排放标准

D．受纳水体环境质量达标区的建设项目选择废水处理措施或多方案比选时，应满足行业污染防治可行技术指南要求，确保废水稳定达标排放且环境影响可以接受

33．下列关于水环境影响评价要求，正确的是（　　）。

A．水环境功能区或水功能区、近岸海域环境功能区水质达标

B．满足水环境保护目标水域环境质量要求

C．水环境控制单元或断面水质达标

D．满足区（流）域水环境质量改善目标要求

E．满足生态保护红线、水环境质量底线、资源利用上线和环境准入清单管理要求

34．对于直接排放建设项目污染源排放量核算应遵循的原则要求，下列选项正确的是（　　）。

A．污染源排放量的核算水体为有水环境功能要求的水体

B．当受纳水体为河流时，受回水影响的河段，应在排放口的上下游设置建设项目污染源排放量核算断面，与排放口的距离应大于1 km

C．建设项目排放的污染物属于现状水质不达标的，包括本项目在内的区（流）域污染源排放量应调减至满足区（流）域水环境质量改善目标要求

D．遵循地表水环境质量底线要求，主要污染物需预留必要的安全余量

35．河流生态环境需水包括（　　）等。

A．水生生态需水　　B．水环境需水

C．湿地需水　　D．景观需水

36．下列关于河流生态环境需水计算要求，正确的是（　　）。

A．水生生态流量只需一种计算方法，计算合理的需水量

B．河岸植被需水量采用单位面积用水量法、潜水蒸发法、间接计算法、彭曼公式法等方法计算

C. 河道内湿地补给水量采用水量平衡法计算

D. 景观需水应综合考虑水文特征和景观保护目标要求，确定景观需水

37. 下列关于湖库生态环境需水计算要求，正确的是（　　）。

A. 可采用不同频率最枯月平均值法确定湖库生态环境需水最小值

B. 可采用近5年最枯月平均水位法确定湖库生态环境需水最小值

C. 维持湖库形态功能的水量，可采用湖库形态分析法计算

D. 维持生物栖息地功能的需水量，可采用生物空间法计算

38. 根据《环境影响评价技术导则　地表水环境》，下列（　　）属于地表水环境影响预测情景内容。

A. 根据建设项目特点分别选择建设期、生产运行期和服务期满后三个阶段预测

B. 生产运行期应预测正常排放、非正常排放两种工况对水环境的影响

C. 对建设项目污染控制和减缓措施方案进行水环境影响模拟预测

D. 对受纳水体环境质量不达标区域，应考虑区（流）域环境质量改善目标要求情景下的模拟预测

E. 建设项目具有充足的调节容量，只预测非正常工况

39. 根据《环境影响评价技术导则　地表水环境》，下列（　　）属于地表水环境现状调查内容。

A. 受纳或受影响水体水环境质量现状调查

B. 水文情势与相关水文特征值调查

C. 水环境保护目标、水环境功能区或水功能区

D. 区域水资源与开发利用状况

E. 建设项目及区域水污染源调查

40. 根据《环境影响评价技术导则　地表水环境》，下列（　　）属于地表水环境现状调查内容。

A. 区域水资源与开发利用状况

B. 区域水污染源调查

C. 水环境质量管理要求

D. 涉水工程运行规则和调度情况

41. 根据《环境影响评价技术导则　地表水环境》，下列关于地表水环境现状调查与评价的总体要求，正确的是（　　）。

A. 遵循问题导向与管理目标导向统筹、流域（区域）与评价水域兼顾、水质水量协调、常规监测数据利用与补充监测互补、水环境现状与变化分析结合的原则

B. 应根据同一评价等级开展水环境质量现状调查

C. 应满足建立污染源与受纳水体水质响应关系的需求

D．符合地表水环境影响预测的要求

42．根据《环境影响评价技术导则　地表水环境》，下列关于地表水环境质量现状调查要求说法正确的是（　　）。

A．应优先采用国务院生态环境主管部门统一发布的水环境状况信息

B．应根据不同评价等级对应的评价时期要求开展水环境质量现状调查

C．当现有资料不能满足要求时，应按照不同等级对应的评价时期要求开展现状监测

D．水污染影响型建设项目一级、二级评价时，调查受纳水体近5年的水环境质量数据，分析其变化趋势

43．根据《环境影响评价技术导则　地表水环境》，下列关于环境现状调查中水文情势调查的说法，正确的是（　　）。

A．应尽量收集临近水文站既有水文年鉴资料和其他相关的有效水文观测资料

B．水文调查与水文测量应在平水期进行

C．水文测量的内容应满足拟采用的水环境影响预测模型对水文参数的要求

D．水污染影响型建设项目开展与水质调查同步进行的水文测量，原则上可只在一个时期（水期）内进行

44．根据《环境影响评价技术导则　地表水环境》，下列（　　）属于地表水环境现状评价内容。

A．水环境功能区或水功能区水质达标状况

B．水资源与开发利用程度及其水文情势评价

C．流域（区域）水资源（包括水能资源）与开发利用总体状况

D．依托污水处理设施稳定达标排放评价

45．根据《环境影响评价技术导则　地表水环境》，下列属于环境现状调查中地表水补充监测要求的是（　　）。

A．对收集资料进行复核整理，分析资料的可靠性、一致性和代表性，针对资料的不足，制定必要的补充监测方案，确定补充监测频次、监测因子、范围

B．需要开展多个断面或点位补充监测的，应在相同的时段内开展同步监测

C．需要同时开展水质与水文补充监测的，应按照水质水量协调统一的要求开展同步监测，测量的时间、频次和断面应保证满足水环境影响预测的要求

D．应选择符合监测项目对应环境质量标准或参考标准所推荐的监测方法，并在监测报告中注明

46．根据《环境影响评价技术导则　地表水环境》，下列（　　）属于河流补充水质监测断面布设要求。

A．水污染影响型建设项目在拟建排放口上游应布置对照断面（宜在2 000 m以内）

B．根据受纳水域水环境质量控制管理要求设定控制断面

C．控制断面可结合水环境功能区或水功能区、水环境控制单元区划情况，直接采用国家及地方确定的水质控制断面

D．评价范围内不同水质类别区、水环境功能区或水功能区、水环境敏感区及需要进行水质预测的水域，应布设水质监测断面

47．根据《环境影响评价技术导则　地表水环境》，下列（　　）属于河流补充水质监测采样频次要求。

A．每个水期可监测一次，每次同步连续调查取样 2～4 d

B．每个水期可监测一次，每次同步连续调查取样 3～4 d

C．水温观测频次，应每间隔 6 h 观测一次水温，统计计算日平均水温

D．水温观测频次，应每间隔 4 h 观测一次水温，统计计算日平均水温

48．根据《环境影响评价技术导则　地表水环境》，下列（　　）属于湖库补充水质监测采样频次要求。

A．每个水期可监测一次，每次同步连续调查取样 2～4 d

B．每个水期可监测一次，每次同步连续调查取样 3～4 d

C．溶解氧和水温监测频次，每间隔 4 h 取样监测一次

D．溶解氧和水温监测频次，每间隔 6 h 取样监测一次

49．根据《环境影响评价技术导则　地表水环境》，下列（　　）属于湖库补充水质监测点位布设要求。

A．对于水污染影响型建设项目，一级评价在评价范围内布设的水质取样垂线数宜不少于 20 条

B．对于水污染影响型建设项目，二级评价在评价范围内布设的水质取样垂线数宜不少于 18 条

C．评价范围内不同水质类别区、水环境功能区或水功能区的水域，应布设取样垂线

D．评价范围内水环境敏感区、排放口和需要进行水质预测的水域，应布设取样垂线

50．根据《环境影响评价技术导则　地表水环境》，下列（　　）属于湖库补充水质监测点位布设要求。

A．对于水文要素影响型建设项目，在取水口、主要入湖（库）断面、坝前、湖（库）中心水域应布设取样垂线

B．对于水文要素影响型建设项目，在不同水质类别区、水环境敏感区应布设取样垂线

C．对于水文要素影响型建设项目，在需要进行水质预测的水域，应布设取样垂线

D．对于复合影响型建设项目，应兼顾进行取样垂线的布设

51．根据《环境影响评价技术导则　地表水环境》，下列（　　）属于入海河口、近岸海域监测点位设置布设要求。

A．一级评价可布设7～9个取样断面

B．一级评价可布设5～7个取样断面

C．二级评价可布设5～7个取样断面

D．二级评价可布设3～5个取样断面

52．根据《环境影响评价技术导则　地表水环境》，下列（　　）属于地表水环境影响预测总体要求。

A．一级、二级、水污染影响型三级A与水文要素影响型一级评价应定量预测建设项目水环境影响

B．水污染影响型三级B评价可不进行水环境影响预测

C．影响预测应考虑评价范围内已建、在建和拟建项目中，与建设项目排放同类（种）污染物、对相同水文要素产生的叠加影响

D．建设项目分期规划实施的，应估算规划水平年进入评价范围的污染负荷，预测分析规划水平年评价范围内地表水环境质量变化趋势

53．根据《环境影响评价技术导则　地表水环境》，下列（　　）属于水文要素影响型建设项目预测内容。

A．河流、湖泊及水库的水域形态、径流条件

B．河流、湖泊及水库的水力条件以及冲淤变化

C．感潮河段、入海河口及近岸海域流量、流向、潮区界、潮流界、纳潮量

D．感潮河段、入海河口及近岸海域水位、流速、水面宽、水深、冲淤变化

54．根据《环境影响评价技术导则　地表水环境》，湖库水域概化时，根据湖库的入流条件、水力停留时间、水质及水温分布等情况，将湖库水域概化为（　　）。

A．稳定分层型　　　　B．较稳定分层型

C．不稳定分层型　　　　D．混合型

55．根据《环境影响评价技术导则　地表水环境》，下列（　　）属于地表水环境影响预测基础数据。

A．水文数据　　　　B．气象数据

C．水下地形数据　　　　D．涉水工程资料

56．根据《环境影响评价技术导则　地表水环境》，下列关于地表水环境影响预测初始条件设定的说法，正确的是（　　）。

A．初始条件（水文、水质、水温等）设定应满足所选用数学模型的基本要求，需合理确定初始条件，控制预测结果不受初始条件的影响

B．受人工调控的河段，可采用最小下泄流量或河道内生态流量作为设计流量

C．河流不利枯水条件宜采用 90%保证率最枯月流量或近 10 年最枯月平均流量

D．当初始条件对计算结果的影响在短时间内无法有效消除时，应延长模拟计算的初始时间，必要时应开展初始条件敏感性分析

57．根据《环境影响评价技术导则　地表水环境》，下列（　　）属于地表水环境影响预测点源及面源污染源负荷预测要求。

A．应包括已建项目的污染物排放

B．应包括在建项目的污染物排放

C．应考虑区域经济社会发展及水污染防治规划、区（流）域环境质量改善目标要求，按点源、面源分别确定预测范围内的污染源的排放量与入河量

D．应包括拟建项目的污染物排放

58．根据《环境影响评价技术导则　地表水环境》，下列（　　）属于水文及水力学参数。

A．流量、流速　　B．糙率

C．污染物综合衰减系数　　D．坡度

59．根据《环境影响评价技术导则　地表水环境》，下列（　　）属于水质参数。

A．扩散系数　　B．耗氧系数

C．复氧系数　　D．蒸发散热系数

60．根据《环境影响评价技术导则　地表水环境》，下列（　　）属于地表水环境影响预测模型参数确定方法。

A．实验室测定　　B．数学模型

C．现场实测　　D．经验公式

61．根据《环境影响评价技术导则　地表水环境》，下列（　　）属于地表水环境影响预测模型参数确定方法。

A．类比法　　B．模型率定

C．物理模型试验　　D．面源污染负荷估算模型

62．根据《环境影响评价技术导则　地表水环境》，下列（　　）属于地表水环境影响预测模型验证要求。

A．在模型参数确定的基础上，通过模型计算结果与实测数据进行比较分析，验证模型的适用性与误差及精度

B．选择模型率定法确定模型参数的，模型验证应采用与模型参数率定同组实测资料数据进行

C．应对模型参数确定与模型验证的过程和结果进行分析说明，并以河宽、水深、流速、流量以及主要预测因子的模拟结果作为分析依据，当采用二维或三维模

型时，应开展流场分析

D．模型验证应分析模拟结果与实测结果的拟合情况，阐明模型参数率定取值的合理性

63．根据《环境影响评价技术导则　地表水环境》，下列（　　）属于地表水环境影响预测点位。

A．常规监测点　B．补充监测点　C．水环境保护目标

D．控制断面　E．水质水量突变处

64．根据《环境影响评价技术导则　地表水环境》，下列（　　）属于地表水环境影响评价要求。

A．排放口所在水域形成的混合区，应限制在达标控制（考核）断面以外水域，且不得与已有排放口形成的混合区叠加，混合区外水域应满足水环境功能区或水功能区的水质目标要求

B．满足区（流）域水环境质量改善目标要求

C．水文要素影响型建设项目同时应包括水文情势变化评价、主要水文特征值影响评价、生态流量符合性评价

D．对于新设或调整入河（湖库、近岸海域）排放口的建设项目，包括排放口设置的位置合理性评价

65．根据《环境影响评价技术导则　地表水环境》，依托污水处理设施的环境可行性评价，主要从（　　）等方面开展评价。

A．污水处理设施的日处理能力

B．污水处理设施的处理工艺

C．处理后的废水稳定达标排放情况及排放标准是否涵盖建设项目排放的有毒有害的特征水污染物

D．设计进水及设计出水水质

66．根据《环境影响评价技术导则　地表水环境》，下列（　　）属于污染源排放量核算的一般要求。

A．污染源排放量核算应在满足水环境影响评价要求的前提下核算

B．污染源排放量是新（改、扩）建项目申请污染物排放许可的依据

C．建设项目在批复的区域或水环境控制单元达标方案的许可排放量分配方案中有规定的，按规定执行

D．对改建、扩建项目，除应核算新增源的污染物排放量外，还应核算项目建成后全厂的污染物排放量，污染源排放量为污染物的年排放量

67．根据《环境影响评价技术导则　地表水环境》，下列（　　）属于直接排放建设项目污染源排放量核算依据。

A．污染源源强核算技术指南

B．建设项目达标排放的地表水环境影响

C．受纳水体的水环境容量

D．排污许可申请与核发技术规范

68．根据《环境影响评价技术导则　地表水环境》，关于安全余量确定，下列说法正确的是（　　）。

A．受纳水体为 GB 3838 Ⅲ类水域，安全余量按照不低于建设项目污染源排放量核算断面（点位）处环境质量标准的 8%确定

B．受纳水体水环境质量标准为 GB 3838 Ⅳ、Ⅴ类水域，安全余量按照不低于建设项目污染源排放量核算断面（点位）环境质量标准的 6%确定

C．受纳水体涉及水环境保护目标的水域，安全余量按照不低于建设项目污染源排放量核算断面（点位）处环境质量标准的 10%确定

D．地方如有更严格的环境管理要求，按地方要求执行

69．根据《环境影响评价技术导则　地表水环境》，遵循地表水环境质量底线要求，主要污染物（　　）需预留必要的安全余量。

A．化学需氧量　　B．总磷　　C．氨氮

D．总氮　　E．BOD_5

70．根据《环境影响评价技术导则　地表水环境》，下列（　　）属于生态流量确定的一般要求。

A．根据河流、湖库生态环境保护目标的流量（水位）及过程需求确定生态流量（水位）

B．河流应确定生态流量，湖库应确定生态水位

C．生态流量控制断面或点位选择应结合重要生境、重要环境保护对象等保护目标的分布、水文站网分布以及重要水利工程位置等统筹考虑

D．依据评价范围内各水环境保护目标的生态环境需水确定生态流量

71．根据《环境影响评价技术导则　地表水环境》，水生生态需水计算中，应采用（　　）等方法计算水生生态流量。

A．水力学法　　B．水文学法

C．水量平衡法　　D．生态水力学法

72．根据《环境影响评价技术导则　地表水环境》，下列（　　）属于河流、湖库生态流量综合分析与确定要求。

A．河流应根据水生生态需水、水环境需水、湿地需水、景观需水、河口压咸需水和其他需水等计算成果，考虑各项需水的外包关系和叠加关系，综合分析需水目标要求，确定生态流量

B．水生生态需水应为水生生态流量与鱼类繁殖期所需水文过程的外包线

C．湖库应根据湖库生态环境需水确定最低生态水位及不同时段内的水位

D．根据国家或地方政府批复的综合规划、水资源规划、水环境保护规划等成果中相关的生态流量控制等要求，综合分析生态流量成果的合理性

73．根据《环境影响评价技术导则　地表水环境》，下列（　　）属于环境保护措施与监测计划的一般要求。

A．在建设项目污染控制治理措施与废水排放满足排放标准与环境管理要求的基础上，针对建设项目实施可能造成地表水环境不利影响的阶段、范围和程度，提出预防、治理、控制、补偿等环保措施或替代方案等内容，并制定监测计划

B．水环境保护对策措施的论证应包括水环境保护措施的内容、规模及工艺、相应投资、实施计划，所采取措施的预期效果、达标可行性、经济技术可行性及可靠性分析等内容

C．按建设项目建设期、生产运行期、服务期满后等不同阶段，针对不同工况、不同地表水环境影响的特点，提出水环境质量的监测计划

D．对水文要素影响型建设项目，应提出减缓水文情势影响，保障生态需水的环保措施

74．根据《环境影响评价技术导则　地表水环境》，下列（　　）属于水环境保护措施要求。

A．提出减少污水产生量与排放量的环保措施

B．对污水处理方案进行技术经济及环保论证比选

C．明确污水处理设施的位置、规模、处理工艺、主要构筑物或设备、处理效率

D．采取的污水处理方案要实现达标排放，满足总量控制指标要求，并对排放口设置及排放方式进行环保论证

75．根据《环境影响评价技术导则　地表水环境》，下列（　　）属于监测计划要求。

A．对下泄流量有泄放要求的建设项目，在闸坝上游设置生态流量监测系统

B．明确自行监测计划内容，提出应向社会公开的信息内容

C．提出地表水环境质量监测计划

D．监测因子需与评价因子相协调

E．建设项目排放口应根据污染物排放特点、相关规定设置监测系统

76．根据《环境影响评价技术导则　地表水环境》，地表水环境影响评价结论包括（　　）。

A．地表水环境现状评价结论　　B．污染源排放量与生态流量

C．水环境影响评价结论　　D．地表水环境影响评价自查

参考答案

一、单项选择题

1. D　【解析】导则 4.1 原文:“在调查和分析评价范围地表水环境质量现状与水环境保护目标的基础上，预测和评价建设项目对地表水环境质量、水环境功能区、水功能区、水环境保护目标及水环境控制单元的影响范围与影响程度，提出相应的环境保护措施和环境管理与监测计划，明确给出地表水环境影响是否可接受的结论。”

2. C　【解析】导则 5.1.4 原文:“建设项目可能导致受纳水体富营养化的，评价因子还应包括与富营养化有关的因子（如总磷、总氮、叶绿素a、高锰酸盐指数和透明度等。其中，叶绿素 a 为必须评价的因子)。”

3. C　【解析】导则 5.2.2 原文:“水污染影响型建设项目主要根据废水排放方式和排放量划分评价等级。”

4. C　【解析】水文要素影响型建设项目评价因子，应根据建设项目对地表水体水文要素影响的特征确定。河流、湖泊及水库主要评价水面宽、水位、水深、水面面积、水量（注意：不是流量)、流速、水温、径流过程、冲淤变化等因子（简记为：速宽位面温，径冲水量深)。

5. D　【解析】导则 5.1.3 原文:“河流、湖泊及水库主要评价水面面积、水量、水温、径流过程、水位、水深、流速、水面宽、冲淤变化等因子，湖泊和水库需要重点关注湖底水域面积或蓄水量及水力停留时间等因子。感潮河段、入海河口及近岸海域主要评价流量、流向、潮区界、潮流界、纳潮量、水位、流速、水面宽、水深、冲淤变化等因子。”

6. A　【解析】根据水污染影响型建设项目评价等级判定表 1 中，建设项目直接排放第一类污染物的，其评价等级为一级。

7. A　【解析】总汞的污染物当量值为 0.000 5 kg，故 A 错误。

8. C　【解析】导则 5.2.2 表 1 水污染影响型建设项目评价等级判定原文。

9. B　【解析】ACD 为水文要素影响型建设项目特点。

10. A　【解析】导则 5.2.2 表 1 水污染影响型建设项目评价等级判定注 4 原文:“建设项目直接排放第一类污染物的，其评价等级为一级。”

11. C　【解析】导则 5.2.2 表 1 水污染影响型建设项目评价等级判定注 4 原文:“建设项目直接排放的污染物为受纳水体超标因子的，评价等级不低于二级。”

12. A　【解析】导则 5.2.2 表 1 水污染影响型建设项目评价等级判定注 6 原文:

“建设项目向河流、湖库排放温排水引起受纳水体水温变化超过水环境质量标准要求，且评价范围有水温敏感目标时，评价等级为一级。”

13. B 【解析】导则5.2.2表1水污染影响型建设项目评价等级判定注7原文：“建设项目利用海水作为调节温度介质，排水量≥500万m^3/d，评价等级为一级；排水量＜500万m^3/d，评价等级为二级。”

14. D 【解析】根据导则5.2.2 表1水污染影响型建设项目评价等级判定注9原文：“依托现有排放口，且对外环境未新增排放污染物的直接排放建设项目，评价等级参照间接排放，定为三级B。”

15. B 【解析】导则5.2.3表2。

16. B 【解析】导则5.2.3表2。

17. B 【解析】导则5.2.3表2。

18. C 【解析】导则5.2.3表2水文要素影响型建设项目评价等级判定注2原文：“跨流域调水、引水式电站、可能受到大型河流感潮河段咸潮影响的建设项目，评价等级不低于二级。”

19. C 【解析】根据导则5.2.3表2水文要素影响型建设项目评价等级判定注3原文：“造成入海河口（湾口）宽度束窄（束窄尺度达到原宽度的5%以上），评价等级应不低于二级。”

20. C 【解析】根据导则5.2.3表2水文要素影响型建设项目评价等级判定注4原文：“对不透水的单方向建筑尺度较长的水工建筑物（如防波堤、导流堤等），其与潮流或水流主流向切线垂直方向投影长度大于2 km时，评价等级应不低于二级。”

21. C 【解析】导则5.3.2原文：“受纳水体为湖泊、水库时，一级评价，评价范围宜不小于以入湖（库）排放口为中心、半径为5 km的扇形区域；二级评价，评价范围宜不小于以入湖（库）排放口为中心、半径为3 km的扇形区域；三级A评价，评价范围宜不小于以入湖（库）排放口为中心、半径为1 km的扇形区域”。

22. B 【解析】导则5.3.3原文：“地表水域影响评价范围为相对建设项目建设前日均或潮均流速及水深，或高（累积频率5%）低（累积频率90%）水位（潮位）变化幅度超过±5%的水域。”

23. D 【解析】导则5.4.2表3。

24. A

25. B 【解析】导则5.4.2表3。

26. D 【解析】导则5.4.2表3。

27. D 【解析】导则5.4.2表3。

28. D 【解析】导则5.4.2表3。

29. D　【解析】导则 5.4.2 表 3。

30. D　【解析】导则 5.4.2 表 3。

31. D　【解析】导则 5.4.2 表 3。

32. D　【解析】导则 5.4.2 表 3。

33. B　【解析】导则 6.2.2 原文："对于水污染影响型建设项目，除覆盖评价范围外，受纳水体为河流时，在不受回水影响的河流段，排放口上游调查范围宜不小于 500 m，受回水影响河段的上游调查范围原则上与下游调查的河段长度相等；受纳水体为湖库时，以排放口为圆心，调查半径在评价范围基础上外延 20% ~ 50%。"

34. D　【解析】导则 6.2.2 原文："对于水污染影响型建设项目，除覆盖评价范围外，受纳水体为河流时，在不受回水影响的河流段，排放口上游调查范围宜不小于 500 m，受回水影响河段的上游调查范围原则上与下游调查的河段长度相等；受纳水体为湖库时，以排放口为圆心，调查半径在评价范围基础上外延 20% ~ 50%。"

35. B　【解析】导则 6.2.2 原文："对于水污染影响型建设项目，除覆盖评价范围外，受纳水体为河流时，在不受回水影响的河流段，排放口上游调查范围宜不小于 500 m，受回水影响河段的上游调查范围原则上与下游调查的河段长度相等；受纳水体为湖库时，以排放口为圆心，调查半径在评价范围基础上外延 20% ~ 50%。"

36. A　【解析】导则 6.2.4 原文："对于水污染影响型建设项目，建设项目排放污染物中包括氮、磷或有毒污染物且受纳水体为湖泊、水库时，一级评价的调查范围应包括整个湖泊、水库，二级、三级 A 评价时，调查范围应包括排放口所在水环境功能区、水功能区或湖（库）湾区。"

37. D　【解析】导则 6.2.3 原文："对于水文要素影响型建设项目，受影响水体为河流、湖库时，除覆盖评价范围外，一级、二级评价时，还应包括库区及支流回水影响区、坝下至下一个梯级或河口、受水区、退水影响区。"

38. B　【解析】导则 6.6.3 原文："水污染影响型建设项目一级、二级评价时，应调查受纳水体近 3 年的水环境质量数据，分析其变化趋势。"

39. D　【解析】导则 6.6.5 原文："水文要素影响型建设项目一级、二级评价时，应开展建设项目所在流域、区域的水资源与开发利用状况调查。"

40. C　【解析】导则 6.6.6 原文："水文调查与水文测量宜在枯水期进行。"

41. C　【解析】导则 6.6.6 原文："应尽量收集临近水文站既有水文年鉴资料和其他相关的有效水文观测资料。当上述资料不足时，应进行现场水文调查与水文测量，水文调查与水文测量宜与水质调查同步。"

42. D　【解析】导则 6.6.6 原文："水污染影响型建设项目开展与水质调查同步进行的水文测量，原则上可只在一个时期（水期）内进行。"

43. A　【解析】导则 6.6.2 原文："一级评价，以收集利用已建项目的排污许可证登记数据、环评及环保验收数据及既有实测数据为主，并辅以现场调查及现场监测。”

44. C 【解析】导则6.3原文：“地表水环境现状调查因子根据评价范围水环境质量管理要求、建设项目水污染物排放特点与水环境影响预测评价要求等综合分析确定。调查因子应不少于评价因子。”

45. C 【解析】导则6.7.2.3原文：“当调查的水下地形数据不能满足水环境影响预测要求时，应开展水下地形补充测绘。”

46. D 【解析】导则6.6.2.4原文：“面污染源调查主要采用收集利用既有数据资料的调查方法，可不进行实测。”

47. A 【解析】导则附录C.1.1原文：“水污染影响型建设项目在拟建排放口上游应布置对照断面（宜在500 m以内），根据受纳水域水环境质量控制管理要求设定控制断面。”

48. D 【解析】导则附录B.3 表B.1。

49. B 【解析】导则附录B.3 表B.1。

50. C 【解析】导则附录C.1.3原文：“水温观测频次，应每间隔6 h观测一次水温，统计计算日平均水温。”

51. B 【解析】导则附录C.2.1.1原文：“对于水污染影响型建设项目，水质取样垂线的设置可采用以排放口为中心、沿放射线布设或网格布设的方法，按照下列原则及方法设置：一级评价在评价范围内布设的水质取样垂线数宜不少于20条。”

52. C 【解析】导则附录C.2.1.1原文：“对于水污染影响型建设项目，水质取样垂线的设置可采用以排放口为中心、沿放射线布设或网格布设的方法，按照下列原则及方法设置：二级评价在评价范围内布设的水质取样垂线数宜不少于16条。”

53. C 【解析】导则附录C.3.1原文：“一级评价可布设5～7个取样断面；二级评价可布设3～5个取样断面。”

54. B 【解析】导则附录C.3.1原文：“一级评价可布设5～7个取样断面；二级评价可布设3～5个取样断面。”

55. A 【解析】导则附录C.3.3原文：“对于近岸海域，一个水期宜在半个太阴月内的大潮期或小潮期分别采样，明确所采样品所处潮时。”

56. B 【解析】导则8.4.2.2原文：“湖库生态环境需水计算中，可采用不同频率最枯月平均值法或近10年最枯月平均水位法确定湖库生态环境需水最小值。”

57. B 【解析】导则8.4.2.2原文：“湖库生态环境需水可采用最小值、年内不同时段值和全年值表示。”

58. B 59. B 60. A 61. B 62. C 63. B

64. D 【解析】导则7.1.2原文：“水污染影响型三级B评价可不进行水环境

影响预测。”

65. D 【解析】导则 7.1.3 原文：“影响预测应考虑评价范围内已建、在建和拟建项目中，与建设项目排放同类（种）污染物、对相同水文要素产生的叠加影响。”

66. A 【解析】导则 7.3 原文：“水污染影响型建设项目，水体自净能力最不利以及水质状况相对较差的不利时期、水环境现状补充监测时期应作为重点预测时期。”

67. C 【解析】导则 7.3 原文：“水文要素影响型建设项目，以水质状况相对较差或对评价范围内水生生物影响最大的不利时期为重点预测时期。”

68. C　69. B　70. A　71. B　72. C　73. D　74. D　75. A　76. A　77. B　78. D　79. C　80. D　81. A　82. B　83. D　84. C　85. C　86. D　87. C　88. C

89. A 【解析】导则 7.8.1.1 原文：“河流、湖库建设项目水文数据时间精度应根据建设项目调控影响的时空特征，分析典型时段的水文情势与过程变化影响，涉及日调度影响的，时间精度宜不小于 1 h。”

90. B 【解析】导则 7.8.1.1 原文：“感潮河段、入海河口及近岸海域建设项目应考虑盐度对污染物运移扩散的影响，一级评价时间精度不得低于 1 h。”

91. B 【解析】导则 7.10.1.2 原文：“近岸海域的潮位边界条件界定，应选择一个潮周期作为基本水文条件，选用历史实测潮位过程或人工构造潮型作为设计水文条件。”

92. C 【解析】导则 7.10.1.1 原文：“河流不利枯水条件宜采用 90%保证率最枯月流量或近 10 年最枯月平均流量。”

93. C 【解析】导则 7.10.1.2 原文：“感潮河段、入海河口的上游水文边界条件参照 7.10.1.1 的要求确定，下游水位边界的确定，应选择对应时段潮周期作为基本水文条件进行计算，可取用保证率为 10%、50%和 90%潮差，或上游计算流量条件下相应的实测潮位过程。”

94. D 【解析】导则 7.10.2.2 原文：“应覆盖预测范围内的所有与建设项目排放污染物相关的污染源或污染源负荷占预测范围总污染负荷的比例超过 95%。”

95. B 【解析】导则 7.11.2 原文：“模型参数确定可采用类比、经验公式、实验室测定、物理模型试验、现场实测及模型率定等，可以采用多类方法比对确定模型参数。当采用数值解模型时，宜采用模型率定法核定模型参数。”

96. C 【解析】导则 7.11.5 原文：“应对模型参数确定与模型验证的过程和结果进行分析说明，并以河宽、水深、流速、流量以及主要预测因子的模拟结果作为分析依据，当采用二维或三维模型时，应开展流场分析。模型验证应分析模拟结果与实测结果的拟合情况，阐明模型参数率定取值的合理性。”

97. C 【解析】遵循地表水环境质量底线要求，主要污染物（化学需氧量、氨氮、总磷、总氮）需预留必要的安全余量。安全余量可按地表水环境质量标准、受纳水体环境敏感性等确定：受纳水体水环境质量标准为《地表水环境质量标准》（GB 3838）Ⅳ、Ⅴ类水域，安全余量按照不低于建设项目污染源排放量核算断面（点位）环境质量标准的 8%确定（安全余量≥环境质量标准×8%）。

98. D 【解析】导则 8.3.3.1 原文："当受纳水体为河流时，不受回水影响的河段，建设项目污染源排放量核算断面位于排放口下游，与排放口的距离应小于 2 km。"

99. B 【解析】导则 8.3.3.1 原文："当受纳水体为河流时……受回水影响的河段，应在排放口的上下游设置建设项目污染源排放量核算断面，与排放口的距离应小于 1 km。"

100. C 【解析】导则 8.3.3.1 原文："当受纳水体为湖库时，建设项目污染源排放量核算点位应布置在以排放口为中心、半径不超过 50 m 的扇形水域内，且扇形面积占湖库面积比例不超过 5%，核算点位应不少于 3 个。"

101. D 【解析】导则 8.3.3.1 原文："受纳水体为 GB 3838 III 类水域，以及涉及水环境保护目标的水域，安全余量按照不低于建设项目污染源排放量核算断面（点位）处环境质量标准的 10%确定（安全余量≥环境质量标准×10%）。"

102. B 【解析】导则 8.3.3.1 原文："受纳水体水环境质量标准为 GB 3838 Ⅳ、Ⅴ类水域，安全余量按照不低于建设项目污染源排放量核算断面（点位）环境质量标准的 8%确定（安全余量≥环境质量标准×8%）。"

二、不定项选择题

1. ABCD 【解析】导则 3.2 原文："饮用水水源保护区、饮用水取水口，涉水的自然保护区、风景名胜区，重要湿地、重点保护与珍稀水生生物的栖息地、重要水生生物的自然产卵场及索饵场、越冬场和洄游通道，天然渔场等渔业水体，以及水产种质资源保护区等。"

2. ABCD 【解析】导则 4.1 原文："在调查和分析评价范围地表水环境质量现状与水环境保护目标的基础上，预测和评价建设项目对地表水环境质量、水环境功能区、水功能区、水环境保护目标及水环境控制单元的影响范围与影响程度，提出相应的环境保护措施和环境管理与监测计划，明确给出地表水环境影响是否可接受的结论。"

3. ABC 【解析】导则 4.3 原文："根据建设项目地表水环境影响预测与评价的结果，制定地表水环境保护措施，开展地表水环境保护措施的有效性评价，编制地表水环境监测计划，给出建设项目污染物排放清单和地表水环境影响评价的结论，完成环境影响评价文件的编写。"

4. ABCD 【解析】导则 5.1.2 原文。

5. ACD 【解析】导则 5.1.4 原文："建设项目可能导致受纳水体富营养化的，

评价因子还应包括与富营养化有关的因子（如总磷、总氮、叶绿素 a、高锰酸盐指数和透明度等。其中，叶绿素 a 为必须评价的因子）。”

6. A

7. ABCD 【解析】导则 5.2.2 表 1 原文：“直接排放受纳水体影响范围涉及饮用水水源保护区、饮用水取水口、重点保护与珍稀水生生物的栖息地、重要水生生物的自然产卵场等保护目标时，评价等级不低于二级。”

8. ABD 【解析】导则 5.3.2.1 原文。

9. AD 【解析】导则 5.3.2.2 原文。

10. ABD 【解析】导则 5.3.3 原文。

11. ABCD 【解析】导则 6.2.1 原文：“地表水环境的现状调查范围应覆盖评价范围，应以平面图方式表示，并明确起、止断面的位置及涉及范围。”

12. ACD 【解析】导则 6.2.2 原文：“对于水污染影响型建设项目，除覆盖评价范围外，受纳水体为河流时，在不受回水影响的河流段，排放口上游调查范围宜不小于 500 m，受回水影响河段的上游调查范围原则上与下游调查的河段长度相等；受纳水体为湖库时，以排放口为圆心，调查半径在评价范围基础上外延 20% ~ 50%。”

13. ABCD 【解析】导则 6.5.2 原文：“调查方法主要采用资料收集、现场监测、无人机或卫星遥感遥测等方法。”

14. BCD 【解析】导则 6.6.2 原文。

15. AB 【解析】导则 6.6.2.2 原文：“一级、二级评价，建设项目直接导致受纳水体内源污染变化，或存在与建设项目排放污染物同类的且内源污染影响受纳水体水环境质量，应开展内源污染调查，必要时应开展底泥污染补充监测。”

16. ABCD 【解析】导则 6.7.2 原文。

17. ABCD 【解析】导则 6.7.3.2 原文：“底泥污染调查与评价的监测点位布设应能够反映底泥污染物空间分布特征的要求，根据底泥分布区域、分布深度、扰动区域、扰动深度、扰动时间等设置。”

18. ABCD 【解析】导则 6.8 原文。

19. C 【解析】导则 6.9.2 原文：“监测断面或点位水环境质量现状评价方法。采用水质指数法评价。”

20. B 【解析】导则 6.9.3 原文：“底泥污染状况评价方法。采用单项污染指数法评价。”

21. ABCD 【解析】导则 7.5.2 原文。

22. ABC 【解析】导则原文 7.6.3.2。水动力模型、水质（包括水温及富营养化）模型按照是否需要采用数值离散方法分为解析解模型与数值解模型，在模拟河流顺直、水流均匀且排污稳定时可以采用解析解。

23．ACD 【解析】导则 7.6.2 原文："数学模型包括：面源污染负荷估算模型、水动力模型、水质（包括水温及富营养化）模型等，可根据地表水环境影响预测的需要选择。"

24．D 【解析】导则 7.6.3.2 原文："如感潮河段、入海河口的下边界难以确定，宜采用一维、二维连接数学模型。"

25．BC 【解析】导则 7.7.2 原文。

26．ACDE 【解析】导则 7.7.5 原文："采用解析解方法进行水环境影响预测时，可按潮周平均、高潮平均和低潮平均三种情况，概化为稳态进行预测。"

27．BCD 【解析】导则 7.10.1.1 原文。

28．BD 【解析】导则 7.10.1.2 原文。

29．ABCD 【解析】导则 7.10.2.3 原文。

30．AB 【解析】导则 7.12 原文。

31．ABD 【解析】导则 8.1.1 原文。

32．ABD 【解析】导则 8.2.1 原文。

33．ABCDE 【解析】导则 8.2.2 原文。

34．ACD 【解析】导则 8.3.3.1 原文。

35．ABCD 【解析】导则 8.4.2.1 原文："河流生态环境需水包括水生生态需水、水环境需水、湿地需水、景观需水、河口压咸需水等。"

36．BCD 【解析】导则 8.4.2.1 原文。

37．ACD 【解析】导则 8.4.2.2 原文。

38．ABCD 【解析】导则 7.4.2 原文："如建设项目具有充足的调节容量，可只预测正常排放对水环境的影响。"

39．ABCDE 40．ABCD

41．ACD 【解析】根据导则 6.1 原文。

42．ABC 【解析】导则 6.6.3 原文。

43．ACD 【解析】导则 6.6.6.2 原文："水文调查与水文测量宜在枯水期进行。"

44．ABCD

45．CD 【解析】导则 6.7.1.1 原文："应对收集资料进行复核整理，分析资料的可靠性、一致性和代表性，针对资料的不足，制定必要的补充监测方案，确定补充监测时期、内容、范围。"

根据导则 6.7.1.2 原文："需要开展多个断面或点位补充监测的，应在大致相同的时段内开展同步监测。"

选项 B 为需要开展多个断面或点位补充监测的，应在大致相同的时段内开展同步监测。

46. BCD　【解析】导则附录 C.1.1 原文："水污染影响型建设项目在拟建排放口上游应布置对照断面（宜在 500 m 以内）。"

47. BC　48. AD

49. ACD　【解析】导则附录 C.2.1.1 原文："对于水污染影响型建设项目，二级评价在评价范围内布设的水质取样垂线数宜不少于 16 条。"

50. ABCD　51. BD　52. BCD　53. ABCD

54. ACD　【解析】导则 7.7.3 原文。

55. ABCD

56. AD　【解析】导则 7.9.1、7.9.2 原文："初始条件（水文、水质、水温等）设定应满足所选用数学模型的基本要求，需合理确定初始条件，控制预测结果不受初始条件的影响。当初始条件对计算结果的影响在短时间内无法有效消除时，应延长模拟计算的初始时间，必要时应开展初始条件敏感性分析。"

57. ABCD

58. ABD　【解析】导则 7.11.1 原文："水文及水力学参数包括流量、流速、坡度、糙率等。"

59. ABCD

60. ACD　【解析】导则 7.11.2 原文："模型参数确定可采用类比、经验公式、实验室测定、物理模型试验、现场实测及模型率定等，可以采用多类方法比对确定模型参数。当采用数值解模型时，宜采用模型率定法核定模型参数。"

61. ABC　【解析】导则 7.11.2 原文："模型参数确定可采用类比、经验公式、实验室测定、物理模型试验、现场实测及模型率定等，可以采用多类方法比对确定模型参数。当采用数值解模型时，宜采用模型率定法核定模型参数。"

62. ACD　【解析】导则 7.11.4 原文："选择模型率定法确定模型参数的，模型验证应采用与模型参数率定不同组实测资料数据进行。"

63. ABCDE　【解析】导则 7.12.1.1 原文："应将常规监测点、补充监测点、水环境保护目标、水质水量突变处及控制断面等作为预测重点。"

64. ABC　【解析】导则 8.2.2 原文："对于新设或调整入河（湖库、近岸海域）排放口的建设项目，应包括排放口设置的环境合理性评价。"

65. ABC　【解析】导则 8.2.3 原文："依托污水处理设施的环境可行性评价，主要从污水处理设施的日处理能力、处理工艺、设计进水水质、处理后的废水稳定达标排放情况及排放标准是否涵盖建设项目排放的有毒有害的特征水污染物等方面开展评价。"

66. ABCD　67. ABD

68. CD　【解析】导则 8.3.3.1 原文："受纳水体为 GB 3838 Ⅲ类水域，以及涉及水环境保护目标的水域，安全余量按照不低于建设项目污染源排放量核算断面（点位）处环境质量标准的10%确定（安全余量＞环境质量标准×10%）；受纳水体水环境质量标准为GB 3838 Ⅳ、Ⅴ类水域，安全余量按照不低于建设项目污染源排放量核算断面（点位）环境质量标准的8%确定（安全余量⩾环境质量标准×8%）；地方如有更严格的环境管理要求，按地方要求执行。”

69．ABCD 【解析】导则8.3.3.1原文：“遵循地表水环境质量底线要求，主要污染物（化学需氧量、氨氮、总磷、总氮）需预留必要的安全余量。”

70．ABCD 71．ABD

72．ACD 【解析】导则8.4.3.1原文：“河流应根据水生生态需水、水环境需水、湿地需水、景观需水、河口压咸需水和其他需水等计算成果，考虑各项需水的外包关系和叠加关系，综合分析需水目标要求，确定生态流量。湖库应根据湖库生态环境需水确定最低生态水位及不同时段内的水位。”

导则8.4.3.2原文：“应根据国家或地方政府批复的综合规划、水资源规划、水环境保护规划等成果中相关的生态流量控制等要求，综合分析生态流量成果的合理性。”

73．ABD 【解析】导则9.1.1原文：“在建设项目污染控制治理措施与废水排放满足排放标准与环境管理要求的基础上，针对建设项目实施可能造成地表水环境不利影响的阶段、范围和程度，提出预防、治理、控制、补偿等环保措施或替代方案等内容，并制定监测计划。”

导则9.1.2原文：“水环境保护对策措施的论证应包括水环境保护措施的内容、规模及工艺、相应投资、实施计划，所采取措施的预期效果、达标可行性、经济技术可行性及可靠性分析等内容。”

导则9.1.3原文：“对水文要素影响型建设项目，应提出减缓水文情势影响，保障生态需水的环保措施。”

74．ABCD

75．BCDE 【解析】导则9.3原文：“对下泄流量有泄放要求的建设项目，在闸坝下游应设置生态流量监测系统。”

76．BCD

第二节　相关水环境标准

一、单项选择题（每题的备选项中，只有一个最符合题意）

1．按照《地表水环境质量标准》，下列关于地表水水域环境功能类别表述正确的是（　　）。

A．农业用水区执行Ⅲ类地表水环境质量标准

B．一般工业用水区执行Ⅱ类地表水环境质量标准

C．鱼虾类产卵场执行Ⅲ类地表水环境质量标准

D．鱼虾类洄游通道执行Ⅲ类地表水环境质量标准

2．根据《地表水环境质量标准》，适用于Ⅱ类水域环境功能的是（　　）。

A．鱼类产卵场　　B．鱼类越冬场

C．水产养殖　　D．鱼类洄游通道

3．与渤海水域相连的某地表水河口段水域环境功能为渔业水域和游泳区，该河口段应采用的水质现状评价标准是（　　）。

A．地表水环境质量标准　　B．海水水质标准

C．渔业水质标准　　D．景观娱乐用水水质标准

4. 根据《地表水环境质量标准》，下面每个选项中的水域全部属于同一类水域功能的是（　　）。

A．集中式生活饮用水地表水源地一级保护区、鱼虾类越冬场

B．仔稚幼鱼的索饵场、鱼虾类产卵场、鱼虾类越冬场、鱼虾类洄游通道

C．人体非直接接触的娱乐用水区、一般景观要求水域

D．源头水、国家自然保护区

5．地表水环境质量评价应根据应实现的水域功能类别，选取相应类别标准，进行（　　），评价结果应说明水质达标情况，超标的应说明超标项目和超标倍数。

A．因子加权评价　　B．多因子评价

C．单因子评价　　D．系统评价

6．丰、平、枯水期特征明显的水域，应（　　）进行水质评价。

A．对平、枯水期　　B．对丰、平、枯水期

C．对丰、平水期　　D．对丰、枯水期

7. 集中式生活饮用水地表水源地水质评价的项目除包括基本项目、补充项目外，还应包括由（　　）选择确定的特定项目。

A．县级以上人民政府生态环境主管部门

B．县级以上人民政府水行政主管部门

C．市级以上人民政府生态环境主管部门

D．市级以上人民政府水行政主管部门

8．根据《地表水环境质量标准》，Ⅱ类地表水水域总磷（以P计）的标准限值为（　　）mg/L。

A．≤0.01（湖、库0.005）　　B．≤0.1（湖、库0.025）

C．≤0.2（湖、库0.05）　　D．≤0.3（湖、库0.1）

9．Ⅲ类地表水环境pH标准限值是（　　）。

A．9　　B．5～10　　C．6～10　　D．6～9

10．Ⅰ类地表水环境溶解氧的标准限值是（　　）mg/L。

A．≥9.5　　B．≥7.5　　C．≤9.5　　D．≤7.5

11．Ⅲ类地表水环境COD的标准限值是（　　）mg/L。

A．≤15　　B．≤40　　C．≤20　　D．≤30

12．按《地表水环境质量标准》，对于Ⅲ类水体人为造成环境水温变化应限制在（　　）。

A．月平均最大温升≤1℃，月平均最大温降≤2℃

B．周平均最大温升≤2℃，周平均最大温降≤3℃

C．周平均最大温升＜1℃，周平均最大温降＜2℃

D．周平均最大温升≤1℃，周平均最大温降≤2℃

13．在《地表水环境质量标准》中，COD的最低标准限值是（　　）mg/L。

A．15　　B．20　　C．10　　D．30

14．《地表水环境质量标准》基本项目中化学需氧量的监测分析方法是（　　）。

A．稀释与接种法　　B．纳氏试剂比色法

C．重铬酸盐法　　D．碘量法

15．《地表水环境质量标准》基本项目中五日生化需氧量的监测分析方法是（　　）。

A．稀释与接种法　　B．纳氏试剂比色法

C．重铬酸盐法　　D．碘量法

16．《地表水环境质量标准》基本项目中pH的监测分析方法是（　　）。

A．稀释与接种法　　B．电化学探头法

C．重铬酸盐法　　D．玻璃电极法

17．《地下水质量标准》中，不属于常规指标的是（　　）。

A．一般化学指标　　B．有机毒理学指标

C．微生物指标　　D．常见毒理学指标

18．《地下水质量标准》分类中，依据我国地下水质量状况和人体健康风险，参照相关用水质量要求，依据各组分含量高低（pH 除外），分为（　　）类。

A．三　　B．五　　C．四　　D．六

19．根据《地下水质量标准》，主要适用于集中式生活饮用水水源及工农业用水的是（　　）类。

A．Ⅰ　　B．Ⅱ　　C．Ⅲ　　D．Ⅳ

20．根据《地下水质量标准》，地下水组分含量高，不宜作为生活饮用水水源的是（　　）类。

A．Ⅱ　　B．Ⅲ　　C．Ⅴ　　D．Ⅳ

21．按照《地下水质量标准》，潜水监测频次符合要求的是不少于（　　）。

A．每年丰水期、枯水期各监测一次

B．每年丰水期、平水期各监测一次

C．每年平水期、枯水期各监测一次

D．每年监测两次，可以不考虑丰水期、平水期和枯水期

22．根据《地下水质量标准》，以下可不作为地下水质常规监测项目的是（　　）。

A．银　　B．氰化物

C．溶解性总固体　　D．大肠菌群

23．根据《地下水质量标准》，地下水质量调查与监测指标以常规指标为主，为便于水化学分析结果的审核，应补充的指标中不包括（　　）。

A．钾、钙、镁　　B．重碳酸根、碳酸根

C．游离二氧化碳　　D．汞

24．某项目所在区域地下水中氟化物监测浓度为 0.9 mg/L，按照地下水质量单项组分评价，该地下水现状水质应为（　　）类（注：氟化物地下水质标准：Ⅰ类≤1.0，Ⅱ类≤1.0，Ⅲ类≤1.0，Ⅳ类≤2.0。单位：mg/L）。

A．Ⅰ　　B．Ⅱ　　C．Ⅲ　　D．Ⅳ

25．地下水质量单指标评价，按指标值所在的限值范围确定地下水质量类别，指标限值相同时，（　　）。

A．从劣不从优　　B．从优不从劣

C．任何一个都可　　D．用插入法确定

26．某地下水的细菌总数Ⅰ类、Ⅱ类、Ⅲ类标准值均为≤100 个/mL，若水质分析结果为 100 个/mL，应定为（　　）。

A．Ⅰ类　　B．Ⅱ类　　C．Ⅲ类　　D．Ⅳ类

27．污水集中排放形成的海水混合区，不得影响邻近功能区的水质和（　　）。

A．水生生物洄游通道　　B．鱼虾类的越冬场
C．虾类洄游通道　　D．鱼类洄游通道

28．以下（　　）适用《污水综合排放标准》。

A．造纸厂污水　　B．钢铁厂污水
C．磷肥厂污水　　D．炼油厂污水

29.《污水综合排放标准》中规定：排入设置二级污水处理厂的城镇排水系统的污水，执行（　　）标准。

A．一级　　B．二级　　C．三级　　D．四级

30.《污水综合排放标准》中规定：排入鱼虾类越冬场水域的污水，应执行（　　）标准。

A．一级　　B．二级　　C．三级　　D．四级

31.《污水综合排放标准》中规定：排入人体直接接触海水的海上运动或娱乐区的污水，应执行（　　）标准。

A．一级　　B．二级　　C．三级　　D．四级

32.《污水综合排放标准》中规定：排入滨海风景旅游区的污水，应执行（　　）标准。

A．一级　　B．二级　　C．三级　　D．四级

33.《污水综合排放标准》中规定：排入一般景观要求水域的污水，应执行（　　）标准。

A．一级　　B．二级　　C．三级　　D．四级

34.《地表水环境质量标准》中Ⅰ、Ⅱ类水域和Ⅲ类水域中划定的保护区，GB 3097 中一类海域，禁止（　　）排污口，现有排污口应按水体功能要求，实行污染物总量控制。

A．新建、扩建、改建　　B．新建、扩建
C．扩建、改建　　D．新建

35.《地表水环境质量标准》中Ⅰ、Ⅱ类水域和Ⅲ类水域中划定的保护区，GB 3097 中一类海域，禁止新建排污口，现有排污口应按水体功能要求，实行（　　）。

A．限期关闭　　B．限期治理
C．污染物总量控制　　D．限期整治

36.《污水综合排放标准》中规定：新建排污口，排入集中式生活饮用水地表水源地二级保护区的污水，应执行（　　）标准。

A．一级　　B．二级　　C．三级　　D．以上都不是

37.《污水综合排放标准》中规定：新建排污口，排入海洋渔业水域的污水，应执行（　　）标准。

A．一级　　B．二级　　C．三级　　D．以上都不是

38．按照《污水综合排放标准》，为判定下列污染物是否达标，（　　）可在排污单位总排放口采样。

A．苯并[a]芘　　B．六价铬　　C．总锌　　D．总镍

39．根据《污水综合排放标准》，（　　）是允许在排污单位排放口采样的污染物。

A．总α放射性　　B．总铜　　C．总镍　　D．总银

40．根据《污水综合排放标准》，总汞的最高允许排放浓度限值是（　　）mg/L。

A．0.005　　B．0.05　　C．0.1　　D．0.5

41．同一排放口排放两种或两种以上不同类别的污水，且每种污水的排放标准又不同时，其混合污水的排放标准按（　　）计算。

A．第一类污染物　　B．第二类污染物

C．第三类污染物　　D．$c_{混合}=\dfrac{\sum_{i=1}^{n}c_iQ_iY_i}{\sum_{i=1}^{n}Q_iY_i}$

42．对于污水第一类污染物，一律在（　　）排放口采样。

A．车间　　B．车间处理设施

C．车间或车间处理设施　　D．排污单位

43．对于污水第二类污染物，在（　　）排放口采样，其最高允许排放浓度必须达到《污水综合排放标准》要求。

A．车间　　B．车间处理设施

C．车间或车间处理设施　　D．排污单位

44．工业污水按（　　）确定监测频率。

A．生产周期　　B．实际工作日

C．自然工作日　　D．监测单位要求

45．工业污水按生产周期确定监测频率，生产周期在 8 h 以内的，每（　　）h 采样一次。

A．1　　B．2　　C．4　　D．3

46．工业污水按生产周期确定监测频率，生产周期大于 8 h 的，每（　　）h 采样一次。

A．1　　B．2　　C．4　　D．3

47．工业污水按生产周期确定监测频率，监测的最高允许排放浓度按（　　）计算。

A．日均值　　B．小时均值　　C．月均值　　D．年均值

48.《污水综合排放标准》对建设（包括改、扩建）单位的建设时间，以（　　）为准划分。

A．施工结束时间　　B．生产开始时间

C．可行性报告批准日期　　D．环境影响评价报告书（表）批准日期

49．污水排放企业排放的总汞最高允许排放浓度是（　　）mg/L。

A．0.50　　B．0.10　　C．0.05　　D．1.5

50．污水排放企业排放的六价铬最高允许排放浓度是（　　）mg/L。

A．0.50　　B．1.0　　C．0.05　　D．1.5

51．污水排放企业排放的总铬最高允许排放浓度是（　　）mg/L。

A．0.50　　B．1.0　　C．0.05　　D．1.5

52．下列（　　）水体污染物属第一类污染物。

A．总汞、总镉、总砷、总铅、总镍、总锌

B．总镉、总铬、六价铬、总α放射性、总银

C．总汞、总锰、总银、苯并[a]芘、总铍

D．总β放射性、烷基汞、总铜、COD、甲醛

53.《地表水环境质量标准》规定，Ⅰ类水域功能区溶解氧的标准限值是（　　）mg/L。

A．≥6　　B．≥5　　C．≥7.5　　D．≥3

54.《地表水环境质量标准》中规定，化学需氧量的监测分析方法是（　　）。

A．电化学探头法　　B．重铬酸盐法

C．紫外线分光光度计　　D．稀释与接种法

55．若同一水域兼有多类使用功能，则该水域执行的地表水环境质量标准基本项目标准值应为（　　）。

A．最高功能类别对应的标准值　　B．最低功能类别对应的标准值

C．任意功能类别的标准值　　D．最高、最低功能类别标准值的平均值

56．用作集中式生活饮用水水源的地下水，其水质按《地下水质量标准》（　　）类执行。

A．Ⅰ　　B．Ⅱ　　C．Ⅲ　　D．Ⅳ

57.《地下水质量标准》中的地下水质量分类，地下水化学组分含量中等，适用于工农业用水的是（　　）类。

A．Ⅰ　　B．Ⅱ　　C．Ⅲ　　D．Ⅳ

58.《海水水质标准》按照海域（　　）对海水水质进行分类。

A．地理位置　　B．水环境质量现状

C．海岸形态与海水平均深度　　D．不同使用功能和保护目标

59．下列各海域功能区中，执行《海水水质标准》第三类的区域是（　　）。

A．海洋开发作业　　B．与人类食用直接有关的工业用水区

C．一般工业用水区　　D．海洋港口水域

60．按《污水综合排放标准》规定，排入《海水水质标准》为（　　）类海域的污水，执行一级标准。

A．一　　B．二　　C．三　　D．四

61．《污水综合排放标准》按建设单位的建设时间规定了执行第一类和第二类污染物各自的排放标准值。其建设时间以（　　）为准划分。

A．环评大纲批准日期　　B．环境影响报告书（表）批准日期

C．建设项目竣工日期　　D．建设项目投产日期

62．《污水综合排放标准》中的第一类污染物不分行业和污水排放方式，也不分受纳水体的功能类别，一律在（　　）采样。

A．综合污水处理厂出口　　B．接纳该污水的城市污水处理厂出口

C．车间或车间处理设施排放口　　D．综合污水处理厂入口

63．下列行业中不执行《污水综合排放标准》的是（　　）。

A．食品加工业　　B．炼油工业

C．兵器工业　　D．机械制造业

64．依据《地下水质量标准》的规定，Ⅰ类地下水主要是（　　）。

A．地下水化学组分含量较低　　B．地下水化学组分含量中等

C．地下水化学组分含量高　　D．地下水化学组分含量低

65．《地表水环境质量标准》中规定，在各类水域功能中，由人为造成的环境水温变化应限制在（　　）。

A．周平均最大温升≤1℃，周平均最大温降≤2℃

B．周平均最大温升≤2℃，周平均最大温降≤2℃

C．周平均最大温升≤3℃，周平均最大温降≤3℃

D．周平均最大温升≤2℃，周平均最大温降≤1℃

66．《地表水环境质量标准》基本项目中常规项目的化学需氧量的最低检出限是（　　）mg/L。

A．2　　B．10　　C．1　　D．5

67．《地下水质量标准》将地下水质量划分为（　　）。

A．二类　　B．三类　　C．四类　　D．五类

68．按照《地下水质量标准》，当不同类别标准值相同时，进行地下水质量单项组分评价应遵循的原则是（　　）。

A．从劣不从优　　B．从优不从劣
C．可任选其中一类　　D．均按一类

69．根据《地下水质量标准》，地下水质量潜水监测频率每年不得少于（　　）。

A．一次（平水期）　　B．二次（丰、枯水期）
C．三次（丰、平、枯水期）　　D．四次（每季一次）

70．按照《海水水质标准》，划定为一般工业用水区的海域采用的海水水质标准为第（　　）类。

A．一　　B．二　　C．三　　D．四

71．按照《污水综合排放标准》，排放的污染物中属于第一类污染物的是（　　）。

A．总铜　　B．总锰　　C．烷基汞　　D．总氰化合物

72．按照《污水综合排放标准》，排放的污染物按其性质及控制方式分为（　　）。

A．二类　　B．三类　　C．四类　　D．五类

73．在集中式生活饮用水地表水源地二级保护区内，关于排污口的建设，下列表述正确的是（　　）。

A．禁止新建排污口　　B．已在保护区内的企业可新建排污口
C．能够达标排放的废水可新建排污口　　D．经当地政府批准后可新建排污口

74．根据《污水综合排放标准》，排入一般工业用水及人体非直接接触的娱乐用水区水域的污水，执行（　　）标准。

A．一级　　B．二级　　C．三级　　D．四级

75．按照《污水综合排放标准》，排入农业用水区及一般景观要求水域的污水，执行（　　）标准。

A．一级　　B．二级　　C．三级　　D．四级

76．按照《污水综合排放标准》，下列污染物中，必须在车间或车间处理设施排放口采样监测的是（　　）。

A．甲醛　　B．苯并[*a*]芘　　C．总硒　　D．对硫磷

77．按照我国环境标准管理的相关规定，下列行业中，执行《污水综合排放标准》的是（　　）。

A．造纸工业　　B．肉类加工工业
C．船舶工业　　D．水泥工业

78．根据《污水综合排放标准》，生产周期在 8 h 以内的工业污水采样频率为（　　）。

A．每 0.5 h 采样一次　　B．每 1 h 采样一次
C．每 2 h 采样一次　　D．每 4 h 采样一次

79．执行《污水综合排放标准》时，建设（包括改、扩建）项目的建设时间，

以（　　）为准。

A．开工日期　　B．竣工验收日期

C．投产运行日期　　D．环境影响报告书（表）批准日期

80．按《污水综合排放标准》规定，六价铬的最高允许排放浓度为（　　）mg/L。

A．0.05　　B．0.1　　C．0.5　　D．1.0

81．以下废水排放应执行《污水综合排放标准》的是（　　）。

A．煤制甲醇气化炉废水　　B．烧碱废水

C．合成氨工艺废水　　D．码头船舶废水

82．《地表水环境质量标准》的适用范围不包括（　　）。

A．江河　　B．湖泊　　C．近岸海域　　D．运河

83．《地表水环境质量标准》规定的Ⅲ类水质总磷的限值是（　　）mg/L。

A．0.1（湖、库、0.002 5）　　B．0.2（湖、库、0.05）

C．0.3（湖、库、0.01）　　D．0.4（湖、库、0.2）

84．依据《地下水质量标准》，已知某污染物Ⅰ、Ⅱ、Ⅲ、Ⅳ类标准值分别为0.001 mg/L、0.001 mg/L、0.002 mg/L和0.01 mg/L，某处地下水该污染物分析测试结果为0.001 mg/L，采用单项组分评价，该处地下水质量应为（　　）类。

A．Ⅰ　　B．Ⅱ　　C．Ⅲ　　D．Ⅳ

85．依据《海水水质标准》，以下应执行第二类海水水质标准的海域是（　　）。

A．海水浴场　　B．海洋渔业水域

C．滨海风景旅游区　　D．海洋开发作业区

86．以下企业污水排放适用《污水综合排放标准》的是（　　）。

A．纺织企业　　B．农产品企业

C．钢铁企业　　D．兵器企业

87．某企业同一排污口排放两种工业污水，每种工业污水中同一污染物的排放标准限值不同，依据《污水综合排放标准》，该排放口污染物最高允许排放浓度应为（　　）。

A．各排放标准限值的上限　　B．各排放标准限值的下限

C．各排放标准限值的算术平均值　　D．按规定公式计算确定的浓度值

88．某企业涉及第一类水污染物的车间生产周期是4 h，依据《污水综合排放标准》，该企业含第一类污染物的污水采样点和采样频率分别是（　　）。

A．企业排放口，每2 h采样一次　　B．车间排放口，每2 h采样一次

C．企业排放口，每4 h采样一次　　D．车间排放口，每4 h采样一次

89．根据《地表水环境质量标准》，与近海水域相连的河口水域、集中式生活饮用水地表水源地、经批准划定的单一渔业水域各自对应执行的标准是（　　）。

A.《海水水质标准》《生活饮用水卫生标准》《地表水环境质量标准》

B.《海水水质标准》《地表水环境质量标准》《地表水环境质量标准》

C.《地表水环境质量标准》《生活饮用水卫生标准》《渔业水质标准》

D.《地表水环境质量标准》《地表水环境质量标准》《渔业水质标准》

90. 根据《地表水环境质量标准》，某水域同时具有鱼类养殖区、越冬场、洄游通道功能，该水域应执行的标准类别是（　　）类。

A. Ⅰ　　B. Ⅱ　　C. Ⅲ　　D. Ⅳ

91. 根据《地下水质量标准》，地下水监测部门进行地下水潜水水质监测的最低频次要求是（　　）。

A. 每年仅枯水期监测一次　　B. 每年仅丰水期监测一次

C. 每年枯、丰水期各监测一次　　D. 每年枯、平水期各监测一次

92. 某沿海港口建设项目环境影响评价范围内有海水浴场、滨海风景旅游区及海洋港口水域。根据《海水水质标准》，该项目环境影响评价应选取相对应的海水水质评价标准为第（　　）类。

A. 二、三、三　　B. 二、二、四

C. 一、二、三　　D. 二、三、四

93. 下列建设项目污水排放适用《污水综合排放标准》的是（　　）。

A. 铸造厂　　B. 电镀厂

C. 三级甲等医院　　D. 城镇生活污水处理厂

94. 某饮料厂污水经市政污水处理厂一级强化处理后排入三类海域。根据《污水综合排放标准》，该饮料厂污水排放应执行（　　）。

A. 禁排　　B. 一级排放标准

C. 二级排放标准　　D. 三级排放标准

95. 根据《污水综合排放标准》，下列污染物应在车间或车间处理设施排放口采样监测的是（　　）。

A. 总铜　　B. 总锌　　C. 总镍　　D. 总氰化物

二、不定项选择题（每题的备选项中至少有一个符合题意）

1. 确定《地表水环境质量标准》基本项目标准限值的依据有（　　）。

A. 水域环境功能　　B. 水文参数

C. 环境容量　　D. 保护目标

2.《地表水环境质量标准》将标准项目分为（　　）。

A. 具有特定功能的水域项目

B. 集中式生活饮用水地表水源地补充项目

C．地表水环境质量标准基本项目

D．集中式生活饮用水地表水源地特定项目

3．根据《地表水环境质量标准》，地表水环境质量标准基本项目适用于全国范围内的（　　）。

A．具有使用功能的江河　　B．具有使用功能的湖库

C．具有使用功能的渠道　　D．某工厂排入地表水域的废水

4．下列水域的水质质量标准不适用《地表水环境质量标准》的是（　　）。

A．渔业水　　B．江河　　C．海水

D．农田灌溉水　　E．水库

5．Ⅰ类地表水水域主要适用于（　　）。

A．源头水　　B．集中式生活饮用水地表水源地一级保护区

C．国家级自然保护区　　D．珍稀水生生物栖息地

6．下列地表水水域环境功能属Ⅲ类的是（　　）。

A．鱼虾类越冬场　　B．洄游通道

C．珍稀水生生物栖息地　　D．水产养殖区

E．鱼虾类产卵场

7．下列地表水水域环境功能属Ⅳ类的是（　　）。

A．一般景观要求水域　　B．非直接接触的娱乐用水区

C．一般工业用水区　　D．水产养殖区

E．农业用水区

8．下列属于地表水水域环境功能Ⅱ类的是（　　）。

A．鱼虾类产卵场　　B．集中式生活饮用水地表水源地二级保护区

C．仔稚幼鱼的索饵场　　D．集中式生活饮用水地表水源地一级保护区

E．珍稀水生生物栖息地

9．按照《地表水环境质量标准》中规定，溶解氧的分析方法有（　　）。

A．碘量法　　B．玻璃电极法

C．重铬酸盐法　　D．电化学探头法

10．《地表水环境质量标准》中汞的监测分析方法是（　　）。

A．稀释与接种法　　B．冷原子荧光法

C．重铬酸盐法　　D．冷原子吸收分光光度法

11．《地表水环境质量标准》基本项目中氨氮的监测分析方法是（　　）。

A．纳氏试剂比色法　　B．电化学探头法

C．重铬酸盐法　　D．水杨酸分光光度法

12．《地下水质量标准》中，常规指标包括（　　）。

A．无机和有机毒理学指标　　B．一般化学指标

C．微生物指标　　D．常见毒理学指标

13．《地下水质量标准》依据（　　），并参照了生活饮用水、工业、农业用水水质最高要求，将地下水质量划分为五类。

A．地下水的使用功能　　B．我国地下水质量现状

C．人体健康风险　　D．各组分含量高低（pH除外）

14．根据《地下水质量标准》，下列不能直接用作生活饮用水水源的地下水类别有（　　）类。

A．Ⅰ　　B．Ⅱ　　C．Ⅲ　　D．Ⅳ　　E．Ⅴ

15．适用于各种用途的地下水质量类别是（　　）类。

A．Ⅰ　　B．Ⅱ　　C．Ⅲ　　D．Ⅳ

16．Ⅲ类地下水主要适用于（　　）。

A．工业用水　　B．各种用途

C．集中式生活饮用水水源　　D．农业用水

17．地下水质量单指标评价，已知挥发酚类Ⅰ、Ⅱ类限值均为0.001 mg/L，若质量分析结果为0.001 mg/L，则应定为（　　）。

A．可任选其中一类　　B．根据建设项目性质选择

C．Ⅰ类　　D．Ⅱ类

18．根据《海水水质标准》，海水水质分类依据有（　　）。

A．海域的深度　　B．海域的面积

C．海域的不同使用功能　　D．海域的保护目标

19．第二类海水水质的海水适用于（　　）。

A．水产养殖区　　B．人体直接接触海水的海上运动或娱乐区

C．滨海风景旅游区　　D．与人类食用直接有关的工业用水区

E．海水浴场

20．第三类海水水质的海水适用于（　　）。

A．海洋开发作业区　　B．一般工业用水区

C．滨海风景旅游区　　D．与人类食用直接有关的工业用水区

E．海洋渔业水域

21．根据《海水水质标准》，污水集中排放形成的混合区，不得影响邻近海域功能区的（　　）。

A．海水水质　　B．浮游生物

C．海域底质结构　　D．鱼类洄游通道

22．下列行业的水污染物排放不适用《污水综合排放标准》的是（　　）。

A．造纸工业　B．啤酒工业　C．医疗机构
D．餐饮业　E．烧碱工业

23．下列行业的水污染物排放适用《污水综合排放标准》的是（　　）。
A．水产品加工　B．兵器工业　C．制糖业
D．公路交通　E．肉类加工

24．下列行业的水污染物排放不适用《污水综合排放标准》的是（　　）。
A．纺织染整工业　B．船舶 C．钢铁工业
D．合成氨工业　E．磷肥工业

25．对《污水综合排放标准》的第一类污染物，（　　）一律在车间或车间处理设施排放口采样，其最高允许排放浓度必须达到《污水综合排放标准》要求。
A．不分性质　B．不分行业
C．不分受纳水体的功能类别　D．不分污水排放方式

26．根据《污水综合排放标准》，污染物按性质及控制方式分为（　　）。
A．Ⅰ类污染物　B．第一类污染物
C．第二类污染物　D．Ⅱ类污染物

27．《污水综合排放标准》适用于（　　）
A．现有单位水污染物的排放管理
B．建设项目环境影响评价
C．建设项目环境保护设施设计、竣工验收
D．建设项目投产后的排放管理

28．据《污水综合排放标准》，1997 年 12 月 31 日之前建设（包括改、扩建）的单位，水污染物的排放必须同时执行（　　）。
A．第一类污染物最高允许排放浓度
B．第二类污染物最高允许排放浓度（1997 年 12 月 31 日之前建设的单位）
C．部分行业最高允许排水量（1997 年 12 月 31 日之前建设的单位）的规定
D．第二类污染物最高允许排放浓度（1998 年 1 月 1 日后建设的单位）

29．据《污水综合排放标准》，1998 年 1 月 1 日起建设（包括改、扩建）的单位，水污染物的排放必须同时执行（　　）。
A．第一类污染物最高允许排放浓度
B．第二类污染物最高允许排放浓度（1997 年 12 月 31 日之前建设的单位）
C．部分行业最高允许排水量（1998 年 1 月 1 日之后建设的单位）的规定
D．第二类污染物最高允许排放浓度（1998 年 1 月 1 日后建设的单位）

30．《地表水环境质量标准》中规定，地表水水域环境二类功能区适用于（　　）。
A．生活饮用水地表水源地一级保护区

B．生活饮用水地表水源地二级保护区

C．仔稚幼鱼的索饵场

D．一般工业用水区

31.《地下水质量标准》中规定，潜水监测频率应不少于每年两次，分别在（　　）各1次。

A．丰水期　　B．平水期　　C．枯水期　　D．无所谓水期

32．下列各区域中，执行《海水水质标准》第二类标准的区域是（　　）。

A．海滨风景旅游区　　B．海水浴场

C．水产养殖区　　D．海洋港口水域

33.《地表水环境质量标准》规定的内容有（　　）。

A．水环境质量控制的项目及限值　　B．水域环境功能区的保护要求

C．水质项目的分析方法　　D．标准的实施与监督

34．依据《污水综合排放标准》，以下水域禁止新建排污口的有（　　）。

A．第三类功能区海域　　B．第四类功能区海域

C．Ⅱ类地表水功能区水域　　D．未划定水源保护区的Ⅲ类地表水功能区水域

35.《污水综合排放标准》规定的第一类污染物有（　　）。

A．总铜　　B．总锰　　C．总镉　　D．总铅　　E．总铬

36．根据《地下水质量标准》，关于地下水评价，说法正确的有（　　）。

A．评价结果应说明水质达标情况

B．地下水质量评价分类指标划分为五类

C．单项组分评价，不同类别标准值相同时，从劣不从优

D．按单指标评价结果最差的类别确定，并指出最差类别的指标

37．根据《污水综合排放标准》，下列水体中，禁止新建排污口的有（　　）。

A．GB 3838中Ⅱ类水域　　B．GB 3097中一类海域

C．GB 3838中Ⅲ类水域　　D．GB 3097中二类海域

参考答案

一、单项选择题

1．D　【解析】这类题具有不定项选择题的功能。注意：鱼虾类产卵场、仔稚幼鱼的索饵场、鱼虾类越冬场、鱼虾类洄游通道、水产养殖区等与鱼有关的应执行的标准。

2．A　【解析】Ⅱ类主要适用于集中式生活饮用水地表水源地一级保护区、珍

稀水生生物栖息地、鱼虾类产卵场、仔稚幼鱼的索饵场等。

3. A

4. D 【解析】依据地表水水域环境功能和保护目标，按功能高低依次划分为五类：Ⅰ类主要适用于源头水、国家自然保护区；Ⅱ类主要适用于集中式生活饮用水地表水源地一级保护区、珍稀水生生物栖息地、鱼虾类产卵场、仔稚幼鱼的索饵场等；Ⅲ类主要适用于集中式生活饮用水地表水源地二级保护区、鱼虾类越冬场、洄游通道、水产养殖区等渔业水域及游泳区；Ⅳ类主要适用于一般工业用水区及人体非直接接触的娱乐用水区；Ⅴ类主要适用于农业用水区及一般景观要求水域。

5. C　6. B　7. A　8. B

9. D 【解析】Ⅰ类至Ⅴ类 pH 标准限值相同。

10. B

11. C 【解析】这个考点的内容很多，能出的题目也很多，各位考生应尽量多记忆。

12. D 【解析】无论是哪类水体，水温的标准限值是一样的。注意：pH 也是相同的标准限值，6～9。

13. A 【解析】在五类标准中，最低标准限值是Ⅰ类标准和Ⅱ类标准。

14. C　15. A　16. D　17. B　18. B　19. C　20. C　21. A　22. A　23. D　24. A　25. B

26. A 【解析】地下水质量单指标评价，按指标值所在的限值范围确定地下水质量类别，指标限值相同时，从优不从劣。

27. D　28. D　29. C

30. A 【解析】排入 GB 3838—2002 中Ⅲ类水域（划定的保护区和游泳区除外）和排入 GB 3097 中二类海域的污水，执行一级标准。Ⅲ类水域主要适用于集中式生活饮用水地表水源地二级保护区、鱼虾类越冬场、洄游通道、水产养殖区等渔业水域及游泳区。

31. A 【解析】GB 3097 中二类海域适用于水产养殖区、海水浴场、人体直接接触海水的海上运动或娱乐区，以及与人类食用直接有关的工业用水区。

32. B 【解析】GB 3097 中三类海域适用于一般工业用水区、滨海风景旅游区。排入 GB 3838—2002 中Ⅳ、Ⅴ类水域和排入 GB 3097 中三类海域的污水，执行二级标准。

33. B 【解析】排入 GB 3838—2002 中Ⅳ、Ⅴ类水域和排入 GB 3097 中三类海域的污水，执行二级标准。GB 3838—2002 中Ⅳ、Ⅴ类水域分别指一般工业用水区及人体非直接接触的娱乐用水区和农业用水区及一般景观要求水域。

34. D　35. C

36. D 【解析】GB 3838—2002中Ⅰ、Ⅱ类水域和Ⅲ类水域中划定的保护区，GB 3097中一类海域，禁止新建排污口，现有排污口应按水体功能要求，实行污染物总量控制，以保证受纳水体水质符合规定用途的水质标准。集中式生活饮用水地表水源地二级保护区属Ⅲ类水域中划定的保护区。

37. D 【解析】GB 3838—2002中Ⅰ、Ⅱ类水域和Ⅲ类水域中划定的保护区，GB 3097中一类海域，禁止新建排污口，现有排污口应按水体功能要求，实行污染物总量控制，以保证受纳水体水质符合规定用途的水质标准。GB 3097中一类海域适用于海洋渔业水域、海上自然保护区和珍稀濒危海洋生物保护区。

38. C 【解析】选项A、B、D为第一类污染物，不分行业和污水排放方式，也不分受纳水体的功能类别，一律在车间或车间处理设施排放口采样。

39. B 40. B 41. D

42. C 【解析】在2005年的案例必做题中考过此题。大概的意思是：给出一幅某个企业很多排污口的平面图，告诉污染物的类型，请你判断在哪些位置采样。

43. D 44. A 45. B 46. C 47. A 48. D

49. C 【解析】因第一类污染物有13种，本书不再针对每种污染物出一个题目。

50. A 51. D

52. B 【解析】总锌、总锰、总铜、COD、甲醛都属第二类污染物。

53. C 54. B 55. A 56. C 57. C 58. D 59. C 60. B 61. B 62. C

63. C 【解析】本题主要考查行业标准和综合排放标准不交叉执行的原则。兵器工业有行业标准《兵器工业水污染物排放标准（GB 14470.1～14470.3—93和GB 4274～4279—84)》。

64. D 65. A 66. B 67. D 68. B 69. B 70. C 71. C

72. A 【解析】污染物按性质及控制方式分为第一类污染物和第二类污染物。

73. A 【解析】集中式生活饮用水地表水源地二级保护区内执行《地表水环境质量标准》Ⅲ类标准。《地表水环境质量标准》的Ⅰ、Ⅱ类和Ⅲ类水域中划定的保护区内，禁止新建排污口。

74. B 【解析】一般工业用水及人体非直接接触的娱乐用水执行《地表水环境质量标准》Ⅳ类标准，排入Ⅳ、Ⅴ类水域的执行二级标准。

75. B 【解析】农业用水区及一般景观要求水域执行《地表水环境质量标准》Ⅴ类标准，排入Ⅳ、Ⅴ类水域的执行二级标准。

76. B 【解析】高频考点！对于第一类污染物，一律在车间或车间处理设施排放口采样。

77. D

78. C　【解析】本题考查工业污水采样监测频率要求。

79. D　80. C　81. A　82. C　83. B

84. A　【解析】本题主要考查地下水质量单组分评价的方法和原则："从优不从劣。"

85. A　【解析】第二类适用于水产养殖区、海水浴场、人体直接接触海水的海上运动或娱乐区，以及与人类食用直接有关的工业用水区。

86. B　【解析】高频考点，其余选项均有行业标准。

87. D　【解析】同一排污口排放两种和两种以上不同类别的污水，且每种污水的排放标准又不同时，其混合污水的排放标准按规定的公式计算后确定。

88. B　【解析】本题考查了第一类污染物的污水采样口和采样频率。

89. D　【解析】与近海水域相连的河口水域根据水环境功能按《地表水环境质量标准》进行管理。

90. C　【解析】某水域同时具有多类使用功能的，执行最高功能类别对应的标准值。

91. C

92. D　【解析】此题考查的范围较广，只有把海水水质的分类全部记住了，才能完整无误地把此题答对。

93. A　【解析】其他三个选项都有行业标准。

94. C　【解析】由于该饮料厂污水经市政污水处理厂一级强化处理，不是二级处理，不能执行三级排放标准。

95. C　【解析】第一类污染物，不分行业和污水排放方式，也不分受纳水体的功能类别，一律在车间或车间处理设施排放口采样。

二、不定项选择题

1. AD　2. BCD

3. ABC　【解析】地表水环境质量标准基本项目适用于全国江河、湖泊、运河、渠道、水库等具有使用功能的地表水水域。

4. ACD　【解析】A、C、D 选项分别按《渔业水质标准》《海水水质标准》《农田灌溉水质标准》管理。

本标准适用于中华人民共和国领域内江河、湖泊、运河、渠道、水库等具有使用功能的地表水水域。具有特定功能的水域，执行相应的专业用水水质标准。

5. AC　6. ABD　7. BC　8. ACDE　9. AD　10. BD　11. AD　12. BCD　13. BCD　14. DE　15. AB　16. ACD　17. C　18. CD

19. ABDE　【解析】选项 C 适用第三类。

20. BC 【解析】选项A适用于第四类。选项D适用于第二类，选项E适用于第一类。

21. AD

22. ABCE 【解析】啤酒工业、医疗机构是2005年7月颁布的排放标准。

23. ACD 24. ABCDE

25. BCD 【解析】第一类污染物，不分行业和污水排放方式，也不分受纳水体的功能类别，一律在车间或车间处理设施排放口采样，其最高允许排放浓度必须达到本标准要求（采矿行业的尾矿坝出水口不得视为车间排放口）。

26. BC

27. ABCD 【解析】《污水综合排放标准》适用于现有单位水污染物的排放管理，以及建设项目的环境影响评价、建设项目环境保护设施设计、竣工验收及其投产后的排放管理。

28. ABC 【解析】第二类污染物最高允许排放浓度和部分行业最高允许排水量按时间规定了不同的标准，1997年12月31日之前建设的单位执行一套标准，1998年1月1日后建设的单位执行另一套标准。

29. ACD 30. AC 31. AC 32. BC 33. ABCD

34. C 【解析】重要的考点，务必记住，《地表水环境质量标准》的Ⅰ、Ⅱ类和Ⅲ类水域中划定的保护区内和一类功能区海域，禁止新建排污口。

35. CDE

36. ABD 【解析】选项C应是“从优不从劣”。

37. AB 【解析】GB 3838中Ⅰ、Ⅱ类水域和Ⅲ类水域中划定的保护区，GB 3097中一类海域，禁止新建排污口。

第五章　地下水环境影响评价技术导则

一、单项选择题（每题的备选项中，只有一个最符合题意）

1．根据《环境影响评价技术导则　地下水环境》和建设项目对地下水环境影响的程度，结合《建设项目环境影响评价分类管理名录》，将建设项目分为（　　）。

A．一类　　B．二类　　C．三类　　D．四类

2．根据《环境影响评价技术导则　地下水环境》，确定地下水评价工作等级和评价重点应该在（　　）完成。

A．准备阶段　　B．影响预测与评价阶段

C．现状调查与评价阶段　　D．结论阶段

3．根据《环境影响评价技术导则　地下水环境》，提出地下水环境保护措施与防治对策应该在（　　）完成。

A．准备阶段　　B．影响预测与评价阶段

C．现状调查与评价阶段　　D．结论阶段

4．根据《环境影响评价技术导则　地下水环境》，地下水污染源调查应该在（　　）完成。

A．准备阶段　　B．影响预测与评价阶段

C．现状调查与评价阶段　　D．结论阶段

5．根据《环境影响评价技术导则　地下水环境》，地下水环境影响识别应根据建设项目建设期、运营期和服务期满后三个阶段的工程特征，识别其（　　）的地下水环境影响。

A．正常与非正常两种状态下　　B．正常与事故两种状态下

C．初期、中期和后期　　D．事故状态下

6．根据《环境影响评价技术导则　地下水环境》，对于随着生产运行时间推移对地下水环境影响有可能加剧的建设项目，还应按运营期的变化特征分为（　　）分别进行环境影响识别。

A．正常与非正常两种状态下　　B．正常与事故两种状态下

C．初期、中期和后期　　D．事故状态下

7．根据《环境影响评价技术导则　地下水环境》，对于随着生产运行时间推移

对地下水环境影响有可能加剧的建设项目，还应按（　　）的变化特征分为初期、中期和后期分别进行环境影响识别。

A．勘察期　　B．建设期　　C．运营期　　D．服务期满后

8．某Ⅱ类建设项目拟建在应急水源准保护区的补给径流区内，根据《环境影响评价技术导则　地下水环境》，该项目地下水环境评价工作等级为（　　）。

A．一级　　B．二级　　C．三级　　D．定性分析

9．某Ⅲ类建设项目拟建在工业区内，评价范围内涉及规划的集中式饮用水水源准保护区，根据《环境影响评价技术导则　地下水环境》，该项目地下水环境评价工作等级为（　　）。

A．一级　　B．二级

C．三级　　D．不开展地下水环境影响评价

10．某Ⅳ类拟建项目所在场地涉及分散式饮用水水源地，根据《环境影响评价技术导则　地下水环境》，该项目地下水环境评价工作等级为（　　）。

A．一级　　B．二级

C．三级　　D．不开展地下水环境影响评价

11．某危险废物填埋场拟建在不敏感区域，根据《环境影响评价技术导则　地下水环境》，该项目地下水环境评价工作等级为（　　）。

A．一级　　B．二级　　C．三级　　D．定性分析

12．某地下储油库拟利用废弃盐岩矿井洞穴进行建设，根据《环境影响评价技术导则　地下水环境》，该项目地下水环境评价工作等级为（　　）。

A．一级　　B．二级　　C．三级　　D．定性分析

13．某Ⅱ类建设项目涉及A、B两块不同敏感程度的场地，根据《环境影响评价技术导则　地下水环境》，A场地的地下水环境评价工作等级为二级，B场地的地下水环境评价工作等级为三级，则该项目地下水环境评价工作等级为（　　）。

A．一级　　B．二级

C．三级　　D．A场地为二级，B地场为三级

14．某拟建高速公路在服务区内建设一加油站，距离该加油站100 m处有一在建的饮用水水源准保护区，根据《环境影响评价技术导则　地下水环境》，则该高速公路地下水环境评价工作等级为（　　）。

A．二级

B．三级

C．加油站为二级，其余路段三级

D．加油站为一级，其余路段不开展地下水环境影响评价

15．根据《环境影响评价技术导则　地下水环境》，地下水环境影响评价原则性

要求是（　　）。

A．现场调查为主　　B．勘察试验为主

C．充分利用已有资料和数据　　D．定量分析为主

16．根据《环境影响评价技术导则　地下水环境》，一级评价要求场地环境水文地质资料的调查精度和评价区的环境水文地质资料的调查精度应分别不低于（　　）。

A．1∶10 000，1∶50 000　　B．1∶50 000，1∶10 000

C．1∶100 000，1∶500 000　　D．1∶20 000，1∶100 000

17．根据《环境影响评价技术导则　地下水环境》，对于二级评价项目，评价区的环境水文地质资料的调查精度应不低于（　　）。

A．1∶10 000　　B．1∶100 000　　C．1∶20 000　　D．1∶50 000

18．根据《环境影响评价技术导则　地下水环境》，关于地下水一级评价的技术要求，说法正确的是（　　）。

A．基本查清场地环境水文地质条件，全面开展现场勘察试验，确定场地包气带特征及其防污性能

B．采用数值法或解析法进行地下水环境影响预测

C．基本掌握调查评价区环境水文地质条件

D．预测评价应结合相应环保措施，针对可能的污染情景，预测污染物运移趋势，评价建设项目对地下水环境保护目标的影响

19．根据《环境影响评价技术导则　地下水环境》，关于地下水二级评价的技术要求，说法错误的是（　　）。

A．基本掌握调查评价区的环境水文地质条件

B．开展地下水环境现状监测

C．选择采用数值法或解析法进行影响预测

D．提出切实可行的环境保护措施与地下水环境影响跟踪监测计划和应急预案

20．根据《环境影响评价技术导则　地下水环境》，下列（　　）不属于地下水三级评价的技术要求。

A．了解调查评价区和场地环境水文地质条件

B．了解调查评价区的地下水补径排条件和地下水环境质量现状

C．采用解析法或类比分析法进行地下水影响分析与评价

D．提出切实可行的环境保护措施与地下水环境影响跟踪监测计划

21．根据《环境影响评价技术导则　地下水环境》，下列关于建设项目地下水环境现状调查与评价工作原则的说法，正确的是（　　）。

A．地下水环境现状调查与评价工作应遵循项目所在场地调查（勘察）与类比考察相结合的原则

B．地下水环境现状调查与评价工作的深度各级评价的要求基本一致

C．对于三级评价的改、扩建类建设项目，应开展现有工业场地的包气带污染现状调查

D．对于长输油品、化学品管线等线性工程，调查评价工作应重点针对管道线路可能对地下水产生污染的地区开展

22．某输油管线工程穿越饮用水水源准保护区，根据公式计算法计算 L=600 m，则该管线工程地下水环境影响现状调查评价范围为（　　）。

A．工程边界两侧向外延伸 200 m

B．工程边界两侧向外延伸 200 m，在穿越水源地段包含整个水源保护区

C．工程边界两侧向外延伸 300 m

D．工程边界两侧向外延伸 300 m，在穿越水源地段包含整个水源保护区

23．某化工制造项目，地下水评价等级为二级，评价范围不满足公式计算法的要求，根据《环境影响评价技术导则　地下水环境》，该项目的调查评价范围为（　　）km^2。

A．≥20　　B．≤5　　C．6～20　　D．≤6

24．某化工制造项目，地下水评价等级为二级，所在地水文地质条件相对简单，经公式计算其评价范围为 5 km^2，根据《环境影响评价技术导则　地下水环境》，该项目的调查评价范围为（　　）km^2。

A．5　　B．6　　C．20　　D．10

25．某化工制造项目，地下水评价等级为二级，经公式计算其评价范围为 5 km^2，所处水文地质单元范围为 4 km^2，根据《环境影响评价技术导则　地下水环境》，该项目的调查评价范围为（　　）km^2。

A．4　　B．5　　C．6　　D．10

26．某石油管线项目，没有穿越饮用水水源准保护区，地下水评价等级为三级，根据《环境影响评价技术导则　地下水环境》，该项目的调查评价范围为（　　）。

A．中心线两侧向外延伸 200 m　　B．中心线两侧向外延伸 100 m

C．边界两侧向外延伸 200 m　　D．边界两侧向外延伸面积≤6 km^2

27．根据《环境影响评价技术导则　地下水环境》，关于地下水污染源调查的内容与要求的说法，正确的有（　　）。

A．调查评价区内所有的地下水污染源

B．对于一级、二级的改、扩建项目，应在可能造成地下水污染的主要装置或设施附近开展包气带污染现状调查

C．对于一级、二级的改、扩建项目，应对场地全面开展包气带污染现状调查

D．对于三级的改、扩建项目，应在可能造成地下水污染的主要装置或设施附近开

展包气带污染现状调查

28．根据《环境影响评价技术导则　地下水环境》，地下水环境现状监测布设原则中监测层位应包括（　　）。

A．所有含水层

B．承压水含水层

C．承压含水层和潜水含水层

D．潜水含水层及可能受建设项目影响且具有饮用水开发利用价值的含水层

29．根据《环境影响评价技术导则　地下水环境》，一般情况下，地下水水位监测点数应大于相应评价级别地下水水质监测点数的（　　）倍。

A．1　B．2　C．3　D．4

30．根据《环境影响评价技术导则　地下水环境》，一级评价项目潜水含水层的水质监测点应不少于（　　）。

A．1 个　B．3 个　C．5 个　D．7 个

31．根据《环境影响评价技术导则　地下水环境》，二级评价项目潜水含水层的水质监测点应不少于（　　）。

A．5 个/层　B．3 个/层　C．5 个　D．7 个/层

32．根据《环境影响评价技术导则　地下水环境》，三级评价项目潜水含水层水质监测点应不少于（　　）个。

A．1　B．3　C．5　D．7

33．根据《环境影响评价技术导则　地下水环境》，一般情况下，地下水水质现状监测只取一个水质样品，取样点深度宜在地下水位以下（　　）m 左右。

A．0.5　B．1.0　C．1.5　D．2.0

34．根据《环境影响评价技术导则　地下水环境》，在包气带厚度超过 100 m 的评价区或监测井较难布置的基岩山区，地下水质监测点数无法满足一般要求时，地下水现状监测点应（　　）。

A．一级评价至少设置 7 个监测点　B．二级评价项目至少设置 5 个监测点

C．三级评价至少设置 1 个监测点　D．可视情况调整数量，并说明调整理由

35．根据《环境影响评价技术导则　地下水环境》，评价等级为一级的建设项目，关于地下水位监测频率要求，正确的是（　　）。

A．若掌握近 2 年内至少一个连续水文年的枯、平、丰水期地下水位动态监测资料，评价期内至少开展二期地下水水位监测

B．若掌握近 3 年内至少一个连续水文年的枯、平、丰水期地下水位动态监测资料，评价期内至少开展一期地下水水位监测

C．若掌握近 3 年内至少一个连续水文年的枯、平、丰水期地下水位动态监测资料，

评价期内至少开展二期地下水水位监测

D．若掌握近3 年内至少一个连续水文年的枯、丰水期地下水位动态监测资料，评价期内至少开展一期地下水水位监测

36．根据《环境影响评价技术导则　地下水环境》，评价等级为二级的建设项目，关于地下水位监测频率要求，正确的是（　　）。

A．若掌握近3 年内至少一期的监测资料，评价期内可不再进行现状水位监测

B．若掌握近3 年内至少一个连续水文年的枯、丰水期地下水位动态监测资料，评价期内至少开展一期地下水水位监测

C．若掌握近3 年内至少一个连续水文年的枯、丰水期地下水位动态监测资料，评价期可不再开展现状地下水水位监测

D．若掌握近2 年内至少一个连续水文年的枯、丰水期地下水位动态监测资料，评价期可不再开展现状地下水水位监测

37．根据《环境影响评价技术导则　地下水环境》，地下水水质现状评价应采用（　　）进行评价。

A．综合指数法　　B．标准指数法

C．加权平均法　　D．南京指数法

38．根据《环境影响评价技术导则　地下水环境》，某水质因子的监测数据经计算，标准指数=1，表明该水质因子（　　）。

A．已超标　　B．达标

C．超标率为1　　D．不能判断达标情况

39．根据《环境影响评价技术导则　地下水环境》，关于地下水环境影响预测原则，说法错误的是（　　）。

A．地下水环境影响预测应遵循保护优先、预防为主的原则

B．应预测建设项目对地下水水质产生的直接影响，重点预测对地下水环境保护目标的影响

C．一级评价项目应预测地下水水位变化及影响范围

D．对工程设计方案或可行性研究报告推荐的选址（选线）方案可能引起的地下水环境影响进行预测

40．根据《环境影响评价技术导则　地下水环境》，地下水环境影响预测时段应选取（　　）。

A．至少包括污染发生后100 d、1 000 d时间节点

B．至少包括建设期和营运期

C．至少包括建设期、营运期、服务期满后

D．至少包括污染发生后200 d、1 000 d时间节点

41．根据《环境影响评价技术导则　地下水环境》，关于地下水环境影响预测情景设置，错误的是（　　）。

A．已依据国家标准设计了地下水污染防渗措施的建设项目，可不进行正常状况情景下的预测

B．已依据国家标准设计了地下水污染防渗措施的建设项目，可不进行非正常状况情景下的预测

C．一般情况下，建设项目须对正常状况的情景进行预测

D．一般情况下，建设项目须对非正常状况的情景进行预测

42．根据《环境影响评价技术导则　地下水环境》，下列关于建设项目地下水环境影响预测因子的选取，错误的是（　　）。

A．按照识别方法识别出来的各类别的所有特征因子

B．现有工程已经产生的且改、扩建后将继续产生的特征因子，改、扩建后新增加的特征因子应作为预测因子

C．污染场地已查明的主要污染物应作为预测因子

D．国家或地方要求控制的污染物应作为预测因子

43．根据《环境影响评价技术导则　地下水环境》，下列关于不同地下水环境影响评价等级应采用的预测方法，错误的是（　　）。

A．一般情况下，一级评价应采用数值法

B．二级评价中水文地质条件复杂且适宜采用数值法时，建议优先采用数值法

C．三级评价不可采用解析法

D．三级评价可采用类比分析法

44．根据《环境影响评价技术导则　地下水环境》，下列关于地下水环境影响预测源强确定的依据，错误的是（　　）。

A．正常状况下，预测源强应结合建设项目工程分析和相关设计规范确定

B．非正常状况下，预测源强应结合建设项目工程分析确定

C．非正常状况下，预测源强可根据工艺设备系统老化或腐蚀程度设定

D．非正常状况下，预测源强可根据地下水环境保护措施系统老化或腐蚀程度设定

45．根据《环境影响评价技术导则　地下水环境》，下列关于地下水环境影响预测模型概化的内容，错误的是（　　）。

A．根据排放规律污染源可以概化为连续恒定排放或非连续恒定排放以及瞬时排放

B．各级评价项目，预测所需的包气带垂向渗透系数、含水层渗透系数、给水度等参数初始值的获取应以收集评价范围内已有水文地质资料为主，现场试验获取为辅

C．水文地质条件概化可根据调查评价区和场地环境水文地质条件进行

D．一级评价项目，预测所需的包气带垂向渗透系数、含水层渗透系数、给水度等参数初始值应通过现场试验获取

46．根据《环境影响评价技术导则　地下水环境》，下列（　　）不属于地下水环境影响的预测内容。

A．给出特征因子不同时段的影响范围、程度，最大迁移距离

B．给出预测期内场地边界或地下水环境保护目标处特征因子随时间的变化规律

C．污染场地修复治理工程项目应给出污染物变化趋势或污染控制的范围

D．给出预测期内场地边界特征因子随空间的变化规律

47．根据《环境影响评价技术导则　地下水环境》，在（　　）时需考虑包气带阻滞作用，预测特征因子在包气带中迁移。

A．建设项目场地天然包气带垂向渗透系数大于 1×10^{-6} cm/s 或厚度超过 100 m

B．建设项目场地天然包气带垂向渗透系数小于 1×10^{-6} cm/s 或厚度超过 100 m

C．建设项目场地天然包气带横向渗透系数小于 1×10^{-6} cm/s 或厚度超过 50 m

D．建设项目场地天然包气带垂向渗透系数小于 1×10^{-6} cm/s 或厚度超过 50 m

48．根据《环境影响评价技术导则　地下水环境》，地下水环境影响评价时，重点评价（　　）。

A．建设项目对地下水环境保护目标的影响

B．建设项目对地表水环境保护目标的影响

C．建设项目间接对地下水环境保护目标的影响

D．建设项目对周围环境保护目标的影响

49．根据《环境影响评价技术导则　地下水环境》，下列关于建设项目地下水环境影响评价结论的要求，错误的是（　　）。

A．在建设项目实施的某个阶段，有个别评价因子出现较大范围超标，但采取环保措施后，可满足行业相关标准要求的，可得出满足标准要求的结论

B．建设项目各个不同阶段，除场界内小范围以外地区，均能满足地下水质量标准要求的，可得出满足标准要求的结论

C．改、扩建项目已经排放的及将要排放的主要污染物在评价范围内地下水中已经超标的，但超标值较小，可得出不满足标准要求的结论

D．环保措施在技术上可行但经济上明显不合理，可得出满足标准要求的结论

50．根据《环境影响评价技术导则　地下水环境》，地下水环境保护措施与对策的基本要求应按照（　　）原则确定。

A．保护优先、源头控制、污染监控、污染者担责

B．源头控制、分区防控、污染监控、应急响应

C．保护优先、预防为主、综合治理、公众参与、损害担责

D．保护优先、预防为主、防治结合、因地制宜

51．根据《环境影响评价技术导则　地下水环境》，地下水环境保护措施与对策的基本要求中，应重点突出（　　）的原则确定。

A．饮用水水质安全　　B．饮用水水量安全

C．地表水功能安全　　D．源头控制

52．根据《环境影响评价技术导则　地下水环境》，下列关于地下水环境保护措施与对策的基本要求，错误的是（　　）。

A．改、扩建项目应针对现有工程引起的地下水污染问题，提出“以新带老”的对策和措施，有效减轻污染程度或控制污染范围，防止地下水污染加剧

B．应按照“源头控制、分区防控、污染监控、应急响应”，重点突出饮用水水量安全的原则确定

C．列表给出初步估算各地下水环境保护措施的投资概算，并分析其技术、经济可行性

D．提出合理、可行、操作性强的地下水环境跟踪监测方案以及定期信息公开

53．根据《环境影响评价技术导则　地下水环境》，一般情况下，建设项目地下水分区防控措施应以（　　）为主，对难以采取水平防渗的建设项目场地，可采用垂向防渗为主，局部水平防渗为辅的防控措施。

A．水平防渗　　B．垂向防渗

C．优化总图布置　　D．地基处理

54．根据《环境影响评价技术导则　地下水环境》，下列关于建设项目地下水分区防控措施，错误的是（　　）。

A．根据非正常状况下的预测评价结果，在建设项目服务年限内个别评价因子超标范围超出厂界时，应提出优化总图布置的建议或地基处理方案

B．一般情况下，分区防控措施应以水平防渗为主，防控措施应满足相关标准要求，已颁布污染控制国家标准或防渗技术规范的行业，水平防渗技术要求按照相应标准或规范执行

C．对难以采取水平防渗的场地，可采用垂向防渗为主、局部水平防渗为辅的防控措施

D．对难以采取水平防渗的场地，可采用优化总图布置的建议或地基处理的防控措施

55．根据《环境影响评价技术导则　地下水环境》，地下水跟踪监测计划应根据（　　）设置跟踪监测点。

A．建设项目特点和敏感保护目标情况

B．建设项目特点和环境水文地质条件

C．敏感保护目标情况和环境水文地质条件

D．建设项目特点和项目周边环境特点

56．根据《环境影响评价技术导则　地下水环境》，下列（　　）不属于地下水跟踪监测计划的内容。

A．明确跟踪监测点与建设项目的位置关系　　B．跟踪监测点坐标

C．井深及井结构　　D．井口面积

57．根据《环境影响评价技术导则　地下水环境》，下列关于地下水跟踪监测点数量及布点的要求，正确的是（　　）。

A．一级评价的建设项目，一般不少于4个

B．二级评价的建设项目，一般不少于2个

C．一级、二级评价的建设项目，一般不少于3个

D．三级评价的建设项目，一般不少于2个

58．根据《环境影响评价技术导则　地下水环境》，下列关于二级评价项目的地下水跟踪监测点数量及布点的要求，正确的是（　　）。

A．一般不少于3个，应至少在建设项目场地，上、下游各布设1个

B．一般不少于1个，应至少在建设项目场地布置1个

C．一般不少于1个，应至少在建设项目场地下游布置1个

D．在建设项目总图布置基础之上，结合预测评价结果和应急响应时间要求，在重点污染风险源处增设监测点

59．根据《环境影响评价技术导则　地下水环境》，下列关于三级评价项目的地下水跟踪监测点数量及布点的要求，正确的是（　　）。

A．一般不少于1个，应至少在建设项目场地布置1个

B．一般不少于1个，应至少在建设项目场地上游布置1个

C．一般不少于1个，应至少在建设项目场地下游布置1个

D．一般不少于2个，应至少在建设项目场地上、下游各布置1个

二、不定项选择题（每题的备选项中至少有一个符合题意）

1．根据《环境影响评价技术导则　地下水环境》，下列关于地下水环境影响评价中的建设项目分类，错误的是（　　）。

A．Ⅰ类、Ⅱ类、Ⅲ类建设项目的地下水环境影响评价应执行地下水导则中的规定

B．Ⅰ类、Ⅱ类、Ⅲ类、Ⅳ类建设项目的地下水环境影响评价都应执行地下水导则中的规定

C．Ⅰ类、Ⅱ类建设项目的地下水环境影响评价应执行地下水导则中的规定，Ⅲ类、Ⅳ类可以不需要

D．Ⅳ类建设项目不开展地下水环境影响评价

2．根据《环境影响评价技术导则　地下水环境》，下列（　　）工作属于准备阶段的内容。

A．进行初步工程分析　　　　B．识别环境影响

C．地下水污染源调查　　　　D．现场踏勘

3．根据《环境影响评价技术导则　地下水环境》，地下水环境影响识别的内容有（　　）。

A．识别可能造成地下水污染的装置和设施

B．识别建设项目在建设期、运营期、服务期满后可能的地下水污染途径

C．识别建设项目可能导致地下水污染的特征因子

D．识别建设项目可能产生的环境水文地质问题

4．根据《环境影响评价技术导则　地下水环境》，建设项目地下水环境影响评价工作等级的划分，应根据（　　）等指标确定。

A．地下水环境敏感程度　　　　B．建设项目场地的包气带防污性能

C．建设项目行业分类　　　　D．污水排放量

5．根据《环境影响评价技术导则　地下水环境》，下列（　　）属于地下水一级评价的技术要求。

A．详细掌握调查评价区环境水文地质条件，了解调查评价区地下水开发利用现状与规划

B．基本查清场地环境水文地质条件，有针对性地开展现场勘察试验

C．预测评价应结合相应环保措施，针对可能的污染情景，预测污染物运移趋势，评价建设项目对地下水环境保护目标的影响

D．采用解析法或类比分析法进行地下水影响分析与评价

6．根据《环境影响评价技术导则　地下水环境》，下列（　　）属于地下水二级评价的技术要求。

A．基本掌握调查评价区的环境水文地质条件，了解调查评价区地下水开发利用现状与规划

B．基本查清场地环境水文地质条件，有针对性地开展现场勘察试验

C．选择采用数值法或解析法进行影响预测，预测污染物运移趋势和对地下水环境保护目标的影响

D．提出切实可行的环境保护措施与地下水环境影响跟踪监测计划

7．根据《环境影响评价技术导则　地下水环境》，下列（　　）不属于地下水三级评价的技术要求。

A．了解调查评价区地下水开发利用现状与规划

B. 根据场地环境水文地质条件的掌握情况，有针对性地补充必要的现场勘察试验

C. 采用解析法或类比分析法预测污染物运移趋势和对地下水环境保护目标的影响

D. 提出切实可行的环境保护措施与地下水环境影响跟踪监测计划

8. 根据《环境影响评价技术导则　地下水环境》，关于环境水文地质条件的调查，下列（　　）不属于地下水二级评价的要求。

A. 含（隔）水层结构及分布特征

B. 地下水补径排条件和地下水流场

C. 各含水层之间以及地表水与地下水之间的水力联系

D. 地下水动态变化特征

9. 根据《环境影响评价技术导则　地下水环境》，建设项目地下水环境现状调查与评价工作确定的原则应遵循（　　）。

A. 资料搜集与现场调查相结合

B. 项目所在场地调查（勘察）与类比考查相结合

C. 现状监测与长期动态资料分析相结合

D. 现场调查与预测评价相结合

10. 根据《环境影响评价技术导则　地下水环境》，下列关于建设项目地下水环境现状调查与评价工作原则的说法，正确的是（　　）。

A. 地下水环境现状调查与评价工作的深度应满足相应的工作级别要求

B. 对于一级、二级评价的改、扩建类建设项目，应开展现有工业场地的包气带污染现状调查

C. 当现有资料不能满足要求时，应通过组织现场监测或环境水文地质勘察与试验等方法获取

D. 对于长输油品、化学品管线等线性工程，调查评价工作应重点针对场站、服务站等可能对地下水产生污染的地区开展

11. 根据《环境影响评价技术导则　地下水环境》，地下水环境现状调查评价范围应包括（　　）为基本原则。

A. 建设项目相关的地下水环境保护目标

B. 以能说明地下水环境的现状

C. 反映调查评价区地下水基本流场特征

D. 满足地下水环境影响预测和评价

12. 根据《环境影响评价技术导则　地下水环境》，下列关于调查评价范围确定的说法，正确的是（　　）。

A. 当建设项目所在地水文地质条件相对简单，且所掌握的资料能够满足公式计算法的要求时，应采用公式计算法确定评价范围

B．当不满足公式计算法的要求时，可采用查表法确定

C．当计算或查表范围超出所处水文地质单元边界时，应以范围最大为宜

D．根据建设项目所在地水文地质条件自行定义评价范围时，需说明理由

13．根据《环境影响评价技术导则　地下水环境》，下列（　　）属水文地质条件调查的主要内容。

A．气象、水文、土壤和植被状况　　B．地貌特征与矿产资源

C．泉的出露位置　　D．地下水环境现状值

14．根据《环境影响评价技术导则　地下水环境》，下列（　　）属水文地质条件调查的主要内容。

A．地下水补给、径流和排泄条件　　B．隔水层的岩性

C．环境水文地质问题调查　　D．地层岩性

15．根据《环境影响评价技术导则　地下水环境》，下列（　　）属于场地范围内应重点调查的水文地质条件。

A．地下水水位、水质　　B．包气带岩性、结构

C．包气带厚度、分布　　D．包气带的垂向渗透系数

16．根据《环境影响评价技术导则　地下水环境》，地下水环境现状监测点应主要布设在（　　）以及对于确定边界条件有控制意义的地点。

A．建设项目场地　　B．周围环境敏感点

C．地下水污染源　　D. 对于确定边界条件有控制意义的地点

17. 根据《环境影响评价技术导则　地下水环境》，监测点的层位应包括（　　）。

A．潜水含水层

B．承压水

C．包气带水

D．可能受建设项目影响且具有饮用水开发利用价值的含水层

18．根据《环境影响评价技术导则　地下水环境》，下列关于地下水现状监测点的布设原则的说法，正确的是（　　）。

A．地下水环境现状监测井点采用控制性布点与功能性布点相结合的布设原则

B．对于Ⅰ类和Ⅱ类改、扩建项目，当现有监测井不能满足监测位置和监测深度要求时，应布设新的地下水现状监测井

C．一般情况下，地下水水位监测点数宜大于相应评价级别地下水水质监测点数的3 倍

D．当现有监测点不能满足监测位置和监测深度要求时，应布设新的地下水现状监测井，现状监测井的布设应兼顾地下水环境影响跟踪监测计划

19．根据《环境影响评价技术导则　地下水环境》，对于一级评价项目，下列关

于地下水水质监测点布设的具体要求的说法，正确的是（　　）。

A．潜水含水层的水质监测点应不少于7个，可能受建设项目影响且具有饮用水开发利用价值的含水层3～5个

B．潜水含水层的水质监测点应不少于7个，可能受建设项目影响且具有饮用水开发利用价值的含水层2～4个

C．原则上建设项目场地上游和两侧的地下水水质监测点均不得少于1个

D．原则上建设项目场地及其下游影响区的地下水水质监测点不得少于3个

20．根据《环境影响评价技术导则　地下水环境》，对于二级评价项目，下列关于地下水水质监测点布设具体要求的说法，正确的是（　　）。

A．潜水含水层的水质监测点应不少于7个，可能受建设项目影响且具有饮用水开发利用价值的含水层3～5个

B．潜水含水层的水质监测点应不少于5个，可能受建设项目影响且具有饮用水开发利用价值的含水层2～4个

C．原则上建设项目场地上游和两侧的地下水水质监测点均不得少于1个

D．原则上建设项目场地及其下游影响区的地下水水质监测点不得少于2个

21．根据《环境影响评价技术导则　地下水环境》，对于三级评价项目，下列关于地下水水质监测点布设具体要求的说法，错误的是（　　）。

A．潜水含水层水质监测点应不少于3个，可能受建设项目影响且具有饮用水开发利用价值的含水层1～2个

B．潜水含水层水质监测点应不少于5个，可能受建设项目影响且具有饮用水开发利用价值的含水层1～2个

C．原则上建设项目场地上游和两侧的地下水水质监测点均不得少于1个

D．原则上建设项目场地上游及下游影响区的地下水水质监测点各不得少于1个

22．根据《环境影响评价技术导则　地下水环境》，对于包气带厚度超过100 m的评价区或监测井较难布置的基岩山区，地下水水质监测点数无法满足导则要求时，下列关于地下水水质监测点布置的说法，错误的是（　　）。

A．一般情况下，该类地区一级、二级评价项目至少设置5个监测点

B．一般情况下，该类地区一级、二级评价项目至少设置3个监测点

C．一般情况下，该类地区三级评价项目至少设置1个监测点

D．一般情况下，该类地区三级评价项目根据需要设置一定数量的监测点

23．根据《环境影响评价技术导则　地下水环境》，下列关于地下水水质样品采集与现场测定的方法要求，正确的是（　　）。

A．地下水水质取样应根据特征因子在地下水中的迁移特性选取适当的取样方法

B．一般情况下，只取一个水质样品，取样点深度宜在地下水水位以下1.0 m左右

C．建设项目为改、扩建项目，且特征因子为DNAPLs时，应至少在含水层中部和底部分别取2个样品

D．地下水样品应采用自动式采样泵或人工活塞闭合式与敞口式定深采样器进行采集

24．根据《环境影响评价技术导则　地下水环境》，下列关于地下水质监测频率要求，正确的是（　　）。

A．各级评价项目，基本水质因子若掌握近3年至少一期水质监测数据，基本水质因子可在评价期补充开展一期现状监测

B．一级、二级评价项目，基本水质因子若掌握近3年至少一期水质监测数据，特征因子在评价期内需至少开展一期现状值监测，三级评价则不需开展

C．在包气带厚度超过100 m的评价区，若掌握近3年内至少一期的监测资料，则评价期内可不进行现状水位、水质监测，否则要开展一期监测

D．在监测井较难布置的基岩山区，若掌握近2年内至少一期的监测资料，则评价期内可不进行现状水位、水质监测，否则要开展一期监测

25．根据《环境影响评价技术导则　地下水环境》，下列（　　）若掌握近3年内至少一期的监测资料，评价期内可不进行现状水位、水质监测，否则，至少开展一期现状水位、水质监测。

A．沙漠地区　　B．包气带厚度超过100 m的评价区

C．监测井较难布置的基岩山区　　D．黄土地区

26．根据《环境影响评价技术导则　地下水环境》，地下水水质现状监测结果应统计（　　）。

A．最大值、最小值　　B．均值

C．标准差　　D．检出率和超标率

27．根据《环境影响评价技术导则　地下水环境》，地下水环境影响预测的范围、时段、内容和方法均应根据（　　）确定。

A．评价工作等级　　B．工程特征

C．环境特征　　D．当地环境功能和环保要求

28．根据《环境影响评价技术导则　地下水环境》，当建设项目场地天然包气带符合下列（　　）时，预测范围应扩展至包气带。

A．垂向渗透系数小于1×10^{-6} cm/s　　B．垂向渗透系数大于1×10^{-6} cm/s

C．厚度超过50 m　　D．厚度超过100 m

29．根据《环境影响评价技术导则　地下水环境》，下列关于地下水环境影响预测范围说法，错误的是（　　）。

A．地下水环境影响预测范围一般与调查评价范围一致

B．预测层位为承压水含水层或污染物直接进入的含水层

C．当建设项目场地天然包气带垂向渗透系数小于 1×10^{-6} cm/s 时，预测范围应扩展至包气带

D．当建设项目场地天然包气带厚度超过 200 m 时，预测范围应扩展至包气带

30．根据《环境影响评价技术导则　地下水环境》，一般情况，建设项目地下水环境影响预测情景设置包括（　　）。

A．正常状况　　B．建设期

C．非正常状况　　D．营运期

31．根据《环境影响评价技术导则　地下水环境》，建设项目地下水环境影响预测因子应包括（　　）。

A．识别出的特征因子

B．现有工程已经产生的改、扩建后不会继续产生的特征因子，改、扩建后新增加的特征因子

C．污染场地已查明的主要污染物

D．国家或地方要求控制的污染物

32．根据《环境影响评价技术导则　地下水环境》，采用类比分析法时，类比分析对象与拟预测对象之间应满足下列（　　）要求。

A．二者的投资规模相似

B．二者的环境水文地质条件、水动力场条件相似

C．二者的工程类型、规模对地下水环境的影响具有相似性

D．二者的特征因子对地下水环境的影响具有相似性

33．根据《环境影响评价技术导则　地下水环境》，采用解析模型预测污染物在含水层中的扩散时，一般应满足下列（　　）。

A．污染物的排放对地下水流场没有明显的影响

B．污染物的排放对地下水流场有明显的影响

C．评价区内含水层的基本参数变化很大

D．评价区内含水层的基本参数不变或变化很小

34．根据《环境影响评价技术导则　地下水环境》，下列关于不同地下水环境影响评价等级应采用的预测方法的说法，错误的是（　　）。

A．一般情况下，一级评价应采用解析法

B．二级评价中水文地质条件复杂且适宜采用解析法时，建议优先采用解析法

C．二级评价中建议优先采用数值法

D．三级评价可采用回归分析、趋势外推、时序分析或类比预测法

35．根据《环境影响评价技术导则　地下水环境》，地下水环境影响预测模型概

化的内容有（　　）。

A．工程分析概化　　B．污染源概化

C．水文地质参数初始值的确定　　D．水文地质条件概化

36．根据《环境影响评价技术导则　地下水环境》，进行地下水环境影响预测时，水文地质条件概化应根据（　　）等因素进行。

A．评价区和场地环境水文地质条件　　B．含水介质特征

C．边界性质　　D．地下水补、径、排条件

37．根据《环境影响评价技术导则　地下水环境》，进行地下水环境影响预测时，污染源概化按排放规律可概化为（　　）。

A．瞬时排放　　B．连续恒定排放

C．点源　　D．非连续恒定排放

38．根据《环境影响评价技术导则　地下水环境》，属于地下水环境影响预测内容的有（　　）。

A．给出预测期内地下水环境保护目标处特征因子随时间的变化规律

B．给出特征因子不同时段的影响范围、程度，最大迁移距离

C．污染场地修复治理工程项目应给出污染物变化趋势或污染控制的范围

D．给出预测期内场地边界特征因子随时间的变化规律

39．根据《环境影响评价技术导则　地下水环境》，属于地下水环境影响预测内容的有（　　）。

A．当建设项目场地天然包气带垂向渗透系数$<1\times10^{-6}$ cm/s，须考虑包气带阻滞作用，预测特征因子在包气带中的迁移

B．给出所有评价因子不同时段的影响范围、程度和最大迁移距离

C．污染场地修复治理工程项目应给出污染物变化趋势或污染控制的范围

D．当建设项目场地天然包气带厚度超过 100 m 时，须考虑包气带阻滞作用，预测特征因子在包气带中的迁移

40．根据《环境影响评价技术导则　地下水环境》，下列关于建设项目地下水环境影响评价的原则，正确的是（　　）。

A．评价应以地下水环境现状调查和地下水环境影响预测结果为依据

B．对建设项目各实施阶段（建设期、运营期及服务期满后）不同环节及不同污染防控措施下的地下水环境影响进行评价

C．地下水环境影响预测未包括环境质量现状值时，无须叠加环境质量现状值即可进行评价

D．必须评价建设项目对地下水水质的间接影响

41．根据《环境影响评价技术导则　地下水环境》，评价建设项目对地下水水质

影响时，可采用（　　）判据得出可以满足标准要求的结论。

A．在建设项目实施的某个阶段，有个别评价因子出现较大范围超标，但采取环保措施后，可满足 GB/T 14848 或国家（行业、地方）相关标准要求的

B．在建设项目实施的某个阶段，有个别评价因子出现较大范围超标，但采取环保措施后，仍不满足 GB/T 14848 或国家（行业、地方）相关标准要求的

C．新建项目排放的主要污染物，改、扩建项目已经排放的及将要排放的主要污染物在评价范围内地下水中已经超标的，但超标值较小

D．建设项目各个不同阶段，除场界内小范围以外地区，均能满足 GB/T 14848 或国家（行业、地方）相关标准要求的

42．根据《环境影响评价技术导则　地下水环境》，评价建设项目对地下水水质影响时，以下（　　）可得出不能满足标准要求的结论。

A．在建设项目实施的某个阶段，有个别评价因子出现较大范围超标，但采取环保措施后，可满足《地下水质量标准》或国家（行业、地方）相关标准要求的

B．新建项目排放的主要污染物，改、扩建项目已经排放的及将要排放的主要污染物在评价范围内地下水中已经超标的

C．环保措施在技术上不可行

D．环保措施在经济上明显不合理的

43．根据《环境影响评价技术导则　地下水环境》，地下水环境保护措施与对策的基本要求应按照（　　）原则确定。

A．分区防控　　B．应急响应　　C．污染监控　　D．源头控制

44．根据《环境影响评价技术导则　地下水环境》，地下水环境保护措施与对策应根据（　　）提出。

A．建设项目特点

B．调查评价区和场地环境水文地质条件

C．在建设项目可行性研究提出的污染防控对策的基础上

D．环境影响预测与评价结果

45．根据《环境影响评价技术导则　地下水环境》，建设项目地下水污染防控对策有（　　）。

A．定期信息公开和环境影响后评估措施　　B．源头控制措施

C．应急响应措施　　D．分区防控措施

46．根据《环境影响评价技术导则　地下水环境》，下列关于地下水源头控制措施的说法，正确的是（　　）。

A．提出工艺、管道、设备、污水储存及处理构筑物应采取的污染控制措施

B．采用垂向防渗为主，局部水平防渗为辅的防控措施

C. 将污染物跑、冒、滴、漏降到最低限度

D. 提出项目各类废物循环利用的具体方案，减少项目污染物的排放量

47. 根据《环境影响评价技术导则　地下水环境》，一般情况下，分区防控措施应以水平防渗为主，防控措施应满足相关标准要求，但对于未颁布相关标准的行业，应根据（　　）提出防渗技术要求。

A. 预测结果　　B. 污染控制难易程度

C. 污染物特性　　D. 场地包气带特征及其防污性能

48. 根据《环境影响评价技术导则　地下水环境》，下列关于地下水环境监测与管理的说法，正确的是（　　）。

A. 应设置跟踪监测计划，应给出监测点位、坐标、井深、井结构、监测层位、监测因子及监测频率等相关参数

B. 应建立地下水环境监测管理体系

C. 应明确跟踪监测点的基本功能，必要时，明确跟踪监测点兼具的污染控制功能

D. 根据环境管理对监测工作的需要，应提出有关监测机构、人员及装备的建议

49. 根据《环境影响评价技术导则　地下水环境》，地下水环境监测管理体系包括（　　）。

A. 制订地下水环境影响跟踪监测计划　　B. 建立地下水环境影响跟踪监测制度

C. 配备先进的监测仪器和设备　　D. 定期信息公开

50. 根据《环境影响评价技术导则　地下水环境》，下列关于地下水跟踪监测点数量及布点要求的说法，正确的是（　　）。

A. 一级评价的建设项目，应在建设项目总图布置基础之上，结合预测评价结果和应急响应时间要求，在重点污染风险源处增设监测点

B. 一、二级评价的建设项目，一般不少于 3 个，应至少在建设项目场地上、下游各布设 1 个

C. 三级评价的建设项目，一般不少于 1 个，应至少在建设项目场地上游布置 1 个

D. 三级评价的建设项目，一般不少于 1 个，应至少在建设项目场地下游布置 1 个

51. 根据《环境影响评价技术导则　地下水环境》，对于一级评价的建设项目，下列关于地下水跟踪监测点数量及布点要求的说法，错误的是（　　）。

A. 一般不少于 4 个，应至少在建设项目场地上、下游各布设 1 个

B. 一般不少于 3 个，应至少在建设项目场地上、下游各布设 1 个

C. 一般不少于 2 个，应至少在建设项目场地及下游各布设 1 个

D. 在建设项目总图布置基础之上，结合预测评价结果和应急响应时间要求，在重点污染风险源处增设监测点

52. 根据《环境影响评价技术导则　地下水环境》，下列属于地下水环境保护目标

的是（　　）。

A．集中式饮用水水源（包括已建成的在用、备用、应急水源，在建和规划的饮用水水源）准保护区

B．除集中式饮用水水源以外的国家或地方政府设定的与地下水环境相关的其他保护区，如热水、矿泉水、温泉等特殊地下水资源保护区

C．集中式饮用水水源（包括已建成的在用、备用、应急水源，在建和规划的饮用水水源）准保护区以外的补给径流区

D．未划定准保护区的集中式饮用水水源，其保护区以外的补给径流区；分散式饮用水水源地

参考答案

一、单项选择题

1．D　【解析】根据建设项目对地下水环境影响的程度，结合《建设项目环境影响评价分类管理名录》，将建设项目分为四类。

2．A　【解析】根据导则："地下水环境影响评价工作可划分为准备阶段、现状调查与评价阶段、影响预测与评价阶段和结论阶段。"

3．D　4．C

5．A　【解析】根据建设项目建设期、运营期和服务期满后三个阶段的工程特征，识别其"正常状况"和"非正常状况"下的地下水环境影响。

6．C　【解析】对于随着生产运行时间推移对地下水环境影响有可能加剧的建设项目，还应按运营期的变化特征分为初期、中期和后期分别进行环境影响识别。

7．C

8．B　【解析】导则中的表2矩阵（评价工作等级分级表）要记住，一般来说，评价等级的确定每年命题的概率较大。"应急水源准保护区的补给径流区"属较敏感，Ⅱ类对应"较敏感"，评价工作等级为二级。

9．B　【解析】"规划的集中式饮用水水源准保护区"属敏感，Ⅲ类对应"敏感"，评价工作等级为二级。

10．D　【解析】虽然"分散式饮用水水源地"属较敏感，但Ⅳ类项目不开展地下水环境影响评价。

11．A　【解析】危险废物填埋场应进行一级评价，不按导则表2划分评价工作等级。这个等级划分应该记住。

12．A　【解析】对于利用废弃盐岩矿井洞穴或人工专制盐岩洞穴、废弃矿井

巷道加水幕系统、人工硬岩洞库加水幕系统、地质条件较好的含水层储油、枯竭的油气层储油等形式的地下储油库，危险废物填埋场应进行一级评价，不按导则表2 划分评价工作等级。这里涉及的种类较多，不一一列举，注意考题可能针对这种特殊情况命题。

13. D 【解析】当同一建设项目涉及两个或两个以上场地时，各场地应分别判定评价工作等级，并按相应等级开展评价工作。这点与其他要素导则划分等级不同。

14. D 【解析】线性工程根据所涉地下水环境敏感程度和主要站场位置（如输油站、泵站、加油站、机务段、服务站等）进行分段判定评价等级，并按相应等级分别开展评价工作。据导则附录 A，高速公路（含加油站）应编写报告书，高速公路属Ⅳ类项目，加油站属Ⅱ类项目，在建的饮用水水源准保护区属“敏感”，因此，该加油站的地下水评价等级为一级。其余路段由于为Ⅳ类项目，Ⅳ类建设项目不开展地下水环境影响评价。

15. C 【解析】地下水环境影响评价应充分利用已有资料和数据，当已有资料和数据不能满足评价要求时，应开展相应评价等级要求的补充调查，必要时进行勘察试验。

16. A 【解析】一级评价要求场地环境水文地质资料的调查精度应不低于 1∶10 000 比例尺，评价区的环境水文地质资料的调查精度应不低于 1∶50 000 比例尺。

17. D 【解析】二级评价环境水文地质资料的调查精度要求能够清晰反映建设项目与环境敏感区、地下水环境保护目标的位置关系，并根据建设项目特点和水文地质条件复杂程度确定调查精度，建议一般以不低于 1∶50 000 比例尺为宜。

18. D 【解析】选项 A 的正确说法是：基本查清场地环境水文地质条件，有针对性地开展现场勘察试验，确定场地包气带特征及其防污性能；选项 B 的正确说法是：一级评价应采用数值法进行地下水环境影响预测；选项 C 的正确说法是：详细掌握调查评价区环境水文地质条件。

19. D 【解析】二级、三级评价不需要制订应急预案。

20. B 【解析】选项 B 的正确说法是：基本掌握调查评价区的地下水补径排条件和地下水环境质量现状。

21. A 【解析】选项 B 的正确说法是：地下水环境现状调查与评价工作的深度应满足相应的工作级别要求。选项 C 的正确说法是：对于一级、二级评价的改、扩建类建设项目，应开展现有工业场地的包气带污染现状调查。选项 D 的正确说法是：对于长输油品、化学品管线等线性工程，调查评价工作应重点针对场站、服务站等可能对地下水产生污染的地区开展。

22. B 【解析】线性工程应以工程边界两侧向外延伸 200 m 作为调查评价范

围；穿越饮用水水源准保护区时，调查评价范围应至少包含水源保护区。

23. C 【解析】不满足公式计算法的要求时，可采用查表法（表3）确定，查表的结果为二级评价调查评价面积为6～20 km^2。

24. A 【解析】当建设项目所在地水文地质条件相对简单，且所掌握的资料能够满足公式计算法的要求时，应采用公式计算法确定。

25. A 【解析】当计算或查表范围超出所处水文地质单元边界时，应以所处水文地质单元边界为宜。

26. C 【解析】线性项目对地下水的影响具有特殊性，因此结合其特点进行了单独说明。线性工程应以工程边界两侧向外延伸200 m作为调查评价范围；穿越饮用水水源准保护区时，调查评价范围应至少包含水源保护区。

27. B 【解析】选项A的正确说法是：调查评价区内具有与建设项目产生或排放同种特征因子的地下水污染源，也就是说，在评价区内如果地下水污染源排放的特征因子与建设项目排放的不同，是可以不调查的。对于三级的改、扩建项目，包气带污染现状调查没有硬性规定。

28. D 29. B 30. D 31. C 32. B 33. B

34. D 【解析】在包气带厚度超过100 m的评价区或监测井较难布置的基岩山区，地下水质监测点数无法满足d）要求时，可视情况调整数量，并说明调整理由。一般情况下，该类地区一、二级评价项目至少设置3个监测点，三级评价项目根据需要设置一定数量的监测点。

35. B

36. C 【解析】选项A是三级评价的要求。

37. B

38. B 【解析】标准指数＞1，表明该水质因子已超标，标准指数越大，超标越严重。因此标准指数=1时为达标。

39. C 【解析】选项C是旧导则的内容。

40. A 【解析】地下水环境影响预测时段应选取可能产生地下水污染的关键时段，至少包括污染发生后100 d、1 000 d，服务年限或能反映特征因子迁移规律的其他重要的时间节点。

41. B 【解析】选项B的正确说法是：已依据GB 16889、GB 18597、GB 18598、GB 18599、GB/T 50934设计地下水污染防渗措施的建设项目，可不进行正常状况情景下的预测，但须进行非正常状况情景下的预测。

42. A 【解析】选项A的正确说法是：根据相关识别方法识别出的特征因子，按照重金属、持久性有机污染物和其他类别进行分类，并对每一类别中的各项因子采用标准指数法进行排序，分别取标准指数最大的因子作为预测因子。

43. C　【解析】建设项目地下水环境影响预测方法包括数学模型法和类比分析法。其中，数学模型法包括数值法、解析法等方法。一般情况下，一级评价应采用数值法，不宜概化为等效多孔介质的地区除外；二级评价中水文地质条件复杂且适宜采用数值法时，建议优先采用数值法；三级评价可采用解析法或类比分析法。

44. B　【解析】非正常状况下，预测源强可根据工艺设备或地下水环境保护措施系统老化或腐蚀程度等设定。

45. D　【解析】选项 D 的内容是旧导则的要求，对于 2016 年版的导则，不管是哪级评价，预测所需的包气带垂向渗透系数、含水层渗透系数、给水度等参数初始值的获取应以收集评价范围内已有水文地质资料为主，不满足预测要求时需通过现场试验获取。

46. D

47. B　【解析】当建设项目场地天然包气带垂向渗透系数小于 1×10^{-6} cm/s 或厚度超过 100 m 时，须考虑包气带阻滞作用，预测特征因子在包气带中迁移。

48. A　【解析】导则 10.1.3:“应评价建设项目对地下水水质的直接影响，重点评价建设项目对地下水环境保护目标的影响。”

49. D　【解析】在建设项目实施的某个阶段，有个别评价因子出现较大范围超标，但采取环保措施后，可满足 GB/T 14848（地下水质量标准）或国家（行业、地方）相关标准要求的，能得出满足标准要求的结论。

50. B　【解析】选项 C 属《环境保护法》的基本原则。

51. A　【解析】地下水环境保护措施与对策应符合《中华人民共和国水污染防治法》和《中华人民共和国环境影响评价法》的相关规定，按照“源头控制、分区防控、污染监控、应急响应”，重点突出饮用水水质安全的原则确定。

52. B　【解析】选项 B 的正确说法是：应按照“源头控制、分区防控、污染监控、应急响应”，重点突出饮用水水质安全的原则确定。选项 D 属于导则 11.1.5:“提出合理、可行、操作性强的地下水污染防控的环境管理体系，包括地下水环境跟踪监测方案和定期信息公开等。”

53. A　54. D　55. B

56. D　【解析】跟踪监测计划应根据环境水文地质条件和建设项目特点设置跟踪监测点，跟踪监测点应明确与建设项目的位置关系，给出点位、坐标、井深、井结构、监测层位、监测因子及监测频率等相关参数。

57. C　【解析】一级、二级评价的建设项目，一般不少于 3 个，应至少在建设项目场地，上、下游各布设 1 个。一级评价的建设项目，应在建设项目总图布置基础之上，结合预测评价结果和应急响应时间要求，在重点污染风险源处增设监测点。三级评价的建设项目，一般不少于 1 个，应至少在建设项目场地下游布置 1 个。

58．A 【解析】选项D是一级评价的建设项目的布点要求。

59．C

二、不定项选择题

1．BC

2．ABD 【解析】2016年导则的工作程序中没有“工程分析”的内容，只有“初步工程分析”内容。这点与旧导则的工作程序有所区别。

3．ABC 【解析】识别可能造成地下水污染的装置和设施，包括位置、规模、材质等。注意考题有时会把设施细化放在选项中。选项D目前不是环保管理的范畴。

4．AC 【解析】注意与旧导则的区别。导则6.1划分原则：“评价工作等级的划分应依据建设项目行业分类和地下水环境敏感程度分级进行判定，可划分为一、二、三级。”

5．BC 【解析】对于调查评价区地下水开发利用现状与规划，一级评价要求是“详细掌握”，二级评价是“了解”，三级评价没有要求。

6．ACD 【解析】对于二级评价项目，选项B的正确说法是：根据场地环境水文地质条件的掌握情况，有针对性地补充必要的现场勘察试验。

7．ABC 【解析】对于选项C，三级评价项目，“预测污染物运移趋势和对地下水环境保护目标的影响”要求太高，正确说法是：采用解析法或类比分析法进行地下水影响分析与评价。

8．CD 【解析】一级评价的要求是：详细掌握调查评价区环境水文地质条件，主要包括含（隔）水层结构及分布特征、地下水补径排条件、地下水流场、地下水动态变化特征、各含水层之间以及地表水与地下水之间的水力联系等。二级评价的要求是：基本掌握调查评价区的环境水文地质条件，主要包括含（隔）水层结构及其分布特征、地下水补径排条件、地下水流场等。注意两者的比较，其中含（隔）水层结构及分布特征、地下水补径排条件、地下水流场是两者都需调查的。

9．ABC 【解析】地下水环境现状调查与评价工作应遵循资料搜集与现场调查相结合、项目所在场地调查（勘察）与类比考查相结合、现状监测与长期动态资料分析相结合的原则。

10．ABCD 11．ABCD

12．ABD 【解析】选项C的正确说法是：当计算或查表范围超出所处水文地质单元边界时，应以所处水文地质单元边界为宜。

13．ABCD 【解析】水文地质条件调查的主要内容很多，无须逐条去背，与地下水有关的内容基本都属其范畴，大部分内容看过一次基本知道。此题只列出一些容易被忽视的选项。

14. ABD　【解析】环境水文地质问题调查属旧导则的内容。环境水文地质问题调查在建设项目的地质灾害评估中会进行专门分析，不属于环保管理范畴。

15. BCD　【解析】场地范围内应重点调查包气带岩性、结构、厚度、分布及垂向渗透系数等。

16. ABC　【解析】监测点应主要布设在建设项目场地、周围环境敏感点、地下水污染源以及对于确定边界条件有控制意义的地点。

17. AD　【解析】监测层位应包括潜水含水层、可能受建设项目影响且具有饮用水开发利用价值的含水层。同时注意选项 D 中的“且”字。

18. AD　【解析】选项 B 属旧导则的内容。选项 C 的正确说法是：一般情况下，地下水水位监测点数宜大于相应评价级别地下水水质监测点数的 2 倍。

19. ACD　【解析】一级评价项目潜水含水层的水质监测点应不少于 7 个，可能受建设项目影响且具有饮用水开发利用价值的含水层 3～5 个。原则上建设项目场地上游和两侧的地下水水质监测点均不得少于 1 个，建设项目场地及其下游影响区的地下水水质监测点不得少于 3 个。

20. BCD　【解析】二级评价项目潜水含水层的水质监测点应不少于 5 个，可能受建设项目影响且具有饮用水开发利用价值的含水层 2～4 个。原则上建设项目场地上游和两侧的地下水水质监测点均不得少于 1 个，建设项目场地及其下游影响区的地下水水质监测点不得少于 2 个。

21. BC　【解析】三级评价项目潜水含水层水质监测点应不少于 3 个，可能受建设项目影响且具有饮用水开发利用价值的含水层 1～2 个。原则上建设项目场地上游及下游影响区的地下水水质监测点各不得少于 1 个。

22. AC　【解析】在包气带厚度超过 100 m 的评价区或监测井较难布置的基岩山区，地下水质监测点数无法满足导则要求时，可视情况调整数量，并说明调整理由。一般情况下，该类地区一级、二级评价项目至少设置 3 个监测点，三级评价项目根据需要设置一定数量的监测点。

23. ABD　【解析】选项 C 的正确说法是：建设项目为改、扩建项目，且特征因子为 DNAPLs（重质非水相液体）时，应至少在含水层底部取一个样品。

重质非水相液体（Dense Non-aqueous Phase Liquid）指密度大于水的化学物质，不易溶于水，具有挥发性特点，主要是石油工业及其相关的有机化工带来的污染产物，主要为含氯溶剂类。它的主要特点是比重大于水，因此，重力作用是其进入土壤与地下水的主要动力。

24. AC　【解析】基本水质因子的水质监测频率应参照导则表 4，若掌握近 3 年至少一期水质监测数据，基本水质因子可在评价期补充开展一期现状监测；特征因子在评价期内需至少开展一期现状监测。“若掌握近 3 年至少一期水质监测数据”

是针对各级评价项目。选项D主要是时间不对，应该是近3年。

25. BC 【解析】在包气带厚度超过100 m的评价区或监测井较难布置的基岩山区，若掌握近3年内至少一期的监测资料，评价期内可不进行现状水位、水质监测；若无上述资料，至少开展一期现状水位、水质监测。

26. ABCD

27. ABCD 【解析】预测的范围、时段、内容和方法均应根据评价工作等级、工程特征与环境特征，结合当地环境功能和环保要求确定，应预测建设项目对地下水水质产生的直接影响，重点预测对地下水环境保护目标的影响。

28. AD 【解析】当建设项目场地天然包气带垂向渗透系数小于 1×10^{-6}cm/s或厚度超过100 m时，预测范围应扩展至包气带。

29. BD 【解析】选项B的正确说法是：预测层位应以潜水含水层或污染物直接进入的含水层为主，兼顾与其水力联系密切且具有饮用水开发利用价值的含水层。选项D的正确说法是：当建设项目场地天然包气带垂向渗透系数小于 1×10^{-6} cm/s或厚度超过100 m时，预测范围应扩展至包气带。

30. AC

31. ACD 【解析】选项B的正确说法是：现有工程已经产生的且改、扩建后将继续产生的特征因子，改、扩建后新增加的特征因子。

32. BCD 33. AD

34. ABD 【解析】一般情况下，一级评价应采用数值法，不宜概化为等效多孔介质的地区除外；二级评价中水文地质条件复杂且适宜采用数值法时，建议优先采用数值法；三级评价可采用解析法或类比分析法。

35. BCD

36. ABCD 【解析】水文地质条件概化是根据调查评价区和场地环境水文地质条件，对边界性质、介质特征、水流特征和补径排等条件进行概化。

37. ABD 【解析】污染源概化包括排放形式与排放规律的概化。根据污染源的具体情况，排放形式可以概化为点源、线源、面源；排放规律可以简化为连续恒定排放或非连续恒定排放以及瞬时排放。

38. ABCD

39. ACD 【解析】当建设项目场地天然包气带垂向渗透系数小于 1×10^{-6} cm/s或厚度超过100 m时，须考虑包气带阻滞作用，预测特征因子在包气带中的迁移。选项B正确说法是：给出特征因子不同时段的影响范围、程度、最大迁移距离。

40. AB 【解析】地下水环境影响预测未包括环境质量现状值时，应叠加环境质量现状值后再进行评价；应评价建设项目对地下水水质的直接影响，重点评价建设项目对地下水环境保护目标的影响。

41. AD　【解析】得出可以满足标准要求的结论有两个：一是在建设项目各个不同阶段，除场界内小范围以外地区，均能满足《地下水质量标准》（GB/T 14848）或国家（行业、地方）相关标准要求的；二是在建设项目实施的某个阶段，有个别评价因子出现较大范围超标，但采取环保措施后，可满足 GB/T 14848 或国家（行业、地方）相关标准要求的。

42. BCD　【解析】选项 A 是可以满足标准要求的结论。

43. ABCD

44. ABCD　【解析】地下水环境环保对策与措施应根据建设项目特点、调查评价区和场地环境水文地质条件，在建设项目可行性研究提出的污染防控对策的基础上，根据环境影响预测与评价结果，提出需要增加或完善的地下水环境保护措施和对策。

45. BD　【解析】本题问的是"污染防控对策"，并不是"环境保护措施与对策"，因此，选项 A、C 不能选。

46. ACD　【解析】源头控制措施主要包括提出各类废物循环利用的具体方案，减少污染物的排放量；提出工艺、管道、设备、污水储存及处理构筑物应采取的污染控制措施，将污染物跑、冒、滴、漏降到最低限度。选项 B 属分区防控措施。

47. ABCD　【解析】对于未颁布相关标准的行业，根据预测结果和场地包气带特征及其防污性能，提出防渗技术要求；或根据建设项目场地天然包气带防污性能、污染控制难易程度和污染物特性，参照导则表 7 提出防渗技术要求。

48. ABCD　49. ABC

50. ABD　【解析】一、二级评价的建设项目，一般不少于 3 个，应至少在建设项目场地，上、下游各布设 1 个。一级评价的建设项目，应在建设项目总图布置基础之上，结合预测评价结果和应急响应时间要求，在重点污染风险源处增设监测点。

51. AC　【解析】选项 D 是对一级评价项目的特殊要求。

52. ABCD　【解析】根据导则表 1（地下水环境敏感程度分级表），可以判断选项均是地下水环境保护目标。

第六章　声环境影响评价技术导则与相关标准

第一节　环境影响评价技术导则　声环境

一、单项选择题（每题的备选项中，只有一个最符合题意）

1．建设项目既拥有固定声源，又拥有移动声源时，应（　　）。

A．只进行固定声源环境影响评价　　B．只进行移动声源环境影响评价

C．分别进行声环境影响评价　　D．只进行叠加环境影响后进行评价

2．同一声环境保护目标既受到固定声源影响，又受到移动声源影响时，应进行（　　）。

A．固定声源环境影响评价　　B．移动声源环境影响评价

C．分别进行声环境影响评价　　D．叠加环境影响后进行评价

3．在声源发声时间内，声源位置不发生移动的声源称（　　）。

A．固定声源　　B．移动声源

C．点声源　　D．线声源

4．以柱面波形式辐射声波的声源，辐射声波的声压幅值与声波传播距离的平方根（$\sqrt{r}$）成反比，此种声源称为（　　）。

A．面声源　　B．移动声源　　C．点声源　　D．线声源

5．依据法律、法规、标准政策等确定的需要保持安静的建筑物及建筑物集中区称为（　　）。

A．敏感目标　　B．环境保护目标

C．声环境保护目标　　D．声环境敏感目标

6．在规定测量时间 T 内 A 声级的能量平均值，用 $L_{Aeq,T}$ 表示，这个声级称为（　　）。

A．倍频带声压级　　B．昼夜等效声级

C．A 声功率级　　D．等效连续 A 声级

7．在环境噪声评价量中“L_{WECPN}”符号表示（　　）。

A．A 计权声功率级　　B．倍频带声功率级

C．计权等效连续感觉噪声级　　D．等效连续 A 声级

8．夜间突发噪声的评价量为（　　）。

A．昼间等效 A 声级（L_d）　　B．最大 A 声级（L_{Amax}）

C．夜间等效 A 声级（L_n）　　D．等效连续 A 声级（$L_{Aeq,T}$）

9．机场周围区域受飞机通过（起飞、降落、低空飞越）噪声影响的评价量为（　　）。

A．A 计权声功率级　　B．最大 A 声级（L_{Amax}）

C．计权等效连续感觉噪声级（L_{WECPN}）　　D．等效连续 A 声级

10．电梯噪声的评价量为（　　）。

A．昼间等效声级（L_d）　　B．最大 A 声级（L_{Amax}）

C．有效感觉噪声级（L_{EPN}）　　D．等效连续 A 声级（$L_{Aeq,T}$）

11．夜间频发、偶发噪声的评价量为（　　）。

A．A 声功率级　　B．有效感觉噪声级（L_{EPN}）

C．最大 A 声级（L_{Amax}）　　D．等效连续 A 声级（$L_{Aeq,T}$）

12．运行期声源为固定声源时，（　　）作为评价水平年。

A．固定声源投产运行前　　B．固定声源投产运行中

C．固定声源施工后　　D．固定声源投产运行年

13．运行期声源为移动声源时，应将（　　）作为评价水平年。

A．工程预测的代表性水平年　　B．工程预测的运行近期

C．工程预测的运行中期　　D．工程预测的运行远期

14．某公路项目，建设前后评价范围内声环境保护目标噪声级增高量为 7～11 dB（A），受影响人口增加较多，此建设项目声环境影响应按（　　）进行工作。

A．一级评价　　B．二级评价

C．三级评价　　D．二级或三级评价

15．某中型项目，建设前后评价范围内声环境保护目标噪声级增高量为 5 dB（A），此建设项目声环境影响应按（　　）进行工作。

A．一级评价　　B．二级评价

C．三级评价　　D．二级或三级评价

16．某新建的大型建设项目，建设前后评价范围内声环境保护目标噪声级增高量为 3～4 dB（A），但受影响人口数量显著增加，此建设项目声环境影响应按（　　）进行工作。

A．一级评价　　B．二级评价

C．三级评价　　D．二级或三级评价

17．某新建的中型建设项目，所在的声环境功能区为 3 类区，建设前后对评价范围内的声环境保护目标噪声级增高量为 5～6 dB（A），此建设项目声环境影响应按（　　）进行工作。

A．一级评价　　B．二级评价

C．三级评价　　D．二级或三级评价

18．某改建的中型建设项目，其所在声环境功能区是居住、商业、工业混杂区，此建设项目声环境影响应按（　　）进行工作。

A．一级评价　　B．二级评价

C．三级评价　　D．二级或三级评价

19．某中型新建项目，其附近有一疗养院，此建设项目声环境影响应按（　　）进行工作。

A．一级评价　　B．二级评价

C．三级评价　　D．一级或二级评价

20．某扩建的大型建设项目，其所在声环境功能区内有一所大学，此建设项目声环境影响应按（　　）进行工作。

A．一级评价　　B．二级评价

C．三级评价　　D．二级或三级评价

21．某新建的大型建设项目，建设前后评价范围内声环境保护目标噪声级增高量为 2 dB（A），此建设项目声环境影响应按（　　）进行工作。

A．一级评价　　B．二级评价

C．三级评价　　D．二级或三级评价

22．某扩建的中型建设项目，其所在声环境功能区内有一个工业区，此建设项目声环境影响应按（　　）进行工作。

A．一级评价　　B．二级评价

C．三级评价　　D．二级或三级评价

23．某新建工厂的声环境影响评价工作等级为一级，一般情况下，其评价范围为（　　）。

A．以建设项目边界向外 100 m　　B．以建设项目包络线边界向外 200 m

C．以建设项目边界向外 200 m　　D．以建设项目中心点向外 200 m

24．某新建高速公路位于 1 类声环境功能区，经计算运营中期距高速公路中心线 400 m 处夜间噪声贡献值为 45 dB（A）、距高速公路中心线 500 m 处夜间噪声预测值为 45 dB（A）。根据《环境影响评价技术导则　声环境》，该项目声环境影响评价范围应为（　　）。

A．道路中心线两侧 200 m 以内　　B．道路红线两侧 400 m 以内

C．道路中心线两侧 400 m 以内　　D．道路中心线两侧 500 m 以内

25．机场噪声评价范围应不小于计权等效连续感觉噪声级（　　）等声级线范围。

A．90 dB　　B．80 dB

C．70 dB　　D．60 dB

26．某运输机场项目，起降架次 N（单条跑道承担量）≥15 万架次/a，其评价范围一般为（　　）。

A．跑道两端及侧向各 200 m 的范围

B．跑道两端各 3 km、两侧各 0.5 km 的范围

C．跑道两端各 12 km 以上、两侧各 3 km 的范围

D．跑道两端各 10～12 km、两侧各 2 km 的范围

27．二、三级声环境评价范围如依据建设项目声源计算得到的（　　）到 200 m 处，仍不能满足相应功能区标准值时，应将评价范围扩大到满足标准值的距离。

A．贡献值　　B．叠加值　　C．背景值　　D．预测值

28．判定为（　　）评价的工业企业建设项目应给出等声级线图。

A．一级　　B．二级

C．高于（含）三级　　D．一级、二级

29．评价范围内具有代表性的声环境保护目标的声环境质量现状需要现场监测，是（　　）评价的基本要求。

A．一级　　B．二级

C．一级和二级　　D．三级

30．应调查分析拟建项目的主要噪声源，是（　　）评价的基本要求。

A．一级、二级和三级　　B．二级

C．一级和二级　　D．一级

31．调查评价范围内有明显影响的现状声源的名称、类型、数量、位置、源强等，是（　　）评价的基本要求。

A．一级　　B．二级　　C．三级　　D．一级、二级

32．评价范围内现状声源源强调查应采用现场监测法或收集资料法确定，这是（　　）评价的基本要求。

A．一级　　B．二级　　C．三级　　D．一级和二级

33．声环境现状评价图中，线性工程声环境保护目标与项目关系图比例尺应不小于（　　）。

A．1∶2 000　　B．1∶5 000

C．1∶10 000　　D．1∶50 000

34．声环境现状监测布点应（　　）评价范围。

A．大于　　B．小于　　C．覆盖　　D．略大于

35．对于改、扩建机场工程，声环境现状监测点一般布设在（　　）处。

A．机场场界　　B．机场跑道

C．机场航迹线　　D．主要声环境保护目标

36．对于单条跑道改、扩建机场工程，测点数量可分别布设（　　）个飞机噪声测点。

A．1～2　　B．9～14　　C．12～18　　D．3～9

37．对于两条跑道改、扩建机场工程，测点数量可分别布设（　　）个飞机噪声测点。

A．1～3　　B．9～14　　C．12～18　　D．3～9

38．对于三条跑道改、扩建机场工程，测点数量可分别布设（　　）个飞机噪声测点。

A．1～4　　B．9～14　　C．12～18　　D．3～9

39．声环境影响预测范围与评价范围的关系是（　　）。

A．预测范围应大于评价范围　　B．预测范围应小于评价范围

C．预测范围应与评价范围相同　　D．预测范围应大于等于评价范围

40．对于拟建项目噪声源源强，当缺少所需数据时，可通过声源（　　）或引用有效资料、研究成果来确定。

A．类比分析　　B．类比测量

C．系统分析　　D．引用已有的数据

41．任何形状的声源，只要声波波长（　　）声源几何尺寸，该声源可视为点声源。

A．远远大于　　B．远远小于

C．等于　　D．远远小于等于

42．以球面波形式辐射声波的声源，辐射声波的声压幅值与声波传播距离成反比，称为（　　）。

A．面声源　　B．线声源　　C．体声源　　D．点声源

43．公路、城市道路交通运输噪声预测内容中，按（　　）绘制代表性路段的等声级线图，分析声环境保护目标所受噪声影响的程度，确定噪声影响的范围，并说明受影响人口分布情况。

A．预测值　　B．背景值　　C．贡献值　　D．叠加值

44．机场飞机噪声预测的内容中，需给出计权等效连续感觉噪声级（L_{WECPN}）

包含（　　）dB 的不少于 5 条等声级线图。

A．65、70　　B．70、75

C．60、70　　D．75、80

45．进行声环境预测和评价时，预测建设项目在施工期和运营期所有声环境保护目标处的噪声（　　），评价其超标和达标情况。

A．预测值　　B．背景值

C．贡献值　　D．贡献值和预测值

46．预测和评价建设项目在施工期和运营期厂界（场界、边界）噪声（　　），评价其超标和达标情况。

A．预测值　　B．背景值

C．边界噪声值　　D．贡献值

47．一级评价应绘制运行期代表性评价水平年噪声（　　）等声级线图，二级评价根据需要绘制等声。

A．预测值　　B．背景值

C．贡献值　　D．贡献值和预测值

48．铁路、城市轨道交通、机场等建设项目，还需预测列车通过时段内声环境保护目标处的（　　）。

A．A 计权声功率级　　B．有效感觉噪声级

C．最大 A 声级　　D．等效连续 A 声级

49．判定为（　　）评价的地面交通建设项目应结合现有或规划保护目标给出典型路段的噪声贡献值等声级线图。

A．一级　　B．二级

C．一级、二级　　D．三级

50．由建设项目自身声源在预测点产生的声级为噪声（　　）。

A．贡献值　　B．背景噪声值　　C．预测值　　D．叠加值

51．评价范围内不含建设项目自身声源影响的声级为（　　）。

A．贡献值　　B．背景噪声值　　C．预测值　　D．叠加值

52．预测点的贡献值和背景值按能量叠加方法计算得到的声级为噪声（　　）。

A．贡献值　　B．背景值　　C．预测值　　D．最大预测值

53．建筑施工场界夜间噪声评价量为（　　）。

A．等效连续 A 声级　　B．倍频带声压级

C．最大 A 声级　　D．有效感觉噪声级

54．根据《环境影响评价技术导则　声环境》，预测紧邻道路第一排第十层居民住宅处的环境噪声影响时，主要考虑的声传播衰减因素是（　　）。

A．几何发散衰减　　　　B．地面效应衰减

C．临路建筑引起的声级衰减　　　　D．绿化林带引起的声级衰减

55．根据《环境影响评价技术导则　声环境》，建设项目实施过程中噪声影响特点，可按（　　）分别开展声环境影响评价。

A．施工期　　　　B．运行期

C．勘察期、施工期和运行期　　　　D．施工期和运行期

56．某新建城市快速路通过位于2类声环境功能区的城市大型居民稠密区，项目建成后受影响人口显著增多，根据《环境影响评价技术导则　声环境》，该项目声环境影响评价工作等级应为（　　）。

A．一级　　B．二级　　C．三级　　D．低于三级

57．根据《环境影响评价技术导则　声环境》，关于声环境影响评价范围，说法正确的是（　　）。

A．声环境影响评价等级为一级的公路建设项目，其评价范围一般为道路用地红线两侧200 m

B．公路建设项目评价范围边界处噪声影响预测值必须能满足相应功能区标准值，否则适当扩大评价范围

C．声环境影响评价等级为一级的工厂建设项目，其评价范围一般以建设项目边界向外200 m为评价范围

D．机场噪声评价范围应不小于 L_{WECPN} 为75 dB的等声级线范围

58．根据《环境影响评价技术导则　声环境》，（　　）不属于声环境现状调查内容。

A．评价范围内的所在声环境功能区划

B．评价范围内的行政区划

C．建设项目所在区域的地理位置

D．评价范围内现有人群对噪声敏感程度的个体差异

59．根据《环境影响评价技术导则　声环境》，不符合声环境现状监测点布置原则的是（　　）。

A．布点应覆盖整个评价范围

B．为满足预测需要，可在垂直于线声源不同水平距离处布设衰减测点

C．评价范围内没有明显声源，可选择有代表性的区域布设测点

D．评价范围内有明显声源，且呈线声源特点时，受影响敏感目标处的现状声级均需实测

60．根据《环境影响评价技术导则　声环境》，下列（　　）属于新建铁路项目声环境现状评价内容。

A．拟建铁路噪声源特性分析

B．拟建铁路边界噪声达标情况

C．拟建铁路两侧声环境保护目标处现状噪声达标情况

D．拟建铁路两侧 4b 类声环境功能区达标情况

61．根据《环境影响评价技术导则　声环境》，可以采用点声源模式进行预测的是（　　）。

A．已知距卡车 1 m 处的噪声级，预测距卡车 30 m 处的噪声级

B．已知距卡车 30 m 处的噪声级，预测距卡车 1 m 处的噪声级

C．已知卡车声功率级，预测距卡车 1 m 处的噪声级

D．已知卡车声功率级，预测距卡车 30 m 处的噪声级

62．根据《环境影响评价技术导则　声环境》，下列（　　）属于拟建停车场声环境影响评价内容。

A．场界噪声贡献值及周围声环境保护目标处噪声预测值达标情况

B．场界噪声预测值及周围声环境保护目标处噪声预测值达标情况

C．分析施工场地边界噪声与《工业企业厂界环境噪声排放标准》的相符性

D．分析施工噪声对周围声环境保护目标的影响与《建筑施工场界噪声限值》的相符性

63．某工厂技改前停止生产情况下，厂界外声环境保护目标处噪声背景值为 47 dB，正常生产情况下噪声级为 50 dB，技改后厂区噪声对该声环境保护目标的噪声贡献值为 53 dB。根据《环境影响评价技术导则　声环境》，技改后该声环境保护目标处的声环境影响预测值为（　　）dB。

A．53　　B．54　　C．55　　D．56

64．（　）项目评价应根据项目噪声影响特点和声环境保护目标特点，提出项目在生产运行阶段的厂界（场界、边界）噪声监测计划和代表性声环境保护目标监测计划。

A．一级　　B．一级、二级　　C．二级　　D．三级

二、不定项选择题（每题的备选项中至少有一个符合题意）

1．建设项目同时包含（　　），应分别进行声环境影响评价。

A．点声源　　B．固定声源

C．线声源　　D．移动声源

2．按声源种类划分，声环境评价类别可分为（　　）。

A．固定声源的环境影响评价

B．建设项目声源对外环境的环境影响评价

C．移动声源的环境影响评价

D．外环境声源对需要安静建设项目的环境影响评价

3．根据GB 3096－2008，声环境功能区的环境质量评价量有（　　）。

A．昼间等效声级（L_d）　　B．最大A声级（L_{Amax}）

C．夜间等效声级（L_n）　　D．等效连续A声级（$L_{Aeq,T}$）

4．根据《环境影响评价技术导则　声环境》（HJ 2.4—2021），声源源强表达量有（　　）。

A．距离声源r处的A计权声压级[$L_A(r)$]

B．倍频带声功率级（L_W）

C．A计权声功率级（L_{AW}）

D．等效连续A声级（$L_{Aeq,T}$）

E．有效感觉噪声级（L_{EPN}）

5．声环境评价量为最大A声级（L_{Amax}）的情况有（　　）。

A．夜间突发噪声　　B．非稳态噪声

C．室内噪声倍频带声压级　　D．夜间频发、偶发噪声

6．工业企业厂界噪声评价量为（　　）。

A．昼间等效声级（L_d）　　B．等效连续A声级（$L_{Aeq,T}$）

C．夜间等效声级（L_n）　　D．夜间频发、偶发噪声最大A声级

7．铁路边界噪声评价量为（　　）。

A．昼间等效声级（L_d）　　B．有效感觉噪声级（L_{EPN}）

C．夜间等效声级（L_n）　　D．最大A声级（L_{Amax}）

8．“声环境质量预测”应该在（　　）环节之后进行。

A．建设项目噪声贡献值预测　　B．声环境质量现状评价

C．环境噪声现状调查　　D．声环境影响评价

E．声传播路径分析

9．“声环境质量现状评价”应该在（　　）基础上进行。

A．现状声源调查　　B．声传播路径分析

C．声环境保护目标的分布、数量　　D．声环境功能区确认

10．根据建设项目实施过程中噪声的影响特点，可按（　　）分别开展声环境影响评价。

A．退役期　　B．施工期　　C．筹建期　　D．运行期

11．噪声源调查包括拟建项目的主要（　　）。

A．现有声源　　B．固定声源

C．新增声源　　D．移动声源

12．某建设项目的声环境影响评价工作等级为二级，判断的依据可能是（　　）。

A．建设前后评价范围内声环境保护目标噪声级增高量达 5 dB（A）

B．受噪声影响人口数量增加较多

C．建设项目投资额为中型规模

D．建设项目所处声环境功能区为 GB 3096 规定的 1 类地区

13．噪声评价工作等级划分的依据包括（　　）。

A．建设项目所在区域的声环境功能区类别

B．按投资额划分建设项目规模

C．受建设项目影响人口的数量

D．建设项目建设前后所在区域的声环境质量变化程度

14．某建设项目的声环境影响评价工作等级为一级，判断的依据可能是（　　）。

A．建设前后评价范围内声环境保护目标噪声级增高量达 5 dB（A）以上

B．受影响人口数量显著增多

C．评价范围内有对噪声有特别限制要求的保护区等声环境保护目标

D．建设项目所处声环境功能区为 GB 3096 规定的 1 类地区

15．某工业项目，与一级声环境评价范围相比，二级、三级可根据（　　）情况适当缩小评价范围。

A．建设项目所在区域的声环境功能区类别

B．建设项目相邻区域的声环境功能区类别

C．声环境保护目标

D．投资规模

16．（　　）属于三级声环境影响评价工作的基本要求。

A．调查评价范围内声环境保护目标的名称、地理位置、行政区划

B．调查评价范围内所在声环境功能区、不同声环境功能区内人口分布情况、与建设项目的空间位置关系、建筑情况

C．对评价范围内具有代表性的声环境保护目标的声环境质量现状进行调查，可利用已有的监测资料

D．无监测资料时可选择有代表性的声环境保护目标进行现场监测，并分析现状声源的构成

17．对于一级评价项目，调查评价范围内有明显影响的现状声源的（　　）。

A．名称、类型　　B．数量

C．位置　　D．源强

18．一、二级评价时，评价范围内现状声源源强调查应采用（　　）确定。

A．现场监测法　　B．收集资料法

C．类比分析法　　D．专家咨询法

19．噪声防治坚持的原则是（　　）。

A．统筹规划　　B．源头防控　　C．分类管理

D．社会共治　　E．损害担责

20．声环境质量现状调查方法包括（　　）。

A．现场监测法　　B．现场监测结合模型计算法

C．收集资料法　　D．类比分析法

21．噪声现状评价分析评价范围内既有主要声源（　　）等，明确主要声源分布。

A．种类　　B．数量

C．相应的噪声级　　D．噪声特性

22．现状评价图一般应包括（　　）。

A．声环境功能区划图

B．声环境保护目标分布图

C．工矿企业厂区（声源位置）平面布置图

D．城市道路、公路、铁路、城市轨道交通等的线路走向图

E．机场总平面图及飞行程序图

23．现状评价图中应标明（　　）。

A．图例　　B．比例尺　　C．方向标　　D．图框

24．声环境保护目标调查表应给出评价范围内声环境保护目标的（　　）。

A．名称　　B．户数　　C．建筑物层数

D．建筑物数量　　E．与建设项目的空间位置关系

25．声环境现状调查的主要内容有（　　）。

A．现状声源　　B．声环境保护目标名称

C．声环境功能区划　　D．不同声环境功能区内人口分布情况

26．影响声波传播的环境要素需调查建设项目所在区域的（　　）。

A．年平均风速　　B．主导风向

C．年平均气温　　D．年平均相对湿度

27．规划环境影响评价中声环境影响现状调查中，声环境功能区划需调查评价范围内（　　）。

A．不同区域的声环境功能区划情况　　B．声环境保护目标

C．声环境功能区划图　　D．各声环境功能区的声环境质量现状

28．公路、城市道路交通运输噪声预测参数中，声环境保护目标参数主要包括（　　）。

A．声环境保护目标的名称　　B．声环境保护目标的规模
C．声环境保护目标的类型　　D．与路面的相对高差
29．公路、城市道路交通运输噪声预测内容包括预测各预测点的（　）。
A．贡献值　　B．预测值
C．背景值　　D．预测值与现状噪声值的差值
30．声环境影响预测的基本方法有（　）。
A．参数模型法　　B．经验估计法
C．经验模型法　　D．半经验模型法
31．关于声环境现状监测的布点原则，下列说法正确的是（　）。
A．布点应覆盖整个评价范围，仅包括声环境保护目标
B．当声环境保护目标高于（含）三层建筑时，应选取有代表性的声环境保护目标的代表性楼层设置测点
C．评价范围内没有明显的声源时，可选择有代表性的区域布设测点
D．评价范围内有明显的声源，并对声环境保护目标的声环境质量有影响时，应根据声源种类采取不同的监测布点原则
32．当声源为移动声源，且呈现线声源特点时，现状测点位置选取应兼顾（　），布设在具有代表性的敏感目标处。
A．工程特点　　B．声环境保护目标的分布状况
C．线声源噪声影响随距离衰减的特点　　D．声环境保护目标的规模
33．当声源为固定声源时，现状测点应重点布设在（　）。
A．现有声源影响声环境保护目标处
B．可能既受到既有声源影响，又受到建设项目声源影响的声环境保护目标处
C．建设项目声源影响声环境保护目标处
D．有代表性的声环境保护目标处
34．下列关于声环境现状监测的布点原则，说法正确的是（　）。
A．对于固定声源，为满足预测需要，可在距离既有声源不同距离处布设衰减测点
B．当声环境保护目标高于（含）二层建筑时，还应选取有代表性的不同楼层设置测点
C．对于移动声源，为满足预测需要，可选取若干线声源的垂线，在垂线上距声源不同水平距离处布设衰减测点
D．评价范围内没有明显的声源时，可选择有代表性的区域布设测点
35．声环境预测和评价的主要内容有（　）。
A．预测建设项目在施工期和运营期所有声环境保护目标处的噪声贡献值和预测值，评价其超标和达标情况

B．预测和评价建设项目在施工期和运营期厂界（场界、边界）噪声贡献值，评价其超标和达标情况

C．铁路、城市轨道交通、机场等建设项目，还需预测列车通过时段内声环境保护目标处的等效连续 A 声级、单架航空器通过时在声环境保护目标处的最大 A 声级

D．一级评价应绘制运行期代表性评价水平年噪声贡献值等声级线图

E．二级评价根据需要绘制等声级线图

36．按声环境影响预测点的确定原则，（　　）应作为预测点。

A．建设项目厂界（或场界、边界）　　B．评价范围内的所有建筑物

C．建设项目中心点　　D．评价范围内的声环境保护目标

37．声环境预测需要的基础资料包括（　　）。

A．建设项目的声源资料　　B．声环境保护目标的规模

C．影响声波传播的各类参数　　D．建设项目的规模

38．建设项目的声源资料包括（　　）。

A．声源对声环境保护目标的作用时间　　B．围护结构的隔声量

C．声源的空间位置　　D．声级与发声持续时间

E．声源种类与数量

39．影响声波传播的各类参数包括（　　）。

A．所处区域常年平均气温、年平均相对湿度、年平均风速、主导风向

B．所处区域的人口分布情况

C．声源和预测点间障碍物的几何参数

D．声源和预测点间的地形、高差

E．声源和预测点间树林、灌木等的分布情况，地面覆盖情况

40．影响声波传播的各类参量应通过（　　）取得。

A．经验系数　　B．现场调查

C．资料收集　　D．类比分析

41．噪声防治措施一般从（　　）等方面采取措施。

A．噪声源　　B．传播途径

C．声环境保护目标　　D．加大建设项目投资

42．噪声的规划防治对策主要是指建设项目的（　　）。

A．选址（选线）　　B．规划布局

C．总图布置（跑道方位布设）　　D．设备布局

43．户外声传播声级衰减的主要因素有（　　）。

A．屏障屏蔽　　B．地面效应　　C．几何发散

D．大气吸收　　　　E．通过房屋群的衰减

44．工业噪声预测的内容包括（　　）。

A．厂界（或场界、边界）噪声预测　　　　B．声环境保护目标噪声预测

C．绘制等声级线图　　　　D．分析超标原因

45．（　　）是公路、城市道路交通运输噪声预测的内容。

A．预测各预测点的贡献值、预测值及预测值与现状噪声值的差值

B．给出典型路段满足相应声环境功能区标准要求的距离

C．预测高层建筑有代表性的不同楼层所受的噪声影响

D．按预测值绘制代表性路段的等声级线图，分析声环境保护目标所受噪声影响的程度，确定噪声影响的范围，并说明受影响人口分布情况

E．给出评价范围内声环境保护目标的计权等效连续感觉噪声级

46．机场飞机噪声预测参数中，气象参数包括机场的（　　）。

A．年平均风速　　B．年平均温度　　C．年平均湿度　　D．年平均气压

47．（　　）是机场飞机噪声预测的内容。

A．给出计权等效连续感觉噪声级（L_{WECPN}）包含 70 dB、75 dB 的不少于 5 条等声级线图

B．给出评价范围内声环境保护目标的计权等效连续感觉噪声级（L_{WECPN}）

C．预测高层建筑有代表性的不同楼层所受的噪声影响

D．给出高于所执行标准限值不同声级范围内的面积、户数、人口

48．噪声源控制措施主要包括（　　）。

A．选用低噪声设备、低噪声工艺

B．采取声学控制措施，如对声源采用吸声、消声、隔声、减振等措施

C．将声源设置于地下室、半地下室内

D．优先选用低噪声车辆、低噪声基础设施、低噪声路面等

E．改进工艺、设施结构和操作方法等

49．噪声传播途径控制措施主要包括（　　）。

A．设置声屏障

B．利用声源和声环境保护目标之间的围墙降低噪声

C．改进工艺、设施结构

D．利用自然地形物降低噪声

50．下列关于声环境保护目标自身防护措施的说法，正确的是（　　）。

A．声环境保护目标自身增设吸声、隔声等措施

B．优化调整建筑物平面布局、建筑物功能布局

C．声环境保护目标功能置换或拆迁

D．设置声屏障

51．噪声监测计划中应明确（　　）。

A．监测点位置　　B．监测因子

C．执行标准及其限值　　D．监测频次

E．监测分析方法

52．根据《环境影响评价技术导则　声环境》，下列关于声环境现状监测布点的说法，正确的是（　　）。

A．厂界（或场界、边界）布设监测点

B．覆盖整个评价范围

C．声环境保护目标布设监测点

D．选取有代表性的声环境保护目标的代表性楼层设置测点

53．公路、城市道路交通噪声防治措施包括（　　）。

A．通过选线方案的声环境影响预测结果比较，分析声环境保护目标受影响的程度、影响规模，提出选线方案推荐建议

B．根据工程与环境特征，给出局部线路调整、声环境保护目标搬迁、临路建筑物使用功能变更、改善道路结构和路面材料、设置声屏障和对敏感建筑物进行噪声防护等具体的措施方案及其降噪效果，并进行经济、技术可行性论证

C．根据噪声影响特点和环境特点，提出城镇规划区路段线路与敏感建筑物之间的规划调整建议

D．给出车辆行驶规定及噪声监测计划

54．关于工业企业噪声预测内容分析超标原因时，符合《环境影响评价技术导则　声环境》要求的有（　　）。

A．明确影响厂界（场界、边界）声环境质量的主要声源

B．明确影响周围声环境功能区声环境质量的主要声源

C．分析厂界（场界、边界）超标原因

D．分析声环境保护目标的超标原因

55．下列关于声环境影响评价基本任务的说法，正确的是（　　）。

A．评价建设项目实施引起的声环境质量的变化情况

B．提出合理可行的防治对策措施，降低噪声影响

C．从声环境影响角度评价建设项目实施的可行性

D．为建设项目优化选址、选线、合理布局以及国土空间规划提供科学依据

参考答案

一、单项选择题

1. C　2. D

3. A　【解析】导则对于固定声源和点声源，移动声源和线声源有明确的定义。

4. D　5. C　6. D　7. C　8. B　9. C

10. B　【解析】声级起伏较大的噪声为非稳态噪声，非稳态噪声的评价量为最大 A 声级，电梯噪声属非稳态噪声。

11. C　12. D　13. A

14. A　【解析】项目建设前后评价范围内声环境保护目标噪声级增高达 5 dB（A）以上[不含 5 dB（A）]，或受影响人口数量显著增加时，应按一级评价进行工作。HJ 2.4—2021 对于评价工作等级的划分主要从三个方面来判断（满足其中之一就可）：一是项目所处声环境功能区；二是建设前后评价范围内声环境保护目标噪声级增高量的大小，注意“声环境保护目标”；三是受建设项目影响人口的数量（具体影响人口数量导则没有界定）。

15. B　【解析】二级评价的划分条件之一：建设前后评价范围内声环境保护目标噪声级增高量为 3 ~ 5 dB（A）[注意：含 3 dB（A）和 5 dB（A）]。

16. A　【解析】据“噪声级增高量为 3 ~ 4 dB（A）”划分，应为二级，但按“受影响人口数量显著增多”划分，应为一级。在确定评价工作等级时，如建设项目符合两个以上级别的划分原则，按较高级别的评价等级评价，因此，为一级。

17. A　【解析】按“所在的声环境功能区为 3 类区”划分应为三级。“评价范围内声环境保护目标的噪声级增高量”才是划分的依据，以噪声级增高量为 5 ~ 6 dB（A）来判断，应为一级。

18. B　【解析】建设项目所处声环境功能区为 GB 3096 规定的 1 类、2 类地区，应按二级评价进行工作。1 类区指以居住、医疗卫生、文化教育、科研设计、行政办公为主的地区。2 类区指商业金融、集市贸易为主的地区，或者居住、商业、工业混杂区。

19. A　【解析】建设项目所处声环境功能区为 GB 3096 规定的 0 类功能区以及对噪声有特别限制要求的保护区等声环境保护目标，不管项目大小，都应按一级评价工作。0 类地区指康复疗养区等特别需要安静的地区。

20. B　【解析】大学所在区域属 1 类地区。

21. C　【解析】项目的大小不是划分评价等级的依据之一。

22．C 【解析】工业区属 GB 3096 规定的 3 类区。3 类区指以工业生产、仓储物流为主要功能的地区。4 类区指交通干线两侧一定距离之内，需要防止交通噪声对周围环境产生严重影响的区域，包括 4a 类、4b 类两种类型（具体分类见 GB 3096—2008）。

23．C

24．C 【解析】1 类声环境功能区为昼间 55 dB（A）、夜间 45 dB（A）。如依据建设项目声源计算得到的贡献值到 200 m 处，仍不能满足相应功能区标准值时，应将评价范围扩大到满足标准值的距离。注意这里是“贡献值”不是“预测值”。注意道路评价范围为“中心线两侧”。

25．C 26．C 27．A 28．A 29．C 30．A 31．D 32．D 33．B 34．C 35．D 36．D 37．B 38．C 39．C 40．B 41．A 42．D 43．C 44．B 45．D 46．D 47．C 48．D 49．A 50．A 51．B 52．C 53．C

54．A 【解析】高层建筑物，几何发散衰减亦即距离衰减是最主要的，其他是附带考虑的因素。

55．D 56．A 57．C 58．D

59．D 【解析】当声源为移动声源，且呈现线声源特点时，现状测点位置选取应兼顾声环境保护目标的分布状况、工程特点及线声源噪声影响随距离衰减的特点，布设在具有代表性的声环境保护目标处。

60．C 【解析】选项 A 为预测需要的基础资料，BD 属预测后的评价内容。

61．A 【解析】本题考查点声源的概念。

62．A 63．B

64．C 【解析】导则附录 B 表 B.1。

二、不定项选择题

1．BD 2．AC

3．ABC 【解析】声环境功能区的环境质量评价量为昼间等效声级、夜间等效声级，夜间突发噪声的评价量为最大 A 声级。

4．ABCE 5．ABD 6．ACD 7．AC 8．ABCE 9．ACD 10．BD 11．BD 12．ABD 13．ACD 14．ABC 15．ABC 16．ABCD 17．ABCD 18．AB 19．ABCDE 20．ABC 21．ABCD 22．ABCDE 23．ABC 24．ABCDE 25．ABCD 26．ABCD 27．AD 28．ABCD 29．ABD 30．ACD

31．BCD 【解析】选项 A 的正确说法是：布点应覆盖整个评价范围，包括厂界（或场界、边界）和声环境保护目标。

32. ABC　33. BD　34. ACD　35. ABCDE　36. AD　37. AC　38. ABCDE　39. ACDE　40. BC　41. ABC　42. ABCD

43. ABCDE　【解析】其他衰减包括通过工业场所的衰减等。

44. ABCD

45. ABC　【解析】选项 E 是机场飞机噪声预测的内容。选项 D 的错误在于：绘制代表性路段的等声级线图是按贡献值，而不是按预测值。

46. ABCD　47. ABD　48. ABCDE　49. ABD

50. ABC　【解析】选项 D 属于噪声传播途径控制措施。

51. ABCDE　52. ABCD　53. ABCD　54. ABCD

55. ABCD　【解析】导则 4.1 原文："评价建设项目实施引起的声环境质量的变化情况；提出合理可行的防治对策措施，降低噪声影响；从声环境影响角度评价建设项目实施的可行性；为建设项目优化选址、选线、合理布局以及国土空间规划提供科学依据。"

第二节　相关声环境标准

一、单项选择题（每题的备选项中，只有一个最符合题意）

1．0类声环境功能区执行的环境噪声昼夜标准值分别是（　　）dB。

A．70、55　　B．55、45　　C．50、40　　D．60、50

2．1类声环境功能区执行的环境噪声昼夜标准值分别是（　　）dB。

A．55、45　　B．65、55　　C．50、40　　D．60、50

3．2类声环境功能区执行的环境噪声昼夜标准值分别是（　　）dB。

A．50、40　　B．65、55　　C．55、45　　D．60、50

4．3类声环境功能区执行的环境噪声昼夜标准值分别是（　　）dB。

A．55、45　　B．65、55　　C．50、40　　D．60、50

5．4a类声环境功能区执行的环境噪声昼夜标准值分别是（　　）dB。

A．70、55　　B．65、55　　C．70、60　　D．60、50

6．以集市贸易为主的区域执行的环境噪声昼夜标准值分别是（　　）dB。

A．50、35　　B．50、40　　C．50、45　　D．60、50

7．城市工业区执行的环境噪声昼夜标准值分别是（　　）dB。

A．55、45　　B．65、55　　C．50、40　　D．60、50

8．城市居住、商业、工业混杂区执行的环境噪声昼夜标准值分别是（　　）dB。

A．55、45　　B．65、55　　C．50、40　　D．60、50

9．城市康复疗养区执行的环境噪声昼夜标准值分别是（　　）dB。

A．55、45　　B．65、55　　C．50、40　　D．60、50

10．铁路干线两侧区域执行的环境噪声昼夜标准值分别是（　　）。

A．60、50　　B．65、55　　C．70、55　　D．70、60

11．城市中小学区域执行的环境噪声昼夜标准值分别是（　　）dB。

A．50、40　　B．55、45　　C．70、55　　D．70、60

12．4b类声环境功能区环境噪声限值，适用于（　　）起环境影响评价文件通过审批的新建铁路（含新开廊道的增建铁路）干线建设项目两侧区域。

A．2008年10月1日　　B．2009年1月1日

C．2011年1月1日　　D．2012年1月1日

13．某铁路项目穿越某市城区，于2007年4月1日建成，2008年12月30日获得改建的环境影响评价的批文，则该铁路干线两侧区域不通过列车时的环境背景

噪声限值，执行的昼夜标准值分别是（　　）dB。

A．50、40　　B．55、45　　C．70、55　　D．70、60

14．各类声环境功能区夜间突发的噪声，其最大声级超过环境噪声限值的幅度不得高于（　　）dB。

A．10　　B．25　　C．20　　D．15

15．位于乡村的康复疗养区执行（　　）声环境功能区要求。

A．0 类　　B．1 类　　C．2 类　　D．3 类

16．乡村村庄原则上执行的环境噪声昼夜标准值分别是（　　）dB。

A．55、45　　C．50、40　　B．65、55　　D．60、50

17．乡村集镇执行的环境噪声昼夜标准值分别是（　　）dB。

A．55、45　　B．65、55　　C．50、40　　D．60、50

18．乡村中，独立于村庄、集镇之外的工业、仓储集中区执行的环境噪声昼夜标准值分别是（　　）dB。

A．55、45　　B．65、55　　C．50、40　　D．60、50

19．乡村中，位于交通干线两侧一定距离内的噪声敏感建筑物执行（　　）声环境功能区要求。

A．3 类　　B．4 类　　C．4a 类　　D．4b 类

20．一般户外、噪声敏感建筑物户外、噪声敏感建筑物室内进行环境噪声的测量时，距地面高度的共同要求是（　　）。

A．≥1.2 m　　B．≥1.5 m　　C．≥1 m　　D．以上都不对

21．一般户外进行环境噪声的测量时，距离任何反射物（地面除外）至少（　　）m 以外测量，距地面高度 1.2 m 以上。

A．1.5　　B．2.5　　C．3.5　　D．4

22．在一般户外进行环境噪声的测量时，如使用监测车辆测量，传声器应固定在车顶部（　　）m 高度处。

A．≥1.2　　B．1.5　　C．1.2～1.5　　D．1.2

23．在噪声敏感建筑物户外进行环境噪声的测量时，在噪声敏感建筑物外，距墙壁或窗户（　　）m 处，距地面高度 1.2 m 以上测量。

A．1　　B．1.2　　C．1.2～1.5　　D．1.5

24．在噪声敏感建筑物室内进行环境噪声的测量时，距离墙面和其他反射面至少 1 m，距窗约（　　）m 处，距地面 1.2～1.5 m 高测量。

A．1　　B．1.2　　C．1.2～1.5　　D．1.5

25．混合区、商业中心区执行城市区域铅垂向 Z 振级昼夜标准值分别是（　　）dB。

A. 65、65　B. 75、72　C. 70、65　D. 70、67

26.《城市区域环境振动标准》规定：每日发生几次的冲击振动，其最大值昼间不允许超过标准值（　　）dB，夜间不超过（　　）dB。

A. 5　2　B. 12　5　C. 10　3　D. 15　5

27. 某公路两侧，每日发生几次冲击振动，其最大值夜间不超过（　　）dB。

A. 85　B. 83　C. 75　D. 78

28. 铁路干线两侧执行城市区域铅垂向Z振级昼夜标准值分别是（　　）dB。

A. 70、70　B. 75、72　C. 80、80　D. 70、67

29. 特殊住宅区执行城市区域铅垂向Z振级昼夜标准值分别是（　　）dB。

A. 65、65　B. 75、72　C. 80、80　D. 70、67

30. 工业集中区执行城市区域铅垂向Z振级昼夜标准值分别是（　　）dB。

A. 75、65　B. 75、72　C. 80、80　D. 70、67

31.《工业企业厂界环境噪声排放标准》规定了工业企业和固定设备（　　）环境噪声排放限值及其测量方法。

A. 四周　B. 厂界　C. 区域　D. 范围

32. 据《工业企业厂界环境噪声排放标准》，1类声环境功能区执行厂界环境噪声昼夜排放限值分别是（　　）dB。

A. 50、40　B. 65、55　C. 55、45　D. 60、50

33. 据《工业企业厂界环境噪声排放标准》，4类声环境功能区执行的厂界环境噪声昼夜排放限值分别是（　　）dB。

A. 50、40　B. 65、55　C. 70、60　D. 70、55

34. 据《工业企业厂界环境噪声排放标准》，夜间频发噪声的最大声级超过限值的幅度不得高于（　　）dB（A）。

A. 20　B. 5　C. 15　D. 10

35. 据《工业企业厂界环境噪声排放标准》，夜间偶发噪声的最大声级超过限值的幅度不得高于（　　）dB（A）。

A. 20　B. 5　C. 15　D. 10

36. 据《工业企业厂界环境噪声排放标准》，当厂界与噪声敏感建筑物距离小于（　　）时，厂界环境噪声应在噪声敏感建筑物的室内测量，并将相应噪声限值减（　　）作为评价依据。

A. 1.5 m　10 dB（A）　B. 1 m　10 dB（A）

C. 1 m　5 dB（A）　D. 2 m　5 dB（A）

37. 据《工业企业厂界环境噪声排放标准》，当厂界与噪声敏感建筑物距离小于1 m 时，厂界环境噪声应在（　　）测量。

A．厂界外 0.5 m　　B．噪声敏感建筑物的室内

C．噪声敏感建筑物的室外 0.2 m　　D．噪声敏感建筑物的室外

38．据《工业企业厂界环境噪声排放标准》，一般情况下，测点选在工业企业厂界外（　　）m、高度（　　）m 以上、距任一反射面距离不小于 0.5 m 的位置。

A．0.8　1　　B．1.2　1　　C．1　1.2　　D．1　1.5

39．室内噪声测量时，室内测量点位设在距任一反射面 0.5 m 以上、距地面 1.2 m 高度处，在（　　）状态下测量。

A．受噪声影响方向的窗户开启　　B．受噪声影响方向的窗户关闭

C．未受噪声影响方向的窗户开启　　D．未受噪声影响方向的窗户关闭

40．当厂界有围墙且周围有受影响的噪声敏感建筑物时，测点应选在厂界外（　　）m、高于围墙（　　）m 以上的位置。

A．1，0.2　　B．1，0.5　　C．1，0.8　　D．0.5，1

41．《建筑施工场界环境噪声排放标准》适用于（　　）建筑施工噪声排放的管理、评价及控制。

A．周围有噪声敏感建筑物的　　B．抢修施工过程中

C．抢险施工过程中　　D．所有

42．《建筑施工场界环境噪声排放标准》不适用于（　　）。

A．通信工程施工过程中产生噪声的管理、评价及控制

B．市政工程施工过程中产生噪声的管理、评价及控制

C．抢修、抢险施工过程中产生噪声的管理、评价及控制

D．交通工程施工过程中产生噪声的管理、评价及控制

43．据《建筑施工场界环境噪声排放标准》，建筑施工场界环境噪声排放限值是（　　）。

A．昼间≤70 dB（A）、夜间≤50 dB（A）

B．昼间≤70 dB（A）、夜间≤55 dB（A）

C．昼间≤60 dB（A）、夜间≤50 dB（A）

D．昼间≤65 dB（A）、夜间≤55 dB（A）

44．据《建筑施工场界环境噪声排放标准》，施工期间，测量连续（　　）min 的等效声级，夜间同时测量最大声级。

A．20　　B．1　　C．5　　D．30

45．据《建筑施工场界环境噪声排放标准》，各种打桩机在城市建筑施工时，噪声昼夜限值分别是（　　）。

A．75 dB、禁止施工　　B．85 dB、禁止施工

C．70 dB、55 dB　　D．70 dB、60 dB

46. 据《建筑施工场界环境噪声排放标准》，某建筑物施工时，场界距噪声敏感建筑物较近，其室外不满足测量条件，在噪声敏感建筑物室内测量，则所测场界噪声的评价依据为（　　）。

A. 昼间≤60 dB（A）、夜间≤50 dB（A）

B. 昼间≤70 dB（A）、夜间≤55 dB（A）

C. 昼间≤60 dB（A）、夜间≤45 dB（A）

D. 昼间≤65 dB（A）、夜间≤50 dB（A）

47. 据《建筑施工场界环境噪声排放标准》，建筑施工场界夜间噪声最大声级超过限值的幅度不得高于（　　）dB（A）。

A. 5　　B. 10　　C. 15　　D. 20

48. 据《建筑施工场界环境噪声排放标准》，背景噪声值比噪声测量值（　　）以上时，噪声测量值不做修正。

A. 低 5 dB（A）　　B. 低 10 dB（A）

C. 高 5 dB（A）　　D. 高 10 dB（A）

49.《社会生活环境噪声排放标准》（GB 22337—2008）的适用范围是（　　）。

A. 营业性文化娱乐场所、事业单位、团体使用的向环境排放噪声的设备、设施的管理、评价与控制

B. 营业性文化娱乐场所、商业经营活动中使用的向环境排放噪声的设备、设施的管理、评价与控制

C. 营业性商业经营活动中使用的向环境排放噪声的设备、设施的管理、评价与控制

D. 营业性文化娱乐场所、商业经营活动中使用的向环境排放噪声的设备、设施的评价

50. 据《社会生活环境噪声排放标准》，某电影院附近 10 m 处有一所学校，则该电影院执行的昼夜噪声排放限值分别是（　　）dB。

A. 55、45　　B. 50、40　　C. 60、50　　D. 65、55

51. 据《社会生活环境噪声排放标准》，某文化娱乐设施拟建在物流中心内，则该文化娱乐设施执行的昼夜噪声排放限值分别是（　　）dB。

A. 55、45　　B. 50、40　　C. 60、50　　D. 65、55

52. 据《社会生活环境噪声排放标准》，某商场拟建在城市快速路附近，则该商场执行的昼夜噪声排放限值分别是（　　）dB。

A. 50、40　　B. 55、45　　C. 65、55　　D. 70、55

53. 据《社会生活环境噪声排放标准》，某 KTV 拟建在铁路干线南侧区域，环境影响评价时，该 KTV 执行的昼夜噪声排放限值分别是（　　）dB。

A．55、45　　B．60、50　　C．70、60　　D．70、55

54．据《社会生活环境噪声排放标准》，某 KTV 拟建在乡村集镇内，环境影响评价时，该 KTV 执行的昼夜噪声排放限值分别是（　　）dB。

A．55、45　　B．60、50　　C．70、60　　D．70、55

55．据《社会生活环境噪声排放标准》，某电影院拟建在乡村村庄内，环境影响评价时，该电影院执行的昼夜噪声排放限值分别是（　　）dB。

A．55、45　　B．60、50　　C．70、60　　D．70、55

56．据《社会生活环境噪声排放标准》，某歌舞厅位于居住、商业、工业混杂区，距最近的住宅楼只有 0.9 m，则该歌舞厅执行的昼夜噪声排放限值分别是（　　）dB。

A．55、45　　B．50、40　　C．60、50　　D．65、55

57．据《社会生活环境噪声排放标准》，在社会生活噪声排放源边界处无法进行噪声测量或测量的结果不能如实反映其对噪声敏感建筑物的影响程度的情况下，噪声测量应在可能受影响的敏感建筑物（　　）进行。

A．窗内 1 m 处　　B．窗外 1.2 m 处

C．窗外 1 m 处　　D．窗外 1.5 m 处

58．据《社会生活环境噪声排放标准》，社会生活环境噪声测量应在无雨雪、无雷电天气，风速为（　　）m/s 以下时进行。

A．2　　B．3　　C．4　　D．5

59．据《社会生活环境噪声排放标准》，在社会生活噪声排放源测点布设时，一般情况下，测点选在社会生活噪声排放源边界外（　　）m、高度（　　）m 以上、距任一反射面距离不小于（　　）m 的位置。

A．1　1.5　1　　B．1　1.2　1　　C．1.2　1.5　1.5　　D．1　1　0.5

60．据《社会生活环境噪声排放标准》，在社会生活噪声排放源测点布设时，当边界有围墙且周围有受影响的噪声敏感建筑物时，测点应选在边界外 1 m、高于围墙（　　）m 以上的位置。

A．0.5　　B．0.8　　C．1　　D．1.2

61．据《社会生活环境噪声排放标准》，在社会生活噪声排放源测点布设时，当边界无法测量到声源的实际排放状况时（如声源位于高空、边界设有声屏障等），除按一般情况设置测点外，同时在受影响的噪声敏感建筑物（　　）另设测点。

A．户内 1 m 处　　B．户外 1.5 m 处

C．户外 2 m 处　　D．户外 1 m 处

62．据《社会生活环境噪声排放标准》，在社会生活噪声排放源测点布设时，室内噪声测量时，噪声测量点位设在距任一反射面 0.5 m 以上、距地面 1.2 m 高度处，在（　　）测量。

A．未受噪声影响方向的窗户开启状态下

B．受噪声影响方向的窗户关闭状态下

C．受噪声影响方向的窗户开启状态下

D．未受噪声影响方向的窗户关闭状态下

63．据《社会生活环境噪声排放标准》，社会生活噪声排放源的固定设备结构传声至噪声敏感建筑物室内，在噪声敏感建筑物室内测量时，测点应距任一反射面 0.5 m、距地面 1.2 m、距外窗 1 m 以上，（　　）测量。

A．窗户关闭状态下　　B．窗户半开启状态下

C．窗户开启状态下　　D．窗户外

64．据《社会生活环境噪声排放标准》，对于社会生活噪声排放源的测量结果，噪声测量值与背景噪声值相差（　　）dB（A）时，噪声测量值不做修正。

A．大于 5　　B．大于 8　　C．大于 10　　D．大于 15

65．据《社会生活环境噪声排放标准》，对于社会生活噪声排放源的测量结果，噪声测量值与背景噪声值相差在（　　）dB（A）时，噪声测量值应进行修正。

A．3～10　　B．2～10　　C．5～10　　D．6～10

66．据《社会生活环境噪声排放标准》，某社会生活噪声排放源测量值为 53.6 dB（A），背景噪声值为 50.1 dB（A），则噪声测量值修正后为（　　）dB（A）。

A．53.6　　B．51.6　　C．50.6　　D．52.6

67．据《社会生活环境噪声排放标准》，某社会生活噪声排放源测量值为 60.1 dB（A），背景噪声值为 56.0 dB（A），则噪声测量值修正后为（　　）dB（A）。

A．58.1　　B．60.1　　C．55.1　　D．59.1

68．据《社会生活环境噪声排放标准》，某社会生活噪声排放源测量值为 66.7 dB（A），背景噪声值为 58.3 dB（A），则噪声测量值修正后为（　　）dB（A）。

A．63.7　　B．65　　C．64.7　　D．65.7

69．依据《工业企业厂界环境噪声排放标准》，某企业锅炉排气口邻近厂界，评价该处厂界环境噪声测量结果时，必须采用的评价量是（　　）。

A．昼间、夜间声压级和昼间、夜间最大声级

B．昼间、夜间等效连续 A 声级和夜间最大声级

C．昼间、夜间等效连续 A 声级和昼间最大声级

D．昼间、夜间倍频带声压级和昼间、夜间最大声级

70．依据《社会生活环境噪声排放标准》，评价商场楼顶空调冷却塔噪声对临近居民住宅楼影响时，必须选择的评价量是（　　）。

A．昼间、夜间等效声级　　B．冷却塔工作时段等效声级

C．昼间、夜间最大声级　　D．冷却塔昼间工作时段最大声级

71．依据《声环境质量标准》，在进行环境噪声测量时，下列噪声监测点布置正确的是（　　）。

A．一般户外测点距离任何反射面（地面除外）1.0 m

B．在噪声敏感建筑物外，测点距墙壁或窗户 1 m，距地面 1.2 m 以上

C．在噪声敏感建筑物室内，测点距离墙面或其他反射面 0.5 m

D．在噪声敏感建筑物室内，关闭门窗情况下，测点布置于室内中央，距地面 1.2 m 以上

72．平原地区城市轨道交通（地面段）经过 1 类声环境功能区，依据《声环境质量标准》，距外侧轨道中心线 30 m 处的临街建筑对应的声环境功能区类别应是（　　）类。

A．1　　B．2　　C．4a　　D．4b

73．位于城市商业中心区的居民住宅，在《城市区域环境振动标准》中对应的“适用地带范围”是（　　）。

A．特殊住宅区　　B．居民、文教区

C．混合区、商业中心区　　D．工业集中区

74．下列噪声源适用《社会生活环境噪声排放标准》的是（　　）。

A．学校广播喇叭　　B．购物广场广播喇叭

C．机车风笛　　D．工厂广播喇叭

75．位于 1 类声环境功能区的某居民住宅楼 1 层为文化娱乐厅，依据《社会生活环境噪声排放标准》，评价该居民住宅楼卧室受文化娱乐厅固定设备结构传播噪声影响的等效声级不得超过（　　）。

A．昼间 40 dB，夜间 30 dB　　B．昼间 45 dB，夜间 35 dB

C．昼间 50 dB，夜间 40 dB　　D．昼间 55 dB，夜间 45 dB

76．机场周围区域拟建一建筑材料厂，该厂运行期的声环境影响评价应执行的标准为（　　）。

A．《建筑施工场界噪声限值》《声环境质量标准》

B．《工业企业厂界环境噪声排放标准》《声环境质量标准》

C．《建筑施工场界噪声限值》《机场周围飞机噪声环境标准》

D．《工业企业厂界环境噪声排放标准》《机场周围飞机噪声环境标准》

77．根据《工业企业厂界环境噪声排放标准》，邻近货场货物装卸区一侧厂界处夜间噪声评价量应包括（　　）。

A．频发声级和偶发声级　　B．脉冲声级和最大声级

C．等效声级和最大声级　　D．稳态声级和非稳态声级

78．某娱乐场所边界背景噪声值为 52 dB，正常营业时噪声测量值为 54 dB。根

据《社会生活环境噪声排放标准》，确定该娱乐场所在边界处排放的噪声级时测量结果的修正为（　　）。

A．无须修正

B．修正值为−3 dB

C．修正值为−4 dB

D．应采取措施降低背景噪声后重新测量，再按要求进行修正

79．下列环境噪声监测点布设符合《声环境质量标准》的是（　　）。

A．一般户外测点距任何反射面1 m处，距地面高度1.0 m以上

B．噪声敏感建筑物室内测点距墙壁或窗户1 m处，距地面高度1.2 m以上

C．噪声敏感建筑物户外测点距墙壁或窗户1 m处，距地面高度1.2 m以上

D．噪声敏感建筑物室内、户外测点均需距墙壁或窗户1 m处，距地面高度1.2 m以上

二、不定项选择题（每题的备选项中至少有一个符合题意）

1．不适用于《声环境质量标准》的是（　　）。

A．5类声环境功能区的环境噪声限值

B．声环境质量评价与管理

C．5类声环境功能区的环境噪声测量方法

D．机场周围区域受飞机通过（起飞、降落、低空飞越）噪声的评价与管理

2．据《声环境质量标准》，（　　）情况，铁路干线两侧区域不通过列车时的环境背景噪声限值按昼间70 dB（A）、夜间55 dB（A）执行。

A．2010年12月31日后建成运营的铁路

B．对穿越城区的既有铁路干线进行改建的铁路建设项目

C．2011年1月1日后建成运营的铁路

D．穿越城区的既有铁路干线

E．对穿越城区的既有铁路干线进行扩建的铁路建设项目

3．据《声环境质量标准》，（　　）交通干线两侧一定距离之内属4a类声环境功能区。

A．城市轨道交通（地面段）　　B．内河航道两侧区域

C．城市次干路　　D．二级公路

E．高速公路

4．据《声环境质量标准》，（　　）情况，交通干线两侧一定距离之内的环境噪声限值按昼间70 dB（A），夜间55 dB（A）执行。

A．高速公路　　B．一级公路

C．城市次干路　　　　　　　　　　D．城市主干路

E．2011 年 1 月 1 日获得环境影响评价文件审批的铁路干线

5．《工业企业厂界环境噪声排放标准》规定了（　　）。

A．工业企业和固定设备厂界环境噪声排放限值

B．社会生活中可能产生环境噪声污染的设备、设施边界噪声排放限值

C．工厂及有可能造成噪声污染的企事业单位的边界噪声排放限值

D．工业企业和固定设备厂界环境噪声测量方法

6．《工业企业厂界环境噪声排放标准》适用于（　　）。

A．营业性文化娱乐场所使用的向环境排放噪声的设备、设施的管理、评价

B．工业企业和固定设备噪声排放的管理、评价及控制

C．商业活动中可能产生环境噪声污染的设备、设施边界噪声排放限值

D．机关、事业单位、团体等对外环境排放噪声的单位

7．据《工业企业厂界环境噪声排放标准》，下列关于工业企业厂界环境噪声测量结果评价的说法，正确的是（　　）。

A．同一测点每天的测量结果按昼间、夜间进行评价

B．各个测点的测量结果加权后评价

C．最大声级 L_{max} 直接评价

D．各个测点的测量结果应单独评价

8．下列（　　）行为不属于《建筑施工场界环境噪声排放标准》的适用范围。

A．抢修施工过程中产生噪声的排放监管

B．抢险施工过程中产生噪声的排放监管

C．已竣工交付使用的住宅楼进行室内装修活动

D．某建筑物在学校附近进行基础工程施工

9．据《建筑施工场界环境噪声排放标准》，下列关于场界噪声的测量，说法错误的是（　　）。

A．测量应在无雨雪、无雷电天气，风速为 5 m/s 以下时进行

B．测点应设在对噪声敏感建筑物影响较小、距离较远的位置

C．施工期间，测量连续 10 min 的等效声级，夜间同时测量最大声级

D．背景噪声测量，稳态噪声测量 1 min 的等效声级，非稳态噪声测量 20 min 的等效声级

10．据《建筑施工场界环境噪声排放标准》，下列关于场界噪声测量结果评价的有关规定，说法正确的有（　　）。

A．各个测点的测量结果应单独评价

B．各个测点的测量结果应平均后评价

C．最大声级 L_{Amax} 平均后评价

D．最大声级 L_{Amax} 直接评价

11．下列行为中适用于《社会生活环境噪声排放标准》（GB 22337—2008）的是（　　）。

A．团体对外环境排放噪声的评价

B．营业性文化娱乐场所使用的向环境排放噪声的设备、设施的评价

C．商业经营活动中使用的向环境排放噪声的设备、设施的管理、控制

D．事业单位对外环境排放噪声的管理

12．下列活动（场所）中适用于《社会生活环境噪声排放标准》（GB 22337—2008）的是（　　）。

A．商场　　B．高等院校　　C．电影院　　D．医院

13．据《社会生活环境噪声排放标准》，在社会生活噪声排放源边界布设多个测点时，其中应包括（　　）的位置。

A．距噪声敏感建筑物较近　　B．距噪声敏感建筑物较远

C．受被测声源影响大　　D．受被测声源影响小

14．据《社会生活环境噪声排放标准》，下列关于社会生活环境噪声测点位置的说法，正确的是（　　）。

A．社会生活噪声排放源的固定设备结构传声至噪声敏感建筑物室内，在噪声敏感建筑物室内测量时，被测房间内的电视机、空调应关闭

B．一般情况下，测点选在社会生活噪声排放源边界外 1 m、高度 1.2 m 以上、距任一反射面距离不小于 1.5 m 的位置

C．当声源边界设有声屏障时，除按一般情况设置测点外，同时应在受影响的噪声敏感建筑物户外 1 m 处另设测点

D．室内噪声测量时，室内测量点位设在距任一反射面 1 m 以上、距地面 1.2 m 高度处，在受噪声影响方向的窗户开启状态下测量

15．据《社会生活环境噪声排放标准》，下列关于社会生活环境噪声测量时段的说法，错误的是（　　）。

A．分别在昼间、夜间两个时段测量

B．夜间如有频发、偶发噪声影响时应同时测量最小声级

C．被测声源是非稳态噪声，采用 1 min 的等效声级

D．被测声源是稳态噪声，测量被测声源有代表性时段的等效声级，必要时测量被测声源整个正常工作时段的等效声级

16．据《社会生活环境噪声排放标准》，下列关于社会生活环境噪声背景噪声测量的说法，正确的是（　　）。

A．背景噪声测量时段时间长度应大于被测声源测量的时间长度

B．背景噪声测量时段时间长度应等于被测声源测量的时间长度

C．背景噪声测量时段时间长度应小于被测声源测量的时间长度

D．背景噪声测量环境应不受被测声源影响且其他声环境与测量被测声源时保持一致

17．据《社会生活环境噪声排放标准》，下列关于社会生活环境噪声测量结果评价的说法，正确的是（　　）。

A．同一测点每天的测量结果按昼间、夜间进行评价

B．各个测点的测量结果加权后评价

C．最大声级 L_{max} 平均后评价

D．各个测点的测量结果应单独评价

18．《声环境质量标准》适用的区域包括（　　）。

A．城市规划区　　B．乡村

C．铁路干线两侧　　D．机场周围受飞机通过所产生噪声影响的区域

19．下列属于《工业企业厂界环境噪声排放标准》规定的内容有（　　）。

A．工业企业和固定设备厂界昼间最大声级限值

B．工业企业和固定设备厂界环境噪声排放限值

C．工业企业和固定设备厂界环境噪声测量方法

D．工业企业和固定设备厂界环境噪声测量结果修正方法

20．依据《工业企业厂界环境噪声排放标准》，下列厂界环境噪声测量方法的说法，正确的是（　　）。

A．测量应在无雨雪、无雷电、风速小于 10 m/s 的天气下进行

B．当厂界有围墙，应在厂界外 1 m、高于围墙 0.5 m 以上位置设置测点

C．每次测量前、后在测量现场应对测量仪器进行声学校准，前、后校准示值偏差不得大于 1.0 dB

D．当厂界设有声屏障，除在厂界外 1 m、高度 1.2 m 以上设置测点外，同时在受影响敏感建筑物户外 1 m 处另设测点

21．根据《声环境质量标准》，关于 3 类声环境功能区突发噪声限值的说法，正确的是（　　）。

A．昼间突发噪声最大声级不高于 75 dB

B．夜间突发噪声最大声级不高于 65 dB

C．昼间突发噪声最大声级不高于 70 dB

D．夜间突发噪声最大声级不高于 70 dB

22．下列产生结构传播噪声的声源中，适用《工业企业厂界环境噪声排放标准》的有（　　）。

A．铁路列车　　B．空压机

C．住宅楼集中供热水泵　　D．罗茨风机

参考答案

一、单项选择题

1．C　2．A

3．D　【解析】除4a类环境区域的昼夜标准值相差15 dB，其他类别昼夜标准值相差10 dB。每类的昼夜标准值依次相差5 dB，当然3类和4a类的夜间标准值55 dB是不变的。也就是说记住了0类昼夜标准值50 dB和40 dB，按上述原则可推出其他类别的昼夜标准值。

4．B　5．A　6．D

7．B　【解析】城市工业区属3类区。

8．D　【解析】城市居住、商业、工业混杂区属2类区。

9．C　【解析】0类声环境功能区指康复疗养区等特别需要安静的区域。

10．D　【解析】4b类标准适用于铁路干线两侧区域。4a类标准适用于高速公路、一级公路、二级公路、城市快速路、城市主干路、城市次干路、城市轨道交通（地面段）、内河航道两侧区域。

11．B　【解析】1类标准适用于以居民住宅、医疗卫生、文化教育、科研设计、行政办公为主要功能，需要保持安静的区域。

12．C

13．C　【解析】下列两种情况，铁路干线两侧区域不通过列车时的环境背景噪声限值按昼间70 dB（A）、夜间55 dB（A）执行。一是穿越城区的既有铁路干线；二是对穿越城区的既有铁路干线进行改建、扩建的铁路建设项目。既有铁路是指2010年12月31日前已建成运营的铁路或环境影响评价文件已通过审批的铁路建设项目。

14．D

15．A　【解析】位于乡村的康复疗养区执行0类声环境功能区要求。

16．A　【解析】村庄原则上执行1类声环境功能区要求，工业活动较多的村庄以及有交通干线经过的村庄（指执行4类声环境功能区要求以外的地区）可局部或全部执行2类声环境功能区要求。

17．D　【解析】集镇执行2类声环境功能区要求。

18. B　【解析】独立于村庄、集镇之外的工业、仓储集中区执行 3 类声环境功能区要求。

19. B　【解析】位于交通干线两侧一定距离内（参考 GB/T 15 190 第 8.3 条规定）的噪声敏感建筑物执行 4 类声环境功能区要求。

20. A　21. C　22. D　23. A　24. D

25. B　【解析】此知识的记忆要点是：①特殊住宅区执行的昼夜标准值相同，65 dB；铁路干线两侧执行的昼夜标准值相同，80 dB。②混合区、商业中心区、工业集中区、交通干线道路两侧执行的昼夜标准值相同，都是 75 dB（昼）、72 dB（夜）。③居民、文教区执行的昼夜标准值分别是 70 dB、67 dB。

26. C

27. C　【解析】《城市区域环境振动标准》规定：每日发生几次的冲击振动，其最大值昼间不允许超过标准值 10 dB，夜间不超过 3 dB。而交通干线两侧执行的铅垂向 Z 振级标准值昼夜标准值分别是 75 dB、72 dB。

28. C　29. A　30. B　31. B

32. C　【解析】《工业企业厂界环境噪声排放标准》《社会生活环境噪声排放标准》《声环境质量标准》的比较：①适用的类别都是用阿拉伯字母表示。以前的排放标准是用希腊字母表示。②适用的类别都是五类，但是《声环境质量标准》的 4 类再分了 4a 类和 4b 类。③各种类别的昼间夜间标准值两者基本一致。各类标准适用范围基本一致。

各种类别的昼间夜间标准值请各位考生记住，因为考试大纲在三个标准中都有相应的要求。

环境噪声限值（《声环境质量标准》）　　单位：dB（A）

类别		昼间	夜间
0		50	40
1		55	45
2		60	50
3		65	55
4	4a	70	55
	4b	70	60

五种类型声环境功能区适用范围：

按区域的使用功能特点和环境质量要求，声环境功能区分为以下五种类型：

0类声环境功能区：指康复疗养区等特别需要安静的区域。

1类声环境功能区：指以居民住宅、医疗卫生、文化教育、科研设计、行政办公为主要功能，需要保持安静的区域。

2类声环境功能区：指以商业金融、集市贸易为主要功能，或者居住、商业、工业混杂，需要维护住宅安静的区域。

3类声环境功能区：指以工业生产、仓储物流为主要功能，需要防止工业噪声对周围环境产生严重影响的区域。

4类声环境功能区：指交通干线两侧一定距离之内，需要防止交通噪声对周围环境产生严重影响的区域，包括4a类和4b类两种类型。4a类为高速公路、一级公路、二级公路、城市快速路、城市主干路、城市次干路、城市轨道交通（地面段）、内河航道两侧区域；4b类为铁路干线两侧区域。

工业企业厂界和社会生活噪声排放源边界噪声排放限值　　单位：dB（A）

类别	昼间	夜间
0	50	40
1	55	45
2	60	50
3	65	55
4	70	55

33．D　34．D　35．C　36．B　37．B

38．C　【解析】《工业企业厂界环境噪声排放标准》和《社会生活环境噪声排放标准》中的测量方法基本相同，相关的大部分习题在《社会生活环境噪声排放标准》中出现。

39．A　40．B

41．A　【解析】噪声敏感建筑物是指医院、学校、机关、科研单位、住宅等需要保持安静的建筑物。

42．C　【解析】市政、通信、交通、水利等其他类型的施工噪声排放可参照该标准执行。该标准不适用于抢修、抢险施工过程中产生噪声的排放监管。

43．B　44．A　45．C

46．C　【解析】当场界距噪声敏感建筑物较近，其室外不满足测量条件时，可在噪声敏感建筑物室内测量，并将相应的限值减10 dB（A）作为评价依据。

47. C　48. B　49. B　50. A

51. D　【解析】物流中心属于 3 类声环境功能区，执行 3 类标准。

52. D

53. D　【解析】铁路干线两侧区域属 4b 类声环境功能区，但《社会生活环境噪声排放标准》中的边界噪声排放限值只有 4 类，没有细分，因此，答案为 D 非 C。

54. B　【解析】据《声环境质量标准》(GB 3096—2008) 乡村声环境功能的确定原则是：集镇执行 2 类声环境功能区要求。因此，答案为 B。

55. A　【解析】据《声环境质量标准》(GB 3096—2008) 乡村声环境功能的确定原则是：村庄原则上执行 1 类声环境功能区要求，工业活动较多的村庄以及有交通干线经过的村庄（指执行 4 类声环境功能区要求以外的地区）可局部或全部执行 2 类声环境功能区要求。因此，答案为 A。

56. B　【解析】居住、商业、工业混杂区属 2 类声环境功能区，边界外执行 2 类标准（60 dB、50 dB），但因为距最近的住宅楼只有 0.9 m，小于 1 m，按《社会生活环境噪声排放标准》的 4.1.3 规定："当社会生活噪声排放源边界与噪声敏感建筑物距离小于 1 m 时，应在噪声敏感建筑物的室内测量，并将相应的边界噪声排放限值减 10 dB（A）作为评价依据。"因此，答案为 B。

57. C　【解析】按《社会生活环境噪声排放标准》的 4.1.2 规定："在社会生活噪声排放源边界处无法进行噪声测量或测量的结果不能如实反映其对噪声敏感建筑物的影响程度的情况下，噪声测量应在可能受影响的敏感建筑物窗外 1 m 处进行。"

58. D　59. B　60. A　61. D　62. C　63. A　64. C　65. A

66. C　【解析】噪声测量值与背景噪声值相差 3.5 dB（A），取整后为 3 dB（A），则修正值为−3，噪声测量值修正后为 50.6 dB（A）。

67. A　【解析】噪声测量值与背景噪声值相差 4.1 dB（A），取整后为 4 dB（A），则修正值为−2，噪声测量值修正后为 58.1 dB（A）。

68. D　【解析】噪声测量值与背景噪声值相差 8.4 dB（A），取整后为 8 dB（A），则修正值为−1，噪声测量值修正后为 65.7 dB（A）。

69. B　【解析】锅炉排气属频发噪声。除测量昼间、夜间等效连续 A 声级以外，夜间有频发、偶发噪声影响时同时测量最大声级。

70. A　【解析】空调冷却塔噪声属于稳态噪声。

71. B　【解析】选项 A 应为"3.5 m"，选项 C 应为"1 m"，选项 D 在《声环境质量标准》中没有此说法。

72. C　【解析】4b 类为铁路干线两侧区域。

73. C 【解析】“城市商业中心区的居民住宅”属“混合区”。

74. B

75. A 【解析】1类声环境功能区边界噪声排放限值为：昼间55 dB、夜间45 dB。1类声环境功能区固定设备结构传播室内噪声排放限值A类房间为昼间40 dB、夜间30 dB。此题考查得较细。

76. D

77. C 【解析】货场货物装卸属频发噪声，夜间有频发、偶发噪声影响时同时测量最大声级。

78. D 【解析】本题考查测量结果的修正要求，有三种情况。噪声测量值与背景噪声值相差小于3 dB（A）时，应采取措施降低背景噪声后，视情况执行。

79. C 【解析】此题考查很细，类似于不定项选择题。选项A的正确说法是：距离任何反射物（地面除外）至少3.5 m外测量，距地面高度1.2 m以上；选项B、D的正确说法是：噪声敏感建筑物室内，距离墙面和其他反射面至少1 m，距窗约1.5 m处，距地面1.2～1.5 m高；噪声敏感建筑物户外，在噪声敏感建筑物外，距墙壁或窗户1 m处，距地面高度1.2 m以上。

二、不定项选择题

1. D 2. BDE 3. ABCDE 4. ABCD

5. AD 【解析】《工业企业厂界环境噪声排放标准》将《工业企业厂界噪声标准》（GB 12348—90）和《工业企业厂界噪声测量方法》（GB 12349—90）合并为一个标准，名称也相应改变了。

6. BD 7. ACD

8. ABC 【解析】建筑施工是指工程建设实施阶段的生产活动，是各类建筑物的建造过程，包括基础工程施工、主体结构施工、屋面工程施工、装饰工程施工（已竣工交付使用的住宅楼进行室内装修活动除外）等。

9. BC 【解析】选项B的错误较明显，“测点应设在对噪声敏感建筑物影响较大、距离较近的位置”。选项C的错误是“测量连续10 min的等效声级”，应为“测量连续20 min的等效声级”。施工场界噪声测量气象条件、测点位置、测量结果修正与其他噪声标准基本一致，但测量时段、背景噪声测量略有不同。

10. AD 11. BC 12. AC 13. AC 14. AC 15. BCD 16. BD 17. AD

18. ABC 【解析】机场周围区域受飞机通过（起飞、降落、低空飞越）噪声的影响，不适用于该标准。

19. BCD 【解析】昼间最大声级限值没有规定，夜间最大声级限值有规定。

20. BD 【解析】选项A中的风速应小于5 m/s，选项C中的前、后校准示值偏差不得大于 0.5 dB。

21. D 【解析】3 类声环境功能区标准为：昼间 65 dB，夜间 55 dB。各类声环境功能区夜间突发噪声，其最大声级超过环境噪声限值的幅度不得高于 15 dB（A）。

22. BCD 【解析】关键是要抓住固定设备传播至噪声敏感建筑物室内。

第七章　生态影响评价技术导则

一、单项选择题（每题的备选项中，只有一个最符合题意）

1．根据《环境影响评价技术导则　生态影响》，位于原厂界（或永久用地）范围内的工业类改扩建项目，符合生态环境分区管控要求、位于已批准规划环评的产业园区内且符合规划环评要求、不涉及生态敏感区的污染影响类建设项目，其生态影响评价等级为（　　）。

A．一级　　B．二级

C．三级　　D．做生态影响分析就可以

2．某拟建工程的建设会影响到世界自然遗产地，工程占地仅为 1 km^2，据《环境影响评价技术导则　生态影响》，此工程的生态影响工作等级为（　　）。

A．一级　　B．二级　　C．三级　　D．四级

3．某拟建公路长 100 km，占用人工林、荒地、部分耕地、建设用地，涉及自然公园，据《环境影响评价技术导则　生态影响》，此公路的生态影响工作等级为（　　）。

A．一级　　B．二级　　C．三级　　D．四级

4．某拟建公路长 100 km，部分路段占用人工林、荒地，部分路段占用重要生境，据《环境影响评价技术导则　生态影响》，此公路的生态影响工作等级为（　　）。

A．一级　　B．二级　　C．三级　　D．四级

5．某拟建水库占地面积 2.2 km^2，影响区域涉及部分原始天然林，不涉及其他敏感区，据《环境影响评价技术导则　生态影响》，此工程的生态影响工作等级为（　　）。

A．一级　　B．二级　　C．三级　　D．四级

6．某工程的建设可能影响到自然保护区，工程占地为 10 km^2，据《环境影响评价技术导则　生态影响》，此工程的生态影响工作等级为（　　）。

A．一级　　B．二级　　C．三级　　D．四级

7．某拟建公路长 75 km，部分路段占用人工林、荒地，部分路段会影响到某

湿地，据《环境影响评价技术导则　生态影响》，此公路的生态影响工作等级为（　　）。

A. 一级　　B. 二级　　C. 三级　　D. 四级

8. 某拟建项目永久占地 1.8 km^2、临时占地 0.7 km^2，该项目会影响到某自然公园，据《环境影响评价技术导则　生态影响》，此项目的生态影响工作等级为（　　）。

A. 一级　　B. 二级　　C. 三级　　D. 四级

9. 某扩建项目，原项目占地 5 km^2，扩建项目新增占地 2 km^2，该改扩建项目会影响到附近某天然渔场，不涉及其他敏感区，据《环境影响评价技术导则　生态影响》，此项目的生态影响工作等级为（　　）。

A. 一级　　B. 二级　　C. 三级　　D. 四级

10. 某拟建矿山开采项目占地 18 km^2，需占用部分公益林和耕地，不涉及其他敏感区，该矿山开采项目会导致耕地无法恢复，据《环境影响评价技术导则　生态影响》，此项目的生态影响工作等级为（　　）。

A. 一级　　B. 二级　　C. 三级　　D. 四级

11. 根据《环境影响评价技术导则　生态影响》，生态影响评价应能够充分体现（　　），涵盖评价项目全部活动的直接影响区域和间接影响区域。

A. 区域可持续发展　　B. 区域的生态敏感性

C. 生态完整性　　D. 生态功能性

12. 根据《环境影响评价技术导则　生态影响》，工程分析时段应涵盖工程全过程，分析项目在（　　）可能产生生态影响的工程行为及其影响方式，判断生态影响性质和影响程度。

A. 勘察期和施工期　　B. 施工期和运营期

C. 运营期和退役期　　D. 勘察期和运营期

13. 根据《环境影响评价技术导则　生态影响》，结合建设项目特点和区域生态环境状况，分析项目在施工期、运行期以及服务期满可能产生（　　）。

A. 工程生态影响的替代方案　　B. 工程生态影响的方式

C. 工程施工时序　　D. 工程行为、影响方式

14. 根据《环境影响评价技术导则　生态影响》，生态现状调查的范围应（　　）。

A. 大于评价工作的范围　　B. 等于评价工作的范围

C. 不小于评价工作的范围　　D. 不大于评价工作的范围

15. 根据《环境影响评价技术导则　生态影响》，（　　）评级的生态现状调查应给出用采样地样方实测、遥感等方法测定的生物量、物种多样性等数据，给出主要生物物种名录、受保护的野生动植物物种等调查资料。

A. 一级　　B. 二级　　C. 三级　　D. 一级和二级

16．根据《环境影响评价技术导则　生态影响》，生态现状调查时，在（　　）时，应做专题调查。

A．项目投资额较大　　B．项目评价范围较大

C．有生态敏感区　　D．项目评价等级大于二级以上

17．根据《环境影响评价技术导则　生态影响》，（　　）评级的生态现状调查，生物量和物种多样性调查可依据已有资料推断，或实测一定数量的、具有代表性的样方予以验证。

A．一级　　B．二级　　C．三级　　D．一级和二级

18．根据《环境影响评价技术导则　生态影响》，生态现状调查应重点调查（　　）。

A．生态系统类型、结构、功能和过程

B．相关的非生物因子特征

C．重要物种的分布、生态学特征、种群现状等

D．主要生态问题

19．根据《环境影响评价技术导则　生态影响》，生态现状调查生物物种时，如涉及（　　）物种，应逐个或逐类说明其类型、分布、保护级别、保护状况等。

A．重要　　B．市级以上（含）

C．国家级　　D．国家级和省级

20．根据《环境影响评价技术导则　生态影响》，对影响区域生态敏感性的调查，如涉及（　　），应收集生态敏感区的相关规划资料、图件、数据，调查评价范围内生态敏感区主要保护对象、功能区划、保护要求等。

A．特殊生态敏感区和重要生态敏感区

B．特殊生态敏感区

C．生态敏感区

D．居住区和文教、行政办公卫生区

21．根据《环境影响评价技术导则　生态影响》，生态现状调查中，对主要生态问题的调查，应调查影响区域内（　　）。

A．未来预计存在的主要生态问题

B．已经存在的对生态保护目标产生不利影响生态问题

C．已经存在的制约本区域经济发展的主要生态问题

D．未来预计存在的制约本区域经济发展的主要生态问题

22．根据《环境影响评价技术导则　生态影响》，下列属于生态现状调查方法的是（　　）。

A．列表清单法　　B．图形叠置法

C. 专家和公众咨询法　　D. 景观生态学法

23. 根据《环境影响评价技术导则　生态影响》，将拟实施的开发建设活动的影响因素与可能受影响的环境因子分别列在同一张表格的行与列内。逐点进行分析，并逐条阐明影响的性质、强度等，由此分析开发建设活动的生态影响。该方法称为（　　）。

A. 列表清单法　　B. 图形叠置法

C. 生态机理分析法　　D. 网络法

24. 根据《环境影响评价技术导则　生态影响》，把两个以上的生态信息叠合到一张图上，构成复合图，用以表示生态变化的方向和程度的方法称为（　　）。

A. 列表清单法　　B. 图形叠置法

C. 生态机理分析法　　D. 景观生态学法

25. 根据《环境影响评价技术导则　生态影响》，根据建设项目的特点和受其影响的动、植物的生物学特征，依照生态学原理分析、预测工程生态影响的方法称为（　　）。

A. 列表清单法　　B. 图形叠置法

C. 生态机理分析法　　D. 景观生态学法

26. 根据《环境影响评价技术导则　生态影响》，生态影响防护与恢复的措施应按照（　　）的次序提出。

A. 减缓、避让、补偿和重建　　B. 避让、减缓、修复和补偿

C. 减缓、补偿、重建和避让　　D. 避让、补偿、减缓和重建

27. 根据《环境影响评价技术导则　生态影响》，凡涉及不可替代、极具价值、极敏感、被破坏后很难恢复的敏感生态保护目标（如特殊生态敏感区、珍稀濒危物种）时，必须提出可靠的（　　）措施或生境替代方案。

A. 修复　　B. 补偿　　C. 避让　　D. 重建

28. 根据《环境影响评价技术导则　生态影响》，涉及采取措施后可恢复或修复的生态目标时，也应尽可能提出（　　）措施，否则，应制订（　　）措施。

A. 减缓　避让、修复和补偿　　B. 避让　减缓、修复和补偿

C. 修复　避让、减缓和补偿　　D. 避让　减缓、修复和重建

29. 根据《环境影响评价技术导则　生态影响》，对各种替代方案进行生态可行性论证后，应优先选择（　　）的替代方案。

A. 生态影响最小　　B. 生态影响可接受

C. 生态影响最大　　D. 投资估算最少

30. 根据《环境影响评价技术导则　生态影响》，对各种替代方案进行生态可行性论证后，最终选定的方案至少应该是（　　）。

A．生态影响最小的方案　　B．投资估算最少的方案
C．工程量最少的方案　　D．生态保护可行的方案

二、不定项选择题（每题的备选项中至少有一个符合题意）

1．根据《环境影响评价技术导则　生态影响》，生态影响评价工作分级划分是依据（　　）。

A．生态影响的程度　　B．影响区域的生态敏感性
C．影响范围　　D．影响区域的影响程度性

2．根据《环境影响评价技术导则　生态影响》，下列关于生态影响评价工作分级和调整的说法，正确的是（　　）。

A．评价项目的工程占地范围包含永久占地和水域，但不包括临时占地
B．改扩建工程的工程占地范围以全部占地（含水域）面积或长度计算
C．在拦河闸坝建设可能明显改变水文情势等情况下，评价工作等级应上调一级
D．在矿山开采可能导致矿区土地利用类型明显改变时，评价工作等级应上调一级

3．根据《环境影响评价技术导则　生态影响》，下列关于生态影响评价工作范围确定原则的说法，正确的是（　　）。

A．生态影响评价仅涵盖评价项目全部活动的直接影响区域
B．生态影响评价应能够充分体现生态完整性和生物多样性保护要求
C．生态影响评价范围可以影响区域所涉及的完整气候单元为参照边界
D．生态影响评价范围可以影响区域所涉及的完整地理单元界限为参照边界

4．根据《环境影响评价技术导则　生态影响》，生态评价工作范围应依据（　　）确定。

A．评价项目对生态因子的影响方式
B．评价项目对生态因子的影响程度
C．评价项目影响区域的生态敏感性
D．生态因子之间的相互影响和相互依存关系

5．根据《环境影响评价技术导则　生态影响》，下列关于生态影响评价工作范围确定的说法，正确的是（　　）。

A．一级为8～30 km，二级为2～8 km，三级为1～2 km
B．以评价项目影响区域所涉及的完整气候单元、水文单元、生态单元、地理单元界限为参照边界
C．涵盖评价项目全部活动的直接影响和间接影响区域
D．评价工作范围可综合考虑评价项目与项目区的气候过程、水文过程、生物过程等生物地球化学循环过程的相互作用关系

6．根据《环境影响评价技术导则　生态影响》，生态影响评价工作范围可综合考虑评价项目与项目区的气候过程、水文过程、生物过程等生物地球化学循环过程的相互作用关系，以评价项目影响区域所涉及的完整（　）为参照边界。

A．水文单元　　B．生态单元

C．地理单元界限　　D．气候单元

7．根据《环境影响评价技术导则　生态影响》，下列（　）可以作为生态影响判定的依据。

A．评价项目所在地区及相似区域生态背景值或本底值

B．科学研究判定的生态效应

C．评价项目实际的生态监测、模拟结果

D．地方已颁布的资源环境保护等相关法规、政策、标准、规划和区划等确定的目标、措施与要求

8．根据《环境影响评价技术导则　生态影响》，下列（　）可以作为生态影响判定的依据。

A．相关领域专家的咨询意见

B．管理部门及公众的咨询意见

C．已有性质、规模以及区域生态敏感性不同的项目的实际生态影响类比

D．国家、行业已颁布的资源环境保护等相关法规、政策、标准、规划和区划等确定的目标、措施与要求

9．根据《环境影响评价技术导则　生态影响》，下列（　）属工程分析的内容。

A．工程类型　　B．生态背景调查

C．工程的规划依据　　D．规划环评依据

E．环保投资

10．根据《环境影响评价技术导则　生态影响》，下列（　）属工程分析的内容。

A．生态预测　　B．工程总投资

C．设计方案中的生态保护措施　　D．替代方案

E．现场布置

11．根据《环境影响评价技术导则　生态影响》，下列（　）属工程分析的内容。

A．施工方式　　B．施工时序　　C．生态现状评价

D．运行方式　　E．总平面布置

12．根据《环境影响评价技术导则　生态影响》，工程分析时段应涵盖（　）。

A. 设计期　　B. 勘察期　　C. 施工期
D. 运营期　　E. 退役期

13. 根据《环境影响评价技术导则　生态影响》，工程分析的重点应根据（　　）确定。

A. 评价项目自身特点
B. 评价项目的投资额
C. 区域的生态特点
D. 评价项目与影响区域生态系统的相互关系

14. 根据《环境影响评价技术导则　生态影响》，工程分析的重点主要应包括（　　）。

A. 可能造成重大资源占用和配置的工程行为
B. 可能产生间接、累积生态影响的工程行为
C. 与特殊生态敏感区和重要生态敏感区有关的工程行为
D. 可能产生重大生态影响的工程行为

15. 根据《环境影响评价技术导则　生态影响》，生态现状调查的内容和指标应能反映评价工作范围内的（　　）。

A. 现存的所有环境问题　　B. 生态背景特征
C. 现存的主要生态问题　　D. 环境要素背景值

16. 根据《环境影响评价技术导则　生态影响》，一级评价生态现状调查应做（　　）工作。

A. 根据植被和植物群落调查结果，编制植被类型图，统计评价范围内的植被类型及面积
B. 根据土地利用调查结果，编制土地利用现状图，统计评价范围内的土地利用类型及面积
C. 根据物种及生境调查结果，分析评价范围内的物种分布特点、重要物种的种群现状以及生境的质量、连通性、破碎化程度等，编制重要物种、重要生境分布图，迁徙、洄游物种的迁徙、洄游路线图
D. 根据生态系统调查结果，编制生态系统类型分布图，统计评价范围内的生态系统类型及面积

17. 根据《环境影响评价技术导则　生态影响》，二级评价生态现状调查应做（　　）工作。

A. 根据植被和植物群落调查结果，编制植被类型图，统计评价范围内的植被类型及面积
B. 根据土地利用调查结果，编制土地利用现状图，统计评价范围内的土地利用类

型及面积

C．根据物种及生境调查结果，分析评价范围内的物种分布特点、重要物种的种群现状以及生境的质量、连通性、破碎化程度等，编制重要物种、重要生境分布图，迁徙、洄游物种的迁徙、洄游路线图

D．根据生态系统调查结果，编制生态系统类型分布图，统计评价范围内的生态系统类型及面积

18．根据《环境影响评价技术导则　生态影响》，三级评价生态现状调查的最低要求是（　　）。

A．三级评价可采用定性描述或面积、比例等定量指标，重点对评价范围内的土地利用现状、植被

B．三级评价可采用定性描述或面积、比例等定量指标，重点对评价范围内的土地利用现状、植被现状、野生动植物现状等进行分析，编制土地利用现状图、植被类型图、生态保护目标分布图等图件

C．对评价范围内的植被现状、野生动植物现状等进行分析，编制土地利用现状图、植被类型图、生态保护目标分布图等图件

D．可充分借鉴已有资料进行说明

19．根据《环境影响评价技术导则　生态影响》，陆生生态现状调查主要调查影响区域内的（　　）。

A．评价范围内的植物区系、植被类型，植物群落结构及演替规律，群落中的关键种、建群种、优势种

B．动物区系、物种组成及分布特征

C．生态系统类型、面积及空间分布

D．重要物种的分布、生态学特征、种群现状等

E．迁徙物种的迁徙路线、迁徙时间及重要生境分布

20．根据《环境影响评价技术导则　生态影响》，生态现状调查重要物种时，（　　）需调查。

A．种群现状　　B．生境质量　　C．连通性及破碎化程度

D．重要物种分布图　　E．重要生境分布图

21．根据《环境影响评价技术导则　生态影响》，对涉及生态敏感区的调查，应逐个非必须其（　　）。

A．生态现状　　B．保护现状　　C．保护对象及功能分区

D．存在的问题　　E．与工程位置

22．根据《环境影响评价技术导则　生态影响》，对涉及重要物种时的调查，应逐个或逐类说明其（　　）。

A．类型、分布　　B．保护级别　　C．保护对象

D．保护状况　　E．濒危等级

23．根据《环境影响评价技术导则　生态影响》，对于主要现状生态问题调查，应指出其（　　）。

A．类型　　B．发生特点　　C．成因

D．空间分布　　E．功能区划

24．根据《环境影响评价技术导则　生态影响》，生态现状调查中，下列（　　）属主要生态问题的调查。

A．水土流失、泥石流　　B．沙漠化、石漠化　　C．自然灾害

D．盐渍化　　E．生物入侵和污染危害

25．根据《环境影响评价技术导则　生态影响》，生态现状调查可采用的方法有（　　）。

A．列表清单法　　B．生态监测法

C．现场调查法　　D．遥感调查法

26．根据《环境影响评价技术导则　生态影响》，生态现状调查可采用的方法有（　　）。

A．收集资料法　　B．图形叠置法

C．专家和公众咨询法　　D．生态机理分析法

27．根据《环境影响评价技术导则　生态影响》，预测生态系统组成和服务功能的变化趋势，应重点关注其中的（　　）。

A．不利影响　　B．不可逆影响

C．累积生态影响　　D．短期影响

28．根据《环境影响评价技术导则　生态影响》，对敏感生态保护目标的影响评价应在明确保护目标的性质、特点、法律地位和保护要求的情况下，分析评价项目的（　　）。

A．影响方式　　B．影响途径

C．预测潜在的后果　　D．影响程度

29．根据《环境影响评价技术导则　生态影响》，下列（　　）属生态影响预测与评价的内容。

A．结合工程的影响方式预测分析重要物种的分布、种群数量、生境状况等变化情况

B．分析施工活动和运行产生的噪声、灯光等对重要物种的影响；涉及迁徙、洄游物种的，分析工程施工和运行对迁徙、洄游行为的阻隔影响

C．结合生境变化预测分析鱼类等重要水生生物的种类组成、种群结构、资源时空

分布等变化情况

D．分析建设项目对所在区域生物多样性的影响建

30．根据《环境影响评价技术导则　生态影响》，生态影响预测与评价的常用方法包括（　　）。

A．列表清单法　B．图形叠置法　C．生态机理分析法

D．景观生态学法　E．指数法与综合指数法

31．根据《环境影响评价技术导则　生态影响》，生态影响预测与评价的常用方法包括（　　）。

A．生物多样性评价法　B．矩阵法　C．系统分析法

D．类比分析法　E．网络法

32．根据《环境影响评价技术导则　生态影响》，图形叠置法有两种基本制作手段，即（　　）。

A．系统分析法　B．3S 叠图法

C．指标法　D．遥感调查法

33．根据《环境影响评价技术导则　生态影响》，下列关于生态现状评价制图的基本要求和方法，正确的是（　　）。

A．生态影响评价制图的工作精度一般不低于工程可行性研究制图精度

B．当涉及敏感生态保护目标时，应分幅单独成图，以提高成图精度

C．生态影响评价图件应符合专题地图制图的整饰规范要求

D．当成图范围过小时，可采用点线面相结合的方式，分幅成图

34．根据《环境影响评价技术导则　生态影响》，列表清单法主要应用于（　　）。

A．可用于生态系统功能评价

B．进行物种或栖息地重要性或优先度比选

C．进行生态保护措施的筛选

D．进行开发建设活动对生态因子的影响分析

35．根据《环境影响评价技术导则　生态影响》，图形叠置法主要应用于（　　）。

A．主要用于区域生态质量评价和影响评价

B．用于土地利用开发和农业开发中

C．用于具有区域性影响的特大型建设项目评价中

D．进行物种或栖息地重要性或优先度比选

36．根据《环境影响评价技术导则　生态影响》，下列关于生态影响的防护、恢复与补偿原则，正确的是（　　）。

A．涉及采取措施后可恢复或修复的生态目标时，尽可能先提出恢复措施

B．所采取的防护与恢复措施的效果应有利修复和增强区域生态功能

C．各项生态保护措施应按项目实施阶段分别提出

D．各项生态保护措施要提出实施时限和估算经费

37．根据《环境影响评价技术导则　生态影响》，凡涉及不可替代、极具价值、极敏感、被破坏后很难恢复的敏感生态保护目标（如特殊生态敏感区、珍稀濒危物种）时，必须提出可靠的（　　）。

A．补偿措施　　B．避让措施

C．生境替代方案　　D．重建措施

38．根据《环境影响评价技术导则　生态影响》，项目中替代方案的类型包括（　　）。

A．项目的组成和内容替代方案　　B．选线、选址替代方案

C．施工和运营方案替代方案　　D．工艺和生产技术替代方案

E．生态保护措施替代方案

39．根据《环境影响评价技术导则　生态影响》，生态保护措施的基本内容应包括（　　）。

A．保护对象和目标　　B．内容、规模及工艺

C．实施空间和时序　　D．替代方案

40．根据《环境影响评价技术导则　生态影响》，生态保护措施的基本内容应包括（　　）。

A．保障措施和预期效果分析　　B．绘制生态保护措施平面布置示意图

C．典型措施设施施工图　　D．环境保护投资估算或概算

参考答案

一、单项选择题

1．D　【解析】

符合生态环境分区管控要求且位于原厂界（或永久用地）范围内的污染影响类改扩建项目，位于已批准规划环评的产业园区内且符合规划环评要求、不涉及生态敏感区的污染影响类建设项目，可不确定评价等级，直接进行生态影响简单分析。

2．A　【解析】自然保护区、世界文化和自然遗产地属特殊生态敏感区。属特殊生态敏感区的项目，不管工程占地多大，评价等级都为一级。

3．B　【解析】从题干可知，涉及自然公园时，评价等级为二级。

4．A　【解析】涉及国家公园、自然保护区、世界自然遗产、重要生境时，评价等级为一级。

5. B 【解析】根据 HJ 610 、HJ 964 判断地下水水位或土壤影响范围内分布有天然林、公益林、湿地等生态保护目标的建设项目，生态影响评价等级不低于二级。

6. A 【解析】涉及国家公园、自然保护区、世界自然遗产、重要生境时，评价等级为一级。

7. B 【解析】根据 HJ 610 、HJ 964 判断地下水水位或土壤影响范围内分布有天然林、公益林、湿地等生态保护目标的建设项目，生态影响评价等级不低于二级。

8. B 【解析】评价项目的工程涉及自然公园时，评价等级为二级。

9. C 【解析】除导则中 6.1.2 中 a)、 b)、 c)、 d)、 e)、 f) 以外的情况，评价等级为三级。

10. A 【解析】影响范围内分布有天然林、公益林、湿地等生态保护目标的建设项目，生态影响评价等级不低于二级，结合项目不涉及其他敏感区其生态评价等级为二级；但“在矿山开采可能导致矿区土地利用类型明显改变，或拦河闸坝建设可能明显改变水文情势等情况下，评价工作等级应上调一级”，因此，该项目评价等级为一级。

11. C 12. B 13. D 14. C 15. D 16. C 17. D 18. C 19. A 20. C 21. B

22. C 【解析】根据导则附录 B，生态现状调查方法有资料收集法、现场调查法、专家和公众咨询法、生态监测法、遥感调查法等。

23. A 24. B 25. C 26. B 27. C 28. B 29. A

30. D 【解析】优先选择生态影响最小的方案，不一定是最终选定的方案。最终选定的方案不一定是生态影响最小的方案，但至少应该是生态保护可行的方案。

二、不定项选择题

1. BD 【解析】评价等级判定依据建设项目影响区域的生态敏感性和影响程度，划分为一级、二级和三级。

2. CD 【解析】评价项目的工程占地范围，包含水域，也包括永久占地和临时占地；改扩建工程的工程占地范围以新增占地确定。

3. BCD 【解析】生态影响评价应能够充分体现生态完整性和生物多样性保护要求，涵盖评价项目全部活动的直接影响区域和间接影响区域。评价范围应依据评价项目对生态因子的影响方式、影响程度和生态因子之间的相互影响和相互依存关系确定。可综合考虑评价项目与项目区的气候过程、水文过程、生物过程等生物地球化学循环过程的相互作用关系，以评价项目影响区域所涉及的完整气候单元、水文单元、生态单元、地理单元界限为参照边界。

4. ABD 【解析】评价范围应依据评价项目对生态因子的影响方式、影响程度和生态因子之间的相互影响和相互依存关系确定。可综合考虑评价项目与项目区的气候过程、水文过程、生物过程等。

5. BCD

6. ABCD 【解析】气候单元、水文单元、生态单元、地理单元界限的尺度较大，一般项目还不至于依据如此大尺度的单元来划分评价范围，比较适用于规划或战略环境影响评价中的生态影响评价范围的确定。

7. ABCD 8. ABD 9. ACDE 10. BCDE

11. ABDE 【解析】工程分析内容应包括的内容较多，上述几个题目中，常见的未列出选项，仅列出考生容易忽视的内容。

12. BCDE 13. ACD 14. ABCD 15. BC 16. ABCD 17. ABCD 18. ABCD 19. ABDE 20. ABCDE 21. ABCDE

22. ABD 【解析】依据导则B10.2重要物种调查表格确定。

23. ABCD 24. ABCDE

25. BCD 【解析】根据导则附录B，生态现状调查方法有资料收集法、现场调查法、专家和公众咨询法、生态监测法、遥感调查法等。

26. AC 【解析】根据导则附录B，生态现状调查方法有资料收集法、现场调查法、专家和公众咨询法、生态监测法、遥感调查法等。

27. ABC 28. ABCD 29. ABCD 30. ABCDE

31. ACD 【解析】常用的方法包括列表清单法、图形叠置法、生态机理分析法、景观生态学法、指数法与综合指数法、类比分析法、系统分析法和生物多样性评价等。

32. BC 33. ABC

34. BCD 【解析】选项A是指数法与综合指数法的应用范畴。

35. ABC 【解析】选项D是列表清单法的应用范畴

36. BCD 37. BC 38. ABCDE 39. ABC

40. ABD 【解析】典型措施设施工艺图是需要的，但施工图在环评阶段还不需要。生态保护措施的基本内容应包括6个方面。

第八章　土壤环境影响评价技术导则与相关标准

第一节　环境影响评价技术导则　土壤环境（试行）

一、单项选择题（每题的备选项中，只有一个最符合题意）

1.《环境影响评价技术导则　土壤环境（试行）》不适用于（　　）类建设项目土壤环境影响评价。

A．农林　　B．水利　　C．广电通信　　D．冶金

2．下面选项（　　）不属于土壤环境构成。

A．地下构筑物　　B．矿物质　　C．生物有机体　　D．空气

3.《环境影响评价技术导则　土壤环境（试行）》所关注的是（　　）导致的土壤环境污染影响。

A．自然因素　　B．地质因素　　C．气候因素　　D．人为因素

4．关于建设项目土壤环境影响评价相关要求的表述，不正确的有（　　）。

A．Ⅳ类建设项目可不开展土壤环境影响评价

B．涉及土壤环境生态影响型与污染影响型多种影响类型的建设项目应重点开展污染影响评价工作

C．涉及两个或两个以上场地的建设项目应分别开展评价工作

D．自身为敏感目标的建设项目，可仅对土壤环境现状进行调查

5．土壤环境影响评价工作中，不属于准备阶段的工作内容为（　　）。

A．工程分析　　B．开展现场踏勘

C．确定评价内容　　D．开展现场调查

6．煤矿采选项目土壤环境影响评价的项目类别为（　　）类。

A．Ⅰ　　B．Ⅱ　　C．Ⅲ　　D．Ⅳ

7．某生态影响型建设项目所在地干燥度为 2.8，且常年地下水位平均埋深为 1.5 m，该项目敏感程度分级为（　　）。

A．敏感　　B．较敏感　　C．一般敏感　　D．不敏感

8．根据《环境影响评价技术导则　土壤环境（试行）》，不属于生态影响型建设项目土壤环境污染途径的是（　　）。

A．物质输入　　B．物质运移　　C．水位变化　　D．垂直入渗

9．某有色金属冶炼项目占地面积为40 hm^2，周边存在一所中学，该项目土壤影响评价工作等级为（　　）。

A．一级　　B．二级　　C．三级　　D．四级

10．可不开展土壤环境影响评价的建设项目有（　　）。

A．周边土壤环境不敏感、占地面积3 hm^2的水泥制造项目

B．周边土壤环境不敏感、占地面积3 hm^2的天然气开采项目

C．周边土壤环境不敏感、占地面积3 hm^2的炸药制造项目

D．周边土壤环境较敏感、占地面积3 hm^2的公路加油站项目

11．下列关于建设项目土壤环境现状调查的表述，错误的是（　　）。

A．现场调查工作深度应满足工作级别要求

B．涉及大气沉降途径影响的，可根据主导风向下风向的最大落地浓度点适当调整调查范围

C．石油输送管线工程的调查范围为工程边界两侧向外延伸50 m

D．评价工作等级为三级的污染影响型建设项目的调查范围为占地边界向外延伸50 m

12．土壤环境影响评价工作等级为一级的生态影响型建设项目，其现状调查范围通常取占地范围内及占地范围外（　　）km以内。

A．1　　B．2　　C．5　　D．10

13．建设项目土壤环境现状调查阶段，主要收集的资料不包括（　　）。

A．土地利用现状图　　B．土壤类型分布图

C．土地利用历史情况　　D．土地生产力情况

14．土壤环境现状监测布点的原则为（　　）。

A．现有数据与现场监测相结合　　B．均布性与代表性相结合

C．上、下风向对照原则　　D．近多远少原则

15．下列有关土壤环境现状监测布点的说法，错误的是（　　）。

A．调查范围内的每个土壤类型应至少设置1个表层样监测点

B．涉及入渗途径影响的，主要产污装置区应设置柱状样监测点，涉及大气沉降影响的，可在最大落地浓度点增设表层样监测点

C．二级评价建设项目至少需布设7个监测样点

D．涉及地面漫流途径影响的，应在占地范围外的上、下游各设置一个表层样监测点

16．评价工作等级为一级、占地面积为 7 000 hm^2 的生态影响型建设项目，土壤现状监测点数应不少于（ ）个。

A．10 B．11 C．12 D．13

17．评价工作等级为二级、占地面积为 150 hm^2 的污染影响型建设项目，土壤现状监测点数应不少于（ ）个。

A．6 B．7 C．8 D．9

18．土壤现状监测中，柱状样监测点监测深度为 10 m，通常应采（ ）个样。

A．5 B．6 C．7 D．8

19．土壤表层样监测点的监测取样方法一般参照（ ）执行。

A．《场地环境调查技术导则》 B．《场地环境监测技术导则》

C．《土壤环境监测技术规范》 D．《地下水监测技术规范》

20．下列有关土壤环境现状监测因子的说法，错误的是（ ）。

A．监测因子分为基本因子和建设项目特征因子

B．基本监测因子应根据调查评价范围内的土地利用类型选取

C．既是特征因子又是基本因子的，按照特征因子对待

D．调查评价范围内的所有监测点必须监测基本因子和特征因子

21．土壤环境影响评价工作等级为二级的建设项目开展现状监测，有关监测频次的表述正确的为（ ）。

A．基本因子应至少开展 1 次现状监测

B．特征因子应至少开展 1 次现状监测

C．若掌握近 5 年至少 1 次的基本因子监测数据，可不进行现状监测

D．若掌握近 5 年至少 1 次的特征因子监测数据，可不进行现状监测

22．半干旱地区土壤含盐量为 5 g/kg，其土壤盐化分级为（ ）。

A．轻度盐化 B．中度盐化 C．重度盐化 D．极重度盐化

23．某区域土壤 pH 值为 5，其土壤酸碱强度分级标准为（ ）。

A．中度酸化 B．轻度酸化 C．轻度碱化 D．中度碱化

24．土壤环境质量现状评价方法应采用（ ）。

A．标准指数法 B．单项质量指数法

C．污染积累指数法 D．综合污染指数法

25．土壤环境影响预测应重点预测评价建设项目对（ ），并根据建设项目特征兼顾对占地范围内的影响预测。

A．占地范围内的影响

B．占地范围外 50 m 范围内的影响

C．占地范围外土壤环境敏感目标的积累影响

D．已污染区域的影响

26．下列有关土壤环境影响预测的说法，错误的是（　　）。

A．预测范围一般应大于现状调查范围

B．重点预测时段、情景设置均以影响识别为基础

C．污染影响型建设项目关键预测因子为特征因子

D．评价工作等级为三级的建设项目，可采取定性描述进行预测

27．根据《环境影响评价技术导则　土壤环境（试行）》，下列关于预测与评价因子的说法，正确的是（　　）。

A．污染影响型建设项目应根据环境影响识别出的特征因子选取关键预测因子

B．可能造成土壤盐化、酸化、碱化影响的建设项目，均需选取土壤盐分含量、pH值等作为预测因子

C．污染影响型建设项目应根据环境影响识别出的特征因子选取预测因子

D．污染影响型建设项目应根据环境影响识别出的基本因子及特征因子选取预测因子

28．某种物质概化为面源形式进入土壤的影响预测，其预测步骤有：①计算土壤中某种物质的输出量；②计算土壤中某种物质的增量；③计算土壤中某种物质的输入量；④计算土壤中某种物质的预测量，正确的预测顺序为（　　）。

A．③②①④　　B．③①②④　　C．②③①④　　D．①②③④

29．点源污染物垂直进入土壤环境的影响预测，导则推荐的方法有（　　）。

A．一维非饱和溶质运移模型　　B．一维饱和溶质运移模型

C．二维非饱和溶质运移模型　　D．二维饱和溶质运移模型

30．某种物质概化为面源形式进入土壤的影响预测，说法错误的是（　　）。

A．表层土壤深度一般取0.3 m

B．涉及大气沉降影响的，可不考虑输出量

C．输出量计算时，植物吸收量通常不予考虑

D．预测量等于增量加上现状值

31．生态影响型建设项目土壤环境源头控制措施设置的原则为（　　）。

A．高效先进　　B．高效适用　　C．经济合理　　D．经济实用

32．涉及盐化影响的生态影响型建设项目，减轻土壤盐化常见措施为（　　）。

A．离子交换　　B．药剂处置　　C．提升地下水位　　D．降低地下水位

33．《环境影响评价技术导则　土壤环境（试行）》规定，受大气沉降影响的污染影响型建设项目，减轻占地范围内土壤污染的常见措施为（　　）。

A．绿化措施　　B．冲洗措施　　C．清扫措施　　D．退场治理

34．评价工作等级为一级的建设项目，土壤环境跟踪监测计划应规定每（　　）

内开展1次监测工作。

A. 1年　　B. 2年　　C. 3年　　D. 4年

35.《环境影响评价技术导则　土壤环境（试行）》规定，土壤环境影响评价结论应填写于（　　）。

A. 土壤环境影响评价自查表　　B. 土壤环境影响评价统计表

C. 土壤环境影响评价总结表　　D. 土壤环境影响评价结果表

二、不定项选择题（每题的备选项中至少有一个符合题意）

1.《环境影响评价技术导则　土壤环境（试行）》适用于（　　）建设项目的土壤环境影响评价工作。

A. 畜禽养殖　　B. 水库　　C. 核技术利用　　D. 煤矿开采

2. 土壤环境是指受自然或人为因素作用的，由矿物质、有机质、水、空气、生物有机体等组成的陆地表面疏松综合体，包括（　　）等。

A. 陆地表层能够生长植物的土壤层　　B. 土壤层下部的岩石层

C. 污染物能够影响的松散层　　D. 污染物扩散的阻隔层

3. 土壤环境影响的类型包括（　　）。

A. 自然影响型　　B. 生态影响型　　C. 污染影响型　　D. 历史影响型

4. 建设项目土壤环境影响评价关注的阶段，包括（　　）。

A. 决策期　　B. 建设期　　C. 运营期　　D. 服务期满后

5. 土壤环境影响评价工作中，现状调查的工作内容包括（　　）。

A. 土壤利用状况调查　　B. 识别土壤环境敏感目标

C. 土壤环境理化特性调查　　D. 土壤环境影响源调查

6. 下列关于土壤环境影响识别的基本要求，正确的是（　　）。

A. 在工程分析结果的基础上，结合土壤环境敏感目标，根据建设项目建设期、运营期和服务期满后（可根据项目情况选择）三个阶段的具体特征，识别土壤环境影响类型与影响途径

B. 对于运营期内土壤环境影响源可能发生变化的建设项目，还应按其变化特征分阶段进行环境影响识别。

C. 在工程分析结果的基础上，结合土壤环境敏感目标，根据建设项目建设期、运营期两个阶段的具体特征，识别土壤环境影响类型与影响途径

D. 对于服务期满后土壤环境影响源可能发生变化的建设项目，还应按其变化特征分阶段进行环境影响识别。

7. 土壤环境影响评价工作中，属Ⅱ类评价项目的有（　　）。

A. 水处理剂制造　　B. 化肥制造

C．铜冶炼　　D．铬铁合金制造

8．建设项目周边的土壤环境敏感目标包括（　　）。

A．果园　　B．耕地

C．居住区　　D．养老院

9．建设项目土壤环境现状调查遵循的原则包括（　　）。

A．厂内为主厂外为辅　　B．厂外为主厂内为辅

C．资料收集与现场调查相结合　　D．资料分析与现状监测相结合

10．建设项目土壤环境现状调查评价范围的确定，应依据（　　）。

A．影响类型　　B．气象条件

C．地形地貌　　D．地质条件

11．土壤理化特性调查的内容包括（　　）。

A．土体构型　　B．土壤质地

C．阴离子交换量　　D．氧化还原电位

12．生态影响型建设项目调查土壤理化特性时，还应调查的内容包括（　　）。

A．土地利用现状　　B．植被

C．地下水埋深　　D．地下水溶解性总固体

13．土壤剖面调查表应记录的内容包括（　　）。

A．带标尺的土壤剖面照片

B．土壤剖面照片

C．根据土壤分层情况描述土壤的理化特性

D．地下水文特征

14．土壤环境影响评价工作中，影响源调查的内容包括（　　）。

A．评价范围内所有已运行项目

B．评价范围内所有已规划项目

C．与建设项目产生同种特征因子的影响源

D．与建设项目造成相同土壤环境影响后果的影响源

15．下列有关土壤环境现状监测布点的说法，正确的是（　　）。

A．调查范围内每个土壤类型的表层样监测点，应尽量设置在受人为污染的区域

B．生态影响型建设项目表层样监测点设置应考虑所在地地形特征、地面径流方向

C．项目占地范围以及可能影响区域已存在污染风险的，应在可能影响最重的区域布设监测点

D．现状监测点设置应与兼顾土壤环境影响跟踪监测计划

16．土壤环境影响评价工作等级为一级的建设项目开展现状监测，下列有关监测频次的表述，正确的是（　　）。

A．基本因子应至少开展 2 次现状监测

B．基本因子应至少开展 1 次现状监测

C．特征因子应至少开展 1 次现状监测

D．引用基本因子监测数据应说明数据有效性

17．下列有关土壤环境现状监测评价标准的说法，正确的是（ ）。

A．土壤环境质量标准有规定的，选取标准值进行评价

B．土壤环境质量标准未规定，但有行业、地方相关标准的，参照该标准进行评价

C．土壤环境质量标准未规定，但有国外相关标准的，参照该标准进行评价

D．无参照标准的不应作为监测因子

18．建设项目导致（ ）影响的，可根据土壤环境特征，结合项目特点，分析土壤环境可能受到影响的范围和程度。

A．土壤潜育化　　B．土壤沼泽化

C．土壤潴育化　　D．土壤沙化

19．某种物质概化为面源形式进入土壤的影响预测，物质输出量计算通常考虑的输出类型有（ ）。

A．植物吸收　　B．淋溶

C．土壤缓冲消耗　　D．挥发

20．下列（ ）情况可得出建设项目土壤环境影响可接受的结论。

A．项目各阶段、各评价因子均满足标准要求

B．生态影响型项目各阶段，出现或加重土壤问题，但采取措施后可满足标准要求

C．污染影响型项目各阶段，部分点位、层位或评价因子出现超标，但采取措施后可满足标准要求

D．项目某阶段出现轻微或短时超标问题，可不采取措施而通过自然削减

21．《环境影响评价技术导则 土壤环境（试行）》规定，建设项目土壤环境保护措施分为（ ）类。

A．源头控制措施　　B．过程防控措施

C．期满防控措施　　D．综合防控措施

22．建设项目土壤环境保护措施，过程防控措施分为（ ）类。

A．过程阻断　　B．污染物转移

C．分区防控　　D．污染物削减

23．涉及地面漫流影响的建设项目，土壤环境保护常采用的过程防控措施有（ ）。

A．植物吸收　　B．设置围堰

C．地面硬化　　D．设置围墙

24. 建设项目环评报告中，土壤环境跟踪监测计划应明确（　　）。

A. 监测点位　　B. 监测设备　　C. 监测机构

D. 监测指标　　E. 监测频次

25. 下列有关改、扩建项目土壤环境影响评价的说法，正确的是（　　）。

A. 现状调查评价范围应兼顾现有工程可能影响的范围

B. 评价工作等级为二级的，应重点调查主要装置或设施附近的土壤污染现状

C. 涉及大气沉降影响的，应在主导风向上风向和下风向适当增加监测点位

D. 应对现有工程引起的土壤环境问题，提出“以新带老”措施

参考答案

一、单项选择题

1. C　【解析】导则原文：“1 适用范围　本标准适用于化工、冶金、矿山采掘、农林、水利等可能对土壤环境产生影响的建设项目土壤环境影响评价。本标准不适用于核与辐射建设项目的土壤环境影响评价。”

2. A　【解析】导则原文：“3.1 土壤环境　是指受自然或人为因素作用的，由矿物质、有机质、水、空气、生物有机体等组成的陆地表面疏松综合体，包括陆地表层能够生长植物的土壤层和污染物能够影响的松散层等。”

3. D　【解析】导则原文：“3.2 土壤环境生态影响　是指由于人为因素引起土壤环境特征变化导致其生态功能变化的过程或状态。3.3 土壤环境污染影响　是指因人为因素导致某种物质进入土壤环境，引起土壤物理、化学、生物等方面特性的改变，导致土壤质量恶化的过程或状态。”

4. B　【解析】导则原文：“4.2.1 根据建设项目对土壤环境可能产生的影响，将土壤环境影响类型划分为生态影响型与污染影响型，其中本导则土壤环境生态影响重点指土壤环境的盐化、酸化、碱化等。”“4.2.5 涉及土壤环境生态影响型与污染影响型两种影响类型的应按 4.2.3 分别开展评价工作。”并未明确表示应重点开展污染影响评价工作。

5. D　【解析】导则原文：“4.4.1 准备阶段　收集分析国家和地方土壤环境相关的法律、法规、政策、标准集规划等资料；了解建设项目工程概况，结合工程分析，识别建设项目对土壤环境可能造成的影响类型，分析可能造成土壤环境影响的主要途径；开展现场踏勘工作，识别土壤环境敏感目标；确定评价等级、范围与内容。”并未包括开展现场调查。

6. B　【解析】依据导则附录 A 中表 A.1 土壤环境影响评价项目类别，煤炭采

选属Ⅱ类项目。

7. B　【解析】依据导则 6.2.1 中表 1 生态影响型敏感程度分级表，建设项目所在地干燥度＞2.5 且常年地下水位平均埋深≥1.5 m 判定为较敏感。

8. D　【解析】依据导则附录 B.2 及 B.3，垂直入渗属于污染影响型。

9. A　【解析】依据导则附录 A 中表 A.1 土壤环境影响评价项目类别，有色金属冶炼属Ⅰ类项目。依据导则 6.2.2.1 建设项目占地规模属中型（5 ~ 50 hm^2）。依据导则 6.2.2.2 结合表 3 建设项目周边存在学校，属敏感。结合导则 6.2.2.3 表 4 污染影响型评价工作等级划分表，本项目土壤环境影响评价等级判定为一级。

10. D　【解析】依据导则 6.2.2.3 表 4 污染影响型评价工作等级划分表，可不开展土壤环境影响评价工作的均为Ⅲ类项目，对照附录 A 中表 A.1 土壤环境影响评价项目类别，水泥制造项目、天然气开采均属Ⅱ类项目，炸药制造属Ⅰ类项目，公路加油站属Ⅲ类项目。公路加油站周边土壤环境较敏感，依据导则 6.2.2.1 建设项目占地规模属小型（≤5 hm^2），结合导则 6.2.2.3 表 4 污染影响型评价工作等级划分表，公路加油站可不开展土壤环境影响评价。

11. C　【解析】依据导则 7.1 基本原则与要求 7.1.2 土壤环境现状调查与评价工作的深度应满足相应的工作级别要求。依据导则 7.2 调查评价范围表 5 现状调查范围的注解，涉及大气沉降途径影响的，可根据主导风向下风向的最大落地浓度点适当调整调查范围。依据导则 7.2 调查评价范围表 5 现状调查范围，评价工作等级为三级的污染影响型建设项目的调查范围为占地范围内及占地边界向外延伸 50 m。根据导则 7.2.4，危险品、化学品或石油等输送管线应以工程边界两侧向外延伸 0.2 km 作为调查评价范围。

12. C　【解析】依据导则 7.2 调查评价范围表 5 现状调查范围，评价工作等级为一级的生态影响型建设项目，其调查范围为占地范围内及占地范围外 5 km 范围内。

13. D　【解析】导则原文："7.3.1 资料收集 包括以下内容：土地利用现状图、土地利用规划图、土壤类型分布图；土地利用历史情况；"并未包括土地生产力情况。

14. B　【解析】导则原文："7.4.2 布点原则 采用均布性与代表性相结合的原则。"

15. C　【解析】依据导则 7.4.2 布点原则，调查范围内的每个土壤类型应至少设置 1 个表层样监测点；涉及入渗途径影响的，主要产污装置区应设置柱状样监测点；涉及地面漫流途径影响的，应在占地范围外的上、下游各设置 1 个表层样监测点；涉及大气沉降影响的，可在最大落地浓度点增设表层样监测点，而并非柱状样监测点。依据导则 7.4.3.3，表 6 中对不同土壤环境影响类型的不同评价等级项目监测布点类型与数量作了相应规定。

16. D 【解析】依据导则7.4.3现状监测点数量要求，评价工作等级为一级的生态影响型建设项目，占地范围内设置5个表层样点，占地范围外设置6个表层样点，共11个监测点位，结合生态影响型建设项目占地范围超过5 000 hm^2的，每增加1 000 hm^2增加1个监测点，故应再增加2个监测点位，共需设置13个监测点位。

17. C 【解析】依据导则7.4.3现状监测点数量要求，评价工作等级为二级的污染影响型建设项目，占地范围内设置3个柱状样点，1个表层样点，占地范围外设置2个表层样点，共6个监测点位，结合污染影响型建设项目占地范围超过100 hm^2的，每增加20 hm^2增加1个监测点，故应再增加2个监测点位，共需设置8个监测点位。

18. A 【解析】依据导则7.4.3现状监测点数量要求，柱状样通常在0～0.5 m、0.5～1.5 m、1.5～3 m分别取样，共设置3个样点，3 m以下每3 m取1个样，本项目柱状样监测点监测深度为10 m，故应再增加2个样点，共需设置5个样点。

19. C 【解析】导则原文："7.4.4 现状监测取样方法 表层样监测点的监测取样方法一般参照HJ/T 166（土壤环境监测技术规范）执行。"

20. D 【解析】导则原文："7.4.5 土壤环境现状监测因子分为基本因子和建设项目的特征因子。基本因子分别根据调查评价范围内的土地利用类型选取；既是特征因子又是基本因子的，按特征因子对待；7.4.2.2与7.4.2.10中规定的点位须监测基本因子与特征因子；其他监测点位可仅监测特征因子。"

21. B 【解析】导则7.4.6："基本因子：评价工作等级为二级、三级的建设项目，若掌握近3年至少1次的监测数据，可不再进行现状监测；引用监测数据应满足7.4.2和7.4.3的相关要求，并说明数据有效性；特征因子：应至少开展1次现状监测。"

22. C 【解析】依据导则附录D，表D.1。

23. B 【解析】依据导则附录D，表D.2。

24. A 【解析】依据导则7.5.3.1，土壤环境质量现状评价应采用标准指数法，并进行统计分析，给出样本数量、最大值、最小值、均值、标准差、检出率和超标率、最大超标倍数等。

25. C 【解析】依据导则 8.1.3，土壤环境影响预测应重点预测评价建设项目对占地范围外土壤环境敏感目标的累积影响，并根据建设项目特征兼顾对占地范围内的影响预测。

26. A 【解析】导则8.2原文："一般与现状调查评价范围一致。"

27. A 【解析】依据导则8.5。

28. B 【解析】依据导则附录E.1.2。

29. A 【解析】依据导则附录E土壤环境影响预测方法E.2.2一维非饱和溶质

运移模型预测方法，适用于某种污染物以点源形式垂直进入土壤环境的影响预测，重点预测污染物可能影响到的深度。

30. A 【解析】依据导则附录 E，表层土壤深度一般取 0.2 m。

31. B 【解析】依据导则 9.2.2.1 生态影响型建设项目应结合项目的生态影响特征、按照生态系统功能优化的理念、坚持高效适用的原则提出源头防控措施。

32. D 【解析】依据导则 9.2.3.2 涉及盐化影响的，可采取排水排盐或降低地下水位等措施，以减轻土壤盐化的程度。

33. A 【解析】依据导则 9.2.3.3 涉及大气沉降影响的，占地范围内应采取绿化措施，以种植具有较强吸附能力的植物为主。

34. C 【解析】依据导则 9.3.2 评价工作等级为一级的建设项目一般每 3 年内开展 1 次监测工作，二级的每 5 年内开展 1 次，三级的必要时可开展跟踪监测。

35. A 【解析】依据导则 10 参照附录 G 填写土壤环境影响评价自查表，概括建设项目的土壤环境现状、预测评价结果、防控措施及跟踪监测计划等内容，从土壤环境影响的角度，总结项目建设的可行性。

二、不定项选择题

1. ABD 【解析】导则原文：“1 适用范围　本标准适用于化工、冶金、矿山采掘、农林、水利等可能对土壤环境产生影响的建设项目土壤环境影响评价。本标准不适用于核与辐射建设项目的土壤环境影响评价。”

2. AC 【解析】导则 3.1 原文：“土壤环境是指受自然或人为因素作用的，由矿物质、有机质、水、空气、生物有机体等组成的陆地表面疏松综合体，包括陆地表层能够生长植物的土壤层和污染物能够影响的松散层等。”

3. BC 【解析】依据导则 4.2.1，将土壤环境影响类型划分为生态影响型与污染影响型。

4. BCD 【解析】导则原文：“4.1 一般性原则，土壤环境影响评价应对建设项目建设期、运营期和服务期满后（可根据项目情况选择）对土壤环境理化特性可能造成的影响进行分析、预测和评估，提出预防或者减轻不良影响的措施和对策，为建设项目土壤环境保护提供科学依据。”

5. ACD 【解析】依据导则 7.3 及图 1，土壤现状调查内容包括：土壤环境理化特性调查、利用状况调查、土壤环境影响源调查。选项 B 是在准备阶段完成的。

6. AB 【解析】依据导则 5.1。

7. BD 【解析】依据导则附录 A。

8. ABCD 【解析】依据导则表 3 “污染影响型敏感程度分级表”。

9. CD 【解析】导则原文：“7.1 基本原则与要求　土壤环境现状调查与评价

工作应遵循资料收集与现场调查相结合、资料分析与现状监测相结合的原则。”

10. ABCD　【解析】导则原文：“7.2.2 建设项目（除线性工程外）土壤环境影响现状调查评价范围可根据建设项目影响类型、污染途径、气象条件、地形地貌、水文地质条件等确定并说明，或参考表 5 确定。”

11. ABD　【解析】根据导则，在充分收集资料的基础上，根据土壤环境影响类型、建设项目特征与评价需要，有针对性地选择土壤理化特性调查内容，主要包括土体构型、土壤结构、土壤质地、阳离子交换量、氧化还原电位、饱和导水率、土壤容重、孔隙度等。

12. BCD　【解析】根据导则，土壤环境生态影响型建设项目还应调查植被、地下水位埋深、地下水溶解性总固体等。

13. ABC　【解析】依据导则附录 C 土壤理化特性调查表，土壤剖面调查表应记录的内容为带标尺的土壤剖面照片、景观照片，根据土壤分层情况描述土壤的理化特性。

14. CD　【解析】导则原文：“7.3.3 影响源调查　应调查与建设项目产生同种特征因子或造成相同土壤环境影响后果的影响源。”

15. BCD　【解析】依据导则 7.4.2.2、7.4.2.3、7.4.2.10 和 7.4.2.11。

16. BCD　【解析】依据导则 7.4.6。

17. ABC　【解析】依据导则 7.5.2。

18. ABCD　【解析】导则原文：“8.1 基本原则与要求　建设项目导致土壤潜育化、沼泽化、潴育化和土壤沙化等影响的，可根据土壤环境特征，结合建设项目特点，分析土壤环境可能受到影响的范围和程度。”

19. BC　【解析】依据导则附录 E。

20. ABC　【解析】依据导则 8.8.1。

21. AB　【解析】依据导则 9.2，建设项目环境保护措施分为源头控制措施、过程防控措施。

22. ACD　【解析】导则原文：“9.2.3 过程防控措施　按照相关技术要求采取过程阻断、污染物削减和分区防控措施。”

23. BCD　【解析】导则原文：“9.2.3 过程防控措施　涉及地面漫流影响的，应根据建设项目所在地的地形特点优化地面布局，必要时设置地面硬化、围堰或围墙，以防止土壤环境污染。”

24. ADE　【解析】导则原文：“9.3 跟踪监测　土壤环境跟踪监测计划应明确监测点位、监测指标、监测频次以及执行标准等。”

25. ABD　【解析】导则原文：“7.2.1 调查评价范围应包括建设项目可能影响的范围，能满足土壤环境影响预测和评价要求；改、扩建类建设项目的现状调查评价范围还应兼顾现有工程可能影响的范围。7.3.3.2 改、扩建的污染影响型建设项目，其评价工作等级为一级、二级的，应对现有工程的土壤环境保护措施情况进行调查，并重点调查主要装置或设施附近的土壤污染现状。7.4.2.9 涉及大气沉降影响的改、扩建项目，可在主导风向下风向适当增加监测点位，以反映降尘对土壤环境的影响。9.1.3 改、扩建项目应针对现有工程引起的土壤环境影响问题，提出‘以新带老’措施，有效减轻影响程度或控制影响范围，防止土壤环境影响加剧。”

第二节　有关土壤环境质量标准

一、单项选择题（每题的备选项中，只有一个最符合题意）

1．建设用地土壤中污染物超过（　　），对人体健康可能存在风险，应当开展进一步的详细调查和风险评估，确定具体污染范围和水平。

A．风险筛选值　　B．风险管制值

C．风险临界值　　D．环境背景值

2．建设用地具体地块中污染物检测含量超过筛选值，但等于或者低于（　　）水平的，不纳入污染地块管理。

A．风险筛选值　　B．风险管制值

C．风险临界值　　D．环境背景值

3．根据《土壤环境质量　建设用地土壤污染风险管控标准（试行）》，下列用地执行该标准中表1［建设用地土壤污染风险筛选值和管制值（基本项目）］和表2［建设用地土壤污染风险筛选值和管制值（其他项目）］中第二类用地的筛选值和管制值的是（　　）。

A．道路与交通设施用地　　B．社会福利设施用地

C．居住用地　　D．医疗卫生用地

4．建设用地规划用途不明确的，其土壤污染风险筛选采用（　　）。

A．第一类用地筛选值　　B．第二类用地筛选值

C．第一类用地管制值　　D．第二类用地管制值

5．初步调查确定建设用地土壤中污染物含量高于风险筛选值，应依据相关标准和技术要求，开展（　　）。

A．风险管控　　B．详细调查

C．实施修复　　D．改变用途

6．建设用地若需采取修复措施，其修复目标应依据相关标准和技术要求确定，且应当低于（　　）。

A．风险筛选值　　B．风险管制值

C．风险临界值　　D．环境背景值

7．下列关于农用地土壤污染风险筛选值的说法，错误的是（　　）。

A．指农用地土壤中污染物含量等于或者低于该值的，对农产品质量安全、农作物生长或土壤生态环境的风险低，一般情况可以忽略

B．超过该值的，对农产品质量安全、农作物生长或土壤生态环境可能存在风险

C．超过该值的，食用农产品不符合质量安全标准等农用地土壤污染风险高

D．超过该值的，应当加强土壤环境监测和农产品协同监测

8．下列关于农用地土壤污染风险管制值的说法，正确的是（　　）。

A．等于或者低于该值的，对农产品质量安全、农作物生长或土壤生态环境的风险低

B．超过该值的，对农产品质量安全、农作物生长或土壤生态环境风险高

C．超过该值的，食用农产品不符合质量安全标准等农用地土壤污染风险高，原则上应当采取严格管控措施

D．超过该值的，应当加强土壤环境监测和农产品协同监测

9．水旱轮作的农用地，其风险筛选采用水田风险值、旱田风险值中的（　　）。

A．水田筛选值　　B．旱田筛选值

C．两者中的小值　　D．两者中的大值

10．下列关于农用地土壤污染风险筛选值基本项目的说法，正确的是（　　）。

A．不是必测项目，包括 10 项　　B．不是必测项目，包括 8 项

C．为必测项目，包括 10 项　　D．为必测项目，包括 8 项

11．根据《土壤环境质量　农用地土壤污染风险管控标准（试行）》，不属于农用地土壤污染风险筛选值项目的是（　　）。

A．镉　　B．砷　　C．铬（六价）　　D．铬

12．某农用地中镉、汞、铅、铬的含量高于农用地风险管制值时，原则上能采取下列（　　）措施。

A．农艺调控　　B．禁止种植食用农产品

C．家禽养殖　　D．替代种植

13．农用地土壤中镉、汞、砷、铅、铬的含量高于规定的风险管制值时，食用农产品不符合质量安全标准等农用地土壤污染风险高，且难以通过安全利用措施降低食用农产品不符合质量安全标准等农用地土壤污染风险，原则上应当采取的严格管控措施有（　　）

A．退耕还林　　B．农艺调控

C．家禽养殖　　D．替代种植

二、不定项选择题（每题的备选项中至少有一个符合题意）

1.《土壤环境质量　建设用地土壤污染风险管控标准(试行)》(GB 36600—2018）规定，建设用地土壤污染风险是指其上居住、工作人群长期暴露于土壤中污染物，因（　　）而对健康产生不利的影响。

A．急性毒性效应　　B．慢性毒性效应
C．致癌效应　　D．致畸效应

2．建设用地土壤中污染物迁移到达和暴露于人体的方式包括（　　）。

A．吸入室外空气中来自表层土壤的气态污染物
B．吸入室外空气中来自下层土壤的气态污染物
C．吸入室内空气中来自表层土壤的气态污染物
D．吸入室内空气中来自下层土壤的气态污染物

3．下列（　　）用地类型属于第一类建设用地。

A．居住用地　　B．商场用地
C．社区公园用地　　D．城市广场用地

4．下列关于建设用地土壤污染风险筛选值的说法，正确的是（　　）。

A．在特定土地利用方式下，建设用地土壤中污染物含量等于或低于该值的，对人体建设的风险不能忽略
B．在特定土地利用方式下，建设用地土壤中污染物含量等于或低于该值的，对人体建设的风险可以忽略
C．超过该值的，对人体健康可能存在风险，应当采取风险管控或修复措施
D．超过该值的，对人体健康可能存在风险，应当开展进一步的详细调查和风险评估，确定具体污染范围和风险水平

5．详细调查确定建设用地土壤中污染物含量高于风险管制值，应当采取（　　）措施。

A．风险管控措施　　B．实施风险转移
C．开展风险评估　　D．实施修复措施

6．下列（　　）用地类型属于农用地。

A．旱地　　B．林地　　C．牧草地　　D．茶园

7．《土壤环境质量　农用地土壤污染风险管控标准（试行）》（GB 15618—2018）规定，农用地土壤污染风险是指污染导致的（　　）不利影响。

A．耕作劳动效率　　B．农作物生长
C．农产品质量安全　　D．土壤生态环境

8．农用地土壤中污染物含量超过风险筛选值，应当采取（　　）措施。

A．加强土壤环境监测　　B．加强农产品协同监测
C．安全利用措施　　D．生态修复措施

9．下列关于建设用地土壤污染风险筛选值和管制值使用的说法，正确的是（　　）。

A．建设用地土壤中污染物含量等于或低于风险筛选值的，建设用地土壤污染风险

一般情况下可以忽略

B．规划用途不明确的，适用第二类用地的筛选值和管制值

C．建设用地规划用途为第一类用地的，适用第一类用地的筛选值和管制值

D．建设用地规划用途为第二类用地的，适用第二类用地的筛选值和管制值

10. 下列关于建设用地土壤污染风险筛选污染物项目确定的说法，正确的是（　　）。

A．基本项目为初步调查阶段建设用地土壤污染风险筛选的必测项目

B．基本项目为初步调查阶段建设用地土壤污染风险筛选的选测项目

C．其他项目为初步调查阶段建设用地土壤污染风险筛选的必测项目

D．初步调查阶段建设用地土壤污染风险筛选的选测项目可以包含但不限于其他项目

11．农用地土壤污染物含量高于风险筛选值、等于或低于风险管制值时，原则上应当采取（　　）安全利用措施。

A．牧草种植　　B．农艺调控　　C．家禽养殖　　D．替代种植

参考答案

一、单项选择题

1. A　【解析】依据标准 GB 36600—2018 中 3.4 建设用地土壤污染风险筛选值，指在特定土地利用方式下，建设用地土壤中污染物含量超过该值的，对人体健康可能存在风险，应当开展进一步的详细调查和风险评估，确定具体污染范围和水平。

2. D　【解析】标准 GB 36600—2018 中 5 建设用地土壤污染风险筛选值和管制值，表 1 中具体地块土壤中污染物检测含量超过筛选值，但等于或者低于土壤环境背景值水平的，不纳入污染地块管理。

3. A　4. A

5. B　【解析】标准 GB 36600—2018 中 5.3，通过初步调查确定建设用地土壤中污染物含量高于风险筛选值，应依据 HJ 25.1、HJ 25.2 等标准及相关技术要求，开展详细调查。

6. B　【解析】标准 GB 36600—2018 中 5.3，建设用地若需采取修复措施，其修复目标应依据 HJ 25.3、HJ 25.4 等标准及相关技术要求确定，且应当低于风险管制值。

7. C　【解析】依据 GB 15618—2018，农用地土壤污染风险筛选值指农用地土壤中污染物含量等于或者低于该值的，对农产品质量安全、农作物生长或土壤生态环境的风险低，一般情况下可以忽略；超过该值的，对农产品质量安全、农作物生长或土壤生态环境可能存在风险，应当加强土壤环境监测和农产品协同监测，原则

上应当采取安全利用措施。

8．C 【解析】依据 GB 15618—2018，农用地土壤污染风险管制值指农用地土壤中污染物含量超过该值的，食用农产品不符合质量安全标准等农用地土壤污染风险高，原则上应当采取严格管控措施。

9．D 10．D 11．C 12．B

13．A 【解析】依据 GB 15618—2018，当土壤中镉、汞、砷、铅、铬的含量高于表3规定的风险管制值时，食用农产品不符合质量安全标准等农用地土壤污染风险高，且难以通过安全利用措施降低食用农产品不符合质量安全标准等农用地土壤污染风险，原则上应当采取禁止种植食用农产品、退耕还林等严格管控措施。

二、不定项选择题

1．BC 【解析】标准 GB 36600—2018 中 3.2 建设用地土壤污染风险，指建设用地上居住、工作人群长期暴露于土壤中污染物，因慢性毒性效应或致癌效应而对健康产生不利的影响。

2．ABD 【解析】标准 GB 36600—2018 中 3.3 暴露途径，指建设用地土壤中污染物迁移到达和暴露于人体的方式。主要包括：吸入室外空气中来自表层土壤的气态污染物；吸入室外空气中来自下层土壤的气态污染物；吸入室内空气中来自下层土壤的气态污染物。

3．AC 【解析】标准 GB 36600—2018 中 4 建设用地分类，第一类用地：包括 GB 50137 规定的城市建设用地中的居住用地，公共管理与公共服务用地中的中小学用地、医疗卫生用地和社会福利设施用地，以及公园绿地中的社区公园或儿童公园用地等。

4．BD

5．AD 【解析】标准 GB 36600—2018 中 5.3 建设用地土壤污染风险筛选值和管制值的使用，通过详细调查确定建设用地土壤中污染物含量高于风险管制值，对人体健康通常存在不可接受风险，应当采取风险管控或修复措施。

6．ACD 【解析】标准 GB 15618—2018 中 3.2 农用地，指 GB/T 21010 中的 01 耕地（水田、水浇地、旱地）、02 园地（果园、茶园）和 04 草地（天然牧草地、人工牧草地）。

7．BCD 【解析】标准 GB 15618—2018 中 3.3 农用地土壤污染风险，指因土壤污染导致食用农产品质量安全、农作物生长或土壤生态环境受到不利影响。

8．ABC 9．ACD 10．AD

11．BD 【解析】标准 GB 15618—2018 中 6 农用地土壤污染风险筛选值和管制值的使用，当土壤中镉、汞、砷、铅、铬的含量高于风险筛选值、等于或者低于风险管制值时，原则上应当采取农艺调控、替代种植等安全利用措施。

第九章　规划环境影响评价相关技术导则

一、单项选择题（每题的备选项中，只有一个最符合题意）

1．下列（　　）不适用《规划环境影响评价技术导则　总纲》。

A．长江流域水资源综合规划

B．某直辖市城市总体发展规划

C．某集团公司关于“十四五”的发展规划

D．某省国土资源局关于土地利用的规划

2．下列（　　）不适用《规划环境影响评价技术导则　总纲》。

A．某设区的市级国土利用开发规划

B．某直辖市高新技术产业开发区

C．某省能源发展规划

D．某省林业行政主管部门关于林业的发展规划

3．根据《规划环境影响评价技术导则　总纲》，下列关于规划环境影响评价技术导则体系的构成，说法错误的是（　　）。

A．规划环境影响评价技术导则属于该体系构成的一部分

B．综合性规划的环境影响评价技术导则和技术规范属于该体系的一部分

C．专项规划的环境影响评价技术导则和技术规范不属于该体系的一部分

D．综合性规划和专项规划的环境影响评价技术导则和技术规范应根据本标准制（修）订

4．根据《规划环境影响评价技术导则　总纲》，（　　）是规划编制和实施应满足的环境保护总体要求。

A．环境敏感区　　　　　　　　B．环境质量底线

C．环境目标　　　　　　　　　D．生态系统完整性

5．根据《规划环境影响评价技术导则　总纲》，（　　）是指集成生态保护红线及生态空间、环境质量底线、资源利用上线的管控区域。

A．环境管控区域　　　　　　　B．环境管控单元

C．环境管治区域　　　　　　　D．环境管治单元

6．根据《规划环境影响评价技术导则　总纲》，关于跟踪评价的说法错误的

是（　　）。

A．通过跟踪评价结果，可以提出完善环境管理方案

B．通过跟踪评价可以对正在实施的规划方案进行修订

C．跟踪评价指规划编制机关在规划的实施过程中，对已经和正在产生的环境影响进行监测、分析和评价的过程

D．跟踪评价指规划编制机关在规划的实施过程中，对正在和即将产生的环境影响进行监测、分析和评价的过程

7．根据《规划环境影响评价技术导则　总纲》，下列关于生态保护红线的表述，错误的是（　　）。

A．是保障和维护国家生态安全的底线和生命线

B．指具有重要生态功能、必须强制性严格保护的区域

C．生态保护红线通常包括重要水源涵养、生物多样性维护、水土保持、防风固沙、海岸生态稳定等功能的生态功能重要区域

D．生态保护红线还应包括水土流失、土地沙化、石漠化、盐渍化等生态环境敏感脆弱区域。

8．下列（　　）环境影响评价原则属于《规划环境影响评价技术导则　总纲》中规定的。

A．早期介入　　B．公众参与　　C．　一致性　　D．整体性

9．根据《规划环境影响评价技术导则　总纲》，下列关于现状调查与评价的制约因素分析的说法，错误的是（　　）。

A．分析评价区域资源利用水平现状与区域资源利用下线的关系

B．明确提出规划实施的资源、生态、环境制约因素

C．分析评价区域生态状况现状与生态保护红线的关系

D．分析评价区域环境质量现状与环境质量底线的关系

10．根据《规划环境影响评价技术导则　总纲》，下列关于环境目标和评价指标的说法，错误的是（　　）。

A．环境目标是规划编制和实施应满足的生态环境保护总体要求

B．评价指标应易于统计、比较和量化

C．评价指标值都应是定量或半定量的指标值

D．各评价时段设定的具体目标及要求可以不同

11．根据《规划环境影响评价技术导则　总纲》，下列（　　）不属于规划分析的内容。

A．规划概述　　B．规划的不确定性分析

C．规划协调性分析　　D．梳理规划的环境目标

12．根据《规划环境影响评价技术导则　总纲》，下列（　　）不属于规划概述的内容。

A．梳理规划的环保基础设施建设　　B．介绍规划的能源结构、资源利用结构

C．资源与环境承载力分析　　D．分析规划的空间范围和布局

13．根据《规划环境影响评价技术导则　总纲》，下列关于规划协调性分析，错误的是（　　）。

A．分析规划规模、布局、结构等规划内容与区域“三线一单”管控要求、战略或规划环评成果的符合性

B．筛选出与本规划相关的生态环境保护法律法规、环境经济政策、环境技术政策、资源利用和产业政策，分析本规划与其相关要求的符合性。

C．筛选出在评价范围内与本规划同层位的自然资源开发利用或生态环境保护相关规划，分析与同层位规划在关键资源利用和生态环境保护等方面的协调性

D．分析规划规模、布局、结构等规划内容与下层位规划的符合性

14．根据《规划环境影响评价技术导则　总纲》，规划协调性分析时，应筛选出在评价范围内与本规划同层位的自然资源开发利用或生态环境保护相关规划，分析与（　　）在关键资源利用和生态环境保护等方面的协调性，明确规划与同层位规划间的冲突和矛盾。

A．上层位规划　　B．同层位规划　　C．下层位规划　　D．所有层位规划

15．根据《规划环境影响评价技术导则　总纲》，规划协调性分析时，应筛选出在（　　）与本规划同层位的自然资源开发利用或生态环境保护相关规划，分析与同层位规划在关键资源利用和生态环境保护等方面的协调性，明确规划与同层位规划间的冲突和矛盾。

A．评价范围内　　B．规划范围内

C．生态空间范围内　　D．现状调查范围内

16．根据《规划环境影响评价技术导则　总纲》，下列（　　）不属于现状评价与回顾性分析的内容。

A．梳理规划的环境目标　　B．资源利用现状评价

C．环境与生态现状评价　　D．环境影响回顾性分析

17．根据《规划环境影响评价技术导则　总纲》，下列（　　）不属于现状调查的内容。

A．环保基础设施建设及运行情况调查

B．环境敏感区和重点生态功能区调查

C．环境质量现状、生态状况及生态功能调查

D．规划协调性调查

18．根据《规划环境影响评价技术导则　总纲》，下列（　　）不属于环保基础设施建设及运行情况调查内容。

A．环保投诉情况

B．现有生态保护工程及实施效果

C．大气、水、土壤污染综合治理情况

D．评价范围内的污水处理设施（不含管网）规模、分布、处理能力和处理工艺、服务范围

19．根据《规划环境影响评价技术导则　总纲》，下列（　　）不属于现状调查的原则要求。

A．有常规监测资料的区域，资料原则上包括近3年或更长时间段资料

B．现状调查应立足于收集和利用评价范围内已有的常规现状资料，并说明资料来源和有效性

C．当已有资料不能满足评价要求时，可利用相关研究成果，必要时进行补充调查或监测

D．当评价范围内有需要特别保护的环境敏感区时，可利用相关研究成果，必要时进行补充调查或监测

20．根据《规划环境影响评价技术导则　总纲》，下列关于环境影响识别的阐述，错误的是（　　）。

A．根据规划方案的内容、年限，识别和分析评价期内规划实施对资源、生态、环境造成影响的途径、方式，以及影响的性质、范围和程度。

B．对于可能产生具有易生物蓄积、长期接触对人群和生物产生危害作用的无机和有机污染物、放射性污染物、微生物等的规划，还应识别规划实施产生的污染物与人体接触的途径以及可能造成的人群健康风险。

C．对资源、生态、环境要素的重大不良影响，可从规划实施是否导致区域环境质量下降和生态功能丧失、资源利用冲突加剧、人居环境明显恶化三个方面进行分析与判断。

D．通过环境影响识别，筛选出受规划实施影响较大的资源、生态、环境要素，作为环境影响预测与评价的重点。

21．根据《规划环境影响评价技术导则　总纲》，下列（　　）不属于规划环境影响预测和评价的内容。

A．规划实施生态环境压力分析　　B．资源与环境承载状态评估

C．预测情景设置　　D．资源与环境承载力评估

22．根据《规划环境影响评价技术导则　总纲》，下列（　　）不属于规划环境影响预测和评价的内容。

A．水环境影响预测与评价　　B．人群健康风险分析
C．环境风险预测与评价　　D．环境影响减缓对策和措施

23．根据《规划环境影响评价技术导则　总纲》，关于资源与环境承载力评估，说法错误的是（　　）。

A．资源与环境承载力评估主要包括资源与环境承载力分析、资源与环境承载状态评估
B．分析规划实施大气污染物允许排放量
C．根据规划实施新增资源消耗量和污染物排放量，分析规划实施对各评价时段可利用资源量和污染物允许排放量的占用情况，评估资源与环境对规划实施的承载状态
D．分析规划实施水资源可利用上线

24．根据《规划环境影响评价技术导则　总纲》，下列（　　）不属于规划方案的环境合理性论证的内容。

A．论证规划目标与发展定位的合理性
B．论证环境目标的可达性
C．论证规划规模和规划期限的环境合理性
D．论证规划用地结构、能源结构、产业结构的环境合理性

25．根据《规划环境影响评价技术导则　总纲》，下列关于规划方案的环境效益论证的说法，错误的是（　　）。

A．分析规划实施在维护生态功能方面的环境效益
B．分析规划实施在减少温室气体排放方面的环境效益
C．分析规划实施在优化区域空间格局方面的环境效益
D．分析规划实施在降低资源利用效率方面的环境效益

26．根据《规划环境影响评价技术导则　总纲》，对于资源能源消耗量大、污染物排放量高的行业规划，在综合论证时，其重点是（　　）。

A．论述规划方案的合理性
B．论述规划拟定的发展规模、布局（及选址）和产业结构的环境合理性
C．论述交通设施结构、布局等的合理性
D．论述规划选址及各规划要素的合理性

27．根据《规划环境影响评价技术导则　总纲》，对于公路、铁路、城市轨道交通、航运等交通类规划，在综合论证时，其重点是（　　）。

A．论述规划方案的合理性
B．论述规划确定的发展规模、布局（及选址）和产业结构的合理性
C．论述交通设施结构、布局等的合理性

D．论述规划布局（及选线、选址）的环境合理性

28．根据《规划环境影响评价技术导则　总纲》，规划的环境影响减缓对策和措施是针对评价（　　）实施后可能产生的不良环境影响，提出的环境保护方案和管控要求。

A．所有的规划方案　　B．推荐的规划方案

C．现有的规划方案　　D．备选的规划方案

29．根据《规划环境影响评价技术导则　总纲》，下列关于规划环境影响评价中的环境影响减缓对策和措施，说法错误的是（　　）。

A．环境影响减缓对策和措施应具有可操作性

B．环境影响减缓对策和措施应具有可伸缩性

C．环境影响减缓对策和措施应具有针对性

D．环境影响减缓对策和措施一般包括生态环境保护方案和管控要求

30．根据《规划环境影响评价技术导则　总纲》，下列规划方案中包含具体的建设项目的说法，错误的是（　　）。

A．提出建设项目环境影响评价的重点内容和基本要求

B．提出建设项目污染防治措施建设要求

C．无须对建设项目提出相应的生态环境准入要求

D．提出建设项目的规模要求

31．根据《规划环境影响评价技术导则　总纲》，下列（　　）不属于规划的环境影响减缓对策和措施。

A．提出规划区域整体性污染治理方案

B．提出规划区域生态修复与建设方案

C．提出规划区域资源能源可持续开发利用目标

D．对于产业园区等规划，从空间布局约束、污染物排放管控、环境风险防控、资源开发利用等方面，以清单方式列出生态环境负面准入要求

32．根据《规划环境影响评价技术导则　总纲》，下列（　　）不属于环境影响减缓对策和措施的基本要求。

A．环境影响减缓对策和措施应具有针对性和可操作性

B．能够指导规划实施中的生态环境保护工作

C．有效预防重大不良生态环境影响的产生

D．促进环境目标在整个规划期限内可以实现

33．根据《规划环境影响评价技术导则　总纲》，下列（　　）不属于跟踪评价计划主要内容。

A．提出具体监测计划及评价指标，以及相应的监测点位、频次、周期等

B．明确分析和评价不良生态环境影响预防和减缓措施有效性的监测要求和评价准则

C．提出规划实施对区域环境质量、生态功能、资源利用等的整体性综合影响

D．提出调查和分析规划优化调整建议、环境影响减缓措施、环境管控要求和生态环境准入清单落实情况和执行效果的具体内容和要求

34．根据《规划环境影响评价技术导则　总纲》，下列（　　）不属于规划概述内容。

A．介绍规划编制的背景和定位

B．分析规划的空间范围和布局

C．介绍规划的环保基础设施建设以及生态保护等内容

D．分析规划规模、布局、结构等规划内容与上层位规划的符合性

35．根据《规划环境影响评价技术导则　总纲》，下列（　　）不属于现状调查的内容。

A．大气环境功能区划　　B．生态保护红线与管控要求

C．环保投诉情况　　D．全部用地类型、面积

36．根据《规划环境影响评价技术导则　总纲》，下列（　　）可不纳入规划环境影响评价结论。

A．环境影响后评价方案及主要内容和要求

B．公众意见、会商意见的回复和采纳情况

C．减缓不良环境影响的生态环境保护方案和管控要求

D．规划实施环境影响跟踪评价计划的主要内容和要求

37．根据《规划环境影响评价技术导则　总纲》，下列（　　）可不纳入规划环境影响评价结论。

A．规划的协调性分析结论

B．规划方案的环境效益论证结论

C．规划包含的具体建设项目环境影响评价的重点内容和简化建议等

D．环境影响识别与评价指标体系内容

38．根据《规划环境影响评价技术导则　总纲》，下列（　　）不属于规划环境影响报告书主要内容。

A．环境影响识别与评价指标体系构建　　B．规划分析

C．环境影响跟踪评价计划　　D．环境影响后评价

39．根据《规划环境影响评价技术导则　总纲》，下列（　　）属于规划环境影响篇章（或说明）主要内容。

A．公众参与　　B．环境影响分析依据

C．规划编制全程互动情况及其作用　　D．环境影响识别与评价指标体系构建

40．根据《规划环境影响评价技术导则　总纲》，下列（　　）不属于评价范围的确定原则。

A．按照规划实施的时间维度和可能影响的空间尺度来界定评价范围

B．时间维度上，应包括整个规划期

C．空间尺度上，应根据规划方案的内容、年限等选择评价的重点时段

D．空间尺度上，应包括规划空间范围以及可能受到规划实施影响的周边区域

41．下列规划中，环境影响评价不适用《规划环境影响评价技术导则　产业园区》的是（　　）。

A．国务院批准设立的产业园区规划

B．省人民政府批准设立的产业园区规划

C．直辖市人民政府批准设立的产业园区规划

D．设区的市级人民政府批准设立的产业园区规划

42．根据《规划环境影响评价技术导则　产业园区》，（　　）不属于评价总体原则。

A．全程互动　　　　　　　　　　B．统筹协调

C．协同联动　　　　　　　　　　D．兼顾全局

43．根据《规划环境影响评价技术导则　产业园区》（HJ 131—2021），产业园区是指经（　　）依法批准设立，具有统一管理机构及产业集群特征的特定规划区域。

A．国务院　　　　　　　　　　B．省级人民政府

C．市级人民政府　　　　　　　D．各级人民政府

44．根据《规划环境影响评价技术导则　产业园区》，评价范围的确定原则，下列表述正确的是（　　）。

A．时间维度上，应包括产业园区整个规划期，并将规划近期作为评价的重点时段

B．时间维度上，应包括产业园区整个规划期，并将规划中期作为评价的重点时段

C．时间维度上，应包括产业园区整个规划期，并将规划近、中期作为评价的重点时段

D．空间尺度上，基于产业园区规划范围，结合规划实施对各生态环境要素可能影响的产业园区外周边地区或环境敏感区，统筹确定评价空间范围

45．根据《规划环境影响评价技术导则　产业园区》，评价总体原则不包括（　　）。

A．全程互动　　　　　　　　　　B．统筹协调

C．提前介入　　　　　　　　　　D．突出重点

46．《规划环境影响评价技术导则　流域综合规划》（HJ 1218—2021）的适用范

围不包括（　　）。

A．国务院有关部门组织编制的流域综合规划（含修订）的环境影响评价

B．流域管理机构组织编制的流域综合规划（含修订）的环境影响评价

C．设区的市级以上地方人民政府及其有关部门组织编制的流域综合规划（含修订）的环境影响评价

D．地级市人民政府组织编制的流域综合规划（含修订）的环境影响评价

47．根据《规划环境影响评价技术导则　流域综合规划》，根据规划环境影响特点和流域生态环境保护要求，调查流域自然和社会环境概况，重点对（　　）及相关区域开展调查，系统梳理流域开发、利用和保护现状，重点评价流域水文水资源、水环境和生态环境等现状及变化趋势。

A．干支流重要河段、主要控制断面

B．干支流重要河段、国控断面

C．干支流重要河段，国控、省控断面

D．干支流敏感河段，国控、省控断面

48．根据《规划环境影响评价技术导则　流域综合规划》，关于环境影响预测与评价的基本要求，规划期内新建的控制性工程以及（　　）工程的不同调度运行工况、阶段，从规划规模、布局、建设时序等方面，开展多种情景（或运行工况）规划环境影响预测与评价。

A．已建　　B．在建　　C．已建、在建　　D．未建

49．根据《规划环境影响评价技术导则　流域综合规划》，在规划方案环境合理性论证中，根据流域（　　）目标要求，结合规划协调性分析结果，论证规划定位和规划环境目标的环境合理性。

A．生态环境质量、环境目标及“三线一单”

B．生态环境保护定位、环境目标及“三线一单”

C．生态环境保护定位、环境现状问题及“三线一单”

D．生态环境保护定位、环境目标及“三同时”

50．根据《规划环境影响评价技术导则　流域综合规划》，在规划优化调整建议中，针对经评价得出的（　　）等，从促进流域环境质量改善、加强生态功能保障、推动绿色低碳发展角度，进一步梳理并以图、表形式提出规划方案的优化调整建议。将优化调整后的规划方案作为环境比选的推荐方案。

A．关键要素、突出问题、主要影响、重大风险

B．关键问题、突出要素、主要影响、重大风险

C．关键影响、突出影响、主要要素、重大风险

D．关键问题、突出风险、主要要素、重大影响

二、不定项选择题（每题的备选项中至少有一个符合题意）

1．下列规划中，环境影响评价适用于《规划环境影响评价技术导则　总纲》的有（　　）。

A．国家煤化工发展规划

B．某中央企业“十四五”发展规划

C．某省旅游部门组织编制的旅游开发专项规划

D．某设区的市级林业部门组织编制的林业开发专项规划

2．根据《规划环境影响评价技术导则　总纲》，规划实施生态环境压力分析中，依据生态现状评价和回顾性分析结果，考虑生态系统演变规律及生态保护修复等因素，评估不同情景下主要生态因子（　　）的变化量。

A．生物量　　B．植被覆盖度/率

C．重要生境面积　　D．植被类型

3．根据《规划环境影响评价技术导则　总纲》，生态保护红线包括（　　）。

A．水土流失的区域　　B．生物多样性维护的区域

C．石漠化的区域　　D．具有水源涵养的区域

4．根据《规划环境影响评价技术导则　总纲》，预测情景设置应结合规划（　　），从规划规模、布局、结构、建设时序等方面，设置多种情景开展环境影响预测与评价。

A．所依托的资源环境和基础设施建设条件　　B．区域生态功能维护要求

C．环境质量改善要求　　D．环境要素

5．根据《规划环境影响评价技术导则　总纲》，评价原则中评价工作应突出（　　）规划及其环境影响特点，充分衔接“三线一单”成果，分类指导规划所包含建设项目的布局和生态环境准入。

A．不同级别　　B．不同类型　　C．不同阶段　　D．不同层级

6．根据《规划环境影响评价技术导则　总纲》，规划环境影响评价原则有（　　）。

A．早期介入　　B．统筹衔接、分类指导

C．过程互动　　D．客观评价

7．根据《规划环境影响评价技术导则　总纲》，下列（　　）不属于规划环境影响评价原则。

A．早期介入、过程互动　　B．客观评价、结论科学

C．一致性　　D．层次性

8．根据《规划环境影响评价技术导则　总纲》，下列（　　）属于规划方案的优化调整建议内容。

A．将优化调整后的规划方案，作为评价推荐的规划方案

B．说明规划环评与规划编制的互动过程、互动内容和各时段向规划编制机关反馈的建议及其被采纳情况等互动结果

C．应明确优化调整后的规划布局、规模、结构、建设时序

D．给出相应的优化调整图、表，说明优化调整后的规划方案具备资源、生态和环境方面的可支撑性

9．根据《规划环境影响评价技术导则　总纲》，公众参与和会商意见处理的工作要求包括（　　）。

A．收集整理公众意见和会商意见

B．对于已采纳的，应在环境影响评价文件中明确说明修改的具体内容

C．对于未采纳的，应说明理由

D．对于未采纳的，不需说明理由

10．根据《规划环境影响评价技术导则　总纲》，下列（　　）属于现状调查的基本要求。

A．开展资源利用和生态环境现状调查

B．开展环境影响回顾性分析

C．梳理规划实施的资源、生态、环境制约因素

D．分析主要生态环境问题及成因

11．根据《规划环境影响评价技术导则　总纲》，下列（　　）属于规划概述的内容。

A．介绍规划编制背景和定位

B．梳理规划的环境目标

C．介绍规划不同阶段目标

D．规划方案包含的具体建设项目有明确的规划内容，应说明其建设时段、内容、规模、选址等

12．根据《规划环境影响评价技术导则　总纲》，对于可能产生具有易生物蓄积、长期接触对人群和生物产生危害作用的无机和有机污染物、放射性污染物、微生物等的规划，还应识别（　　）。

A．规划实施产生的污染物与人体接触的途径

B．可能造成的人群健康风险

C．产生的污染物与人体接触的方式

D．产生的污染物与人体接触的时间

13．根据《规划环境影响评价技术导则　总纲》，对资源、生态、环境要素的重大不良影响，可从规划实施是否导致（　　）进行分析与判断。

A．区域环境质量下降　　B．生态功能丧失

C．资源利用冲突加剧　　D．人居环境明显恶化

14．根据《规划环境影响评价技术导则　总纲》，下列（　　）属于环境目标的确定原则。

A．国家和区域确定的可持续发展战略　　B．生态环境保护法规与政策

C．资源利用法规与政策　　D．相关标准中规定的限值要求

15．根据《规划环境影响评价技术导则　总纲》，确定评价指标值时，指标值应符合（　　）。

A．相关产业政策　　B．生态环境保护政策

C．相关标准中规定的限值要求　　D．资源利用法规与政策

16．根据《规划环境影响评价技术导则　总纲》，下列关于评价指标的说法正确的是（　　）。

A．应符合评价区域生态环境特征

B．体现规划的属性特点及其主要环境影响特征

C．评价指标的选取应易于统计、比较和量化

D．国内政策、标准中没有的评价指标值可由编制单位自行确定

17．根据《规划环境影响评价技术导则　总纲》，规划分析应包括（　　）。

A．规划概述　　B．规划协调性分析

C．规划开发强度分析　　D．规划的不确定性分析

18．根据《规划环境影响评价技术导则　总纲》，在规划协调性分析时，筛选出在评价范围内与本规划同层位的自然资源开发利用或生态环境保护相关规划，分析与同层位规划在（　　）等方面的协调性，明确规划与同层位规划间的冲突和矛盾。

A．关键资源利用　　B．生态环境保护

C．生态建设　　D．资源保护与利用

19．根据《规划环境影响评价技术导则　总纲》，预测情景设置应结合规划所依托的资源环境和基础设施建设条件、区域生态功能维护和环境质量改善要求等，从（　　）等方面，设置多种情景开展环境影响预测与评价。

A．规划规模　　B．规划布局　　C．规划结构　　D．规划建设时序

20．根据《规划环境影响评价技术导则　总纲》，下列（　　）属于规划分析的方式和方法。

A．核查表　　B．智暴法　　C．情景分析　　D．德尔斐法

21．根据《规划环境影响评价技术导则　总纲》，规划环境影响预测内容包括（　　）。

A．预测情景设置　　B．影响预测与评价

C．规划实施生态环境压力分析　　D．资源与环境承载力评估

22．根据《规划环境影响评价技术导则　总纲》，规划环境影响评价一般工作流程包括（　　）。

A．在规划前期阶段，同步开展规划环评工作

B．在规划方案编制阶段，完成现状调查与评价

C．规划环境影响报告书审查会后，应根据审查小组提出的修改意见和审查意见对报告书进行修改完善

D．在规划报送审批前，应将环境影响评价文件及其审查意见正式提交给规划编制机关

23．根据《规划环境影响评价技术导则　总纲》，关于影响预测与评价的内容的说法，正确的是（　　）。

A．预测不同情景下规划实施导致的区域水资源、水文情势、海洋水文动力环境和冲淤环境、地下水补径排状况等的变化

B．预测不同情景下规划实施对评价范围内生态保护红线、自然保护区等环境敏感区的影响

C．预测不同情景下规划实施产生的大气污染物对环境空气质量的影响，明确影响范围、程度

D．预测不同情景下规划实施对生态系统结构、功能的影响范围，评价规划实施对生物多样性和生态系统完整性的影响

24．根据《规划环境影响评价技术导则　总纲》，"三线一单"包括（　　）。

A．生态保护红线　　B．资源利用上线

C．环境质量底线　　D．生态环境准入负面清单

25．根据《规划环境影响评价技术导则　总纲》，规划方案的综合论证内容包括（　　）。

A．规划方案的环境效益论证　　B．规划方案的环境合理性论证

C．规划方案的可持续发展论证　　D．规划方案的技术合理性论证

26．根据《规划环境影响评价技术导则　总纲》，规划方案的环境合理性论证包括（　　）。

A．论证规划目标与发展定位的环境合理性

B．论证规划规模和建设时序的环境合理性

C．论证规划布局的环境合理性

D．论证规划用地结构、能源结构、产业结构的环境合理性

27．根据《规划环境影响评价技术导则　总纲》，对于资源能源消耗量大和污染物排放量高的行业规划，在环境影响评价综合论证时，重点从（　　）等方面，论

述规划拟定的发展规模、布局（及选址）和产业结构的环境合理性。

A．流域和区域资源利用上线

B．规划实施可能对环境质量的影响程度

C．环境风险

D．人群健康风险

28．根据《规划环境影响评价技术导则　总纲》，某省级国土部门编制的省级国土开发利用规划，在环境影响评价综合论证时，重点从（　　）论述规划方案的合理性。

A．流域或区域生态保护红线对规划实施的约束

B．流域或区域资源利用上线对规划实施的约束

C．规划实施对生态系统及环境敏感区、重点生态功能区结构、功能的影响和生态风险

D．区域资源、环境及城市基础设施对规划实施的支撑能力能否满足可持续发展要求

29．根据《规划环境影响评价技术导则　总纲》，对于产业园区等规划，在环境影响评价综合论证时，重点从（　　）等方面，综合论述规划规模、布局、结构、建设时序以及规划环境基础设施、重大建设项目的环境合理性。

A．区域资源利用上线对规划实施的约束

B．环境质量底线对规划实施的约束

C．规划及包括的交通运输实施可能对环境质量的影响程度

D．环境风险与人群健康风险

30．根据《规划环境影响评价技术导则　总纲》，对于城市规划、国民经济与社会发展规划等综合类规划，在环境影响评价综合论证时，重点从（　　）论述规划方案的合理性。

A．区域资源利用上线、生态保护红线、环境质量底线对规划实施的约束

B．城市环境基础设施对规划实施的支撑能力

C．规划及相关交通运输实施对改善环境质量的作用

D．规划及相关交通运输实施对提高资源利用效率的作用

31．根据《规划环境影响评价技术导则　总纲》，规划的环境影响减缓对策和措施包括（　　）等内容。

A．生态环境保护方案　　B．生态环境管控要求

C．影响减量化　　D．对造成的影响进行全面修复补救

32．根据《规划环境影响评价技术导则　总纲》，关于环境影响减缓对策和措施的说法，正确的是（　　）。

A．环境影响减缓对策和措施应具有针对性和可操作性

B．能够指导规划实施中的生态环境保护工作

C．能够有效预防重大不良生态环境影响的产生

D．能够促进环境目标在相应的规划期限内可以实现

33．根据《规划环境影响评价技术导则　总纲》，下列关于规划方案的优化调整建议的说法，正确的是（　）。

A．根据规划方案的环境合理性和环境效益论证结果，对规划内容提出明确的具有可操作性的优化调整建议

B．应明确优化调整后的规划布局、规模、结构、建设时序

C．将优化调整后的规划方案，作为评价推荐的规划方案

D．说明规划环评与规划编制的互动过程、互动内容和各时段向规划编制机关反馈的建议及其被采纳情况等互动结果

34．根据《规划环境影响评价技术导则　总纲》，下列（　）属于规划环境影响报告书的主要内容。

A．环境影响识别与评价指标体系构建

B．规划方案综合论证和优化调整建议

C．环境影响减缓对策和措施

D．环境影响跟踪评价计划

35．根据《规划环境影响评价技术导则　总纲》，评价范围的确定原则包括（　）。

A．按照规划实施的时间维度和空间尺度来界定评价范围

B．时间维度上，应包括整个规划期，并根据规划方案的内容、年限等选择评价的重点时段

C．空间尺度上，应包括规划空间范围以及可能受到规划实施影响的周边区域

D．周边区域确定应考虑各环境要素评价范围，兼顾区域流域污染物传输扩散特征、生态系统完整性和行政边界。

36．根据《规划环境影响评价技术导则　总纲》，下列关于环境影响报告书中图件一般包括（　）。

A．规划概述相关图件　B．环境现状和区域规划相关图件

C．跟踪评价计划成果图件　D．环境管控成果图件

37．根据《规划环境影响评价技术导则　总纲》，在评价结论中应明确的内容，说法正确的是（　）。

A．规划的协调性分析结论

B．减缓不良环境影响的生态环境保护方案和管控要求

C．规划实施环境影响跟踪评价计划的主要内容和要求

D．公众意见、会商意见的回复和采纳情况

38．根据《规划环境影响评价技术导则　总纲》，生态环境准入清单指基于环境管控单元，统筹考虑（　　）的管控要求，以清单形式提出的空间布局、污染物排放、环境风险防控、资源开发利用等方面生态环境准入要求。

A．生态保护红线　　B．环境质量底线

C．资源利用上线　　D．环境质量目标

39．根据《规划环境影响评价技术导则　总纲》，根据规划方案的环境合理性和环境效益论证结果，对规划内容提出（　　）优化调整建议。

A．明确的　　B．具有可操作性的

C．整体性　　D．科学性

40．根据《规划环境影响评价技术导则　总纲》，下列（　　）属于规划环境影响篇章（或说明）主要内容。

A．环境影响分析依据　　B．规划方案综合论证和优化调整建议

C．环境影响减缓措施　　D．环境影响预测与评价

41．根据《规划环境影响评价技术导则　总纲》，下列（　　）属于规划环境影响篇章（或说明）中的环境影响减缓措施。

A．给出减缓不良生态环境影响的环境保护方案要求

B．给出减缓不良生态环境影响的环境管控要求

C．针对主要环境影响提出跟踪监测和评价计划

D．针对全部环境影响提出跟踪监测和评价计划

42．根据《规划环境影响评价技术导则　总纲》，下列（　　）属于现状分析与评价的方式和方法。

A．指数法　　B．类比分析法　　C．叠图分析法

D．生态学分析法　　E．灰色系统分析法

43．根据《规划环境影响评价技术导则　总纲》，环境现状分析与评价的方法可采用生态学分析方法，下列（　　）属于生态学分析方法。

A．生态机理分析法　　B．景观生态学法

C．生态系统健康评价法　　D．系统分析法

44．根据《规划环境影响评价技术导则　总纲》，关于规划方案综合论证和优化调整建议基本要求的说法，正确的是（　　）。

A．以改善环境质量和保障生态安全为核心

B．侧重于协调当前利益与长远利益之间关系角度

C．提出规划方案的优化调整建议并推荐环境可行的规划方案

D．如果规划方案优化调整后资源、生态、环境仍难以承载，不能满足资源利用上线和环境质量底线要求，应提出规划方案的重大调整建议

45．根据《规划环境影响评价技术导则　总纲》，出现（　　）情形时，对规划要提出明确的优化调整建议。

A．规划的主要目标、发展定位不符合上层位主体功能区规划、区域“三线一单”等要求

B．规划空间布局和包含的具体建设项目选址、选线不符合生态保护红线、重点生态功能区，以及其他环境敏感区的保护要求

C．规划开发活动或包含的具体建设项目不满足区域生态环境准入清单要求、属于国家明令禁止的产业类型或不符合国家产业政策、环境保护政策

D．规划方案中有依据现有科学水平和技术条件，无法或难以对其产生的不良环境影响的程度或范围做出科学、准确判断的内容

46．根据《规划环境影响评价技术导则　总纲》，关于环境影响识别与评价指标体系构建基本要求的说法，正确的是（　　）。

A．识别规划实施可能产生的资源、生态、环境影响

B．确定评价重点

C．初步判断影响的性质、范围和程度

D．明确环境目标，建立评价的指标体系

47．根据《规划环境影响评价技术导则　产业园区》，下列属于评价基本任务的是（　　）。

A．开展产业园区发展情况与区域生态环境现状调查、生态环境影响回顾性评价，规划实施主要生态、环境、资源制约因素分析

B．识别规划实施主要生态环境影响和风险因子，分析规划实施生态环境压力、污染物减排和节能降碳潜力，预测与评价规划实施环境影响和潜在风险，分析资源与环境承载状态

C．论证规划产业定位、发展规模、产业结构、布局、建设时序及环境基础设施等的环境合理性，并提出优化调整建议，说明优化调整的依据和潜在效果或效益

D．提出既有环境问题及不良环境影响的减缓对策、措施，明确规划实施环境影响跟踪监测与评价要求、规划所含建设项目的环境影响评价重点，制定或完善产业园区环境准入及产业园区环境管理要求，形成评价结论与建议

48．根据《规划环境影响评价技术导则　产业园区》，下列属于规划概述内容的是（　　）。

A．规划总体安排　　B．产业发展

C．基础设施建设　　D．生态环境保护

49. 根据《规划环境影响评价技术导则　产业园区》，在规划协调性分析时，分析产业园区规划与上位和同层位生态环境保护法律、法规、政策及国土空间规划、产业发展规划等相关规划的符合性和协调性，明确在（　　）等方面的不协调或潜在冲突。

A. 空间布局　　B. 资源保护与利用

C. 节能降碳　　D. 风险防控

50. 根据《规划环境影响评价技术导则　产业园区》，下列关于规划所含建设项目环境影响评价要求的说法，正确的是（　）

A. 分行业提出规划所含建设项目环境影响评价重点内容和基本要求

B. 对符合产业园区环境准入的建设项目，提出简化入园建设项目环境影响评价的建议

C. 对不涉及特定保护区域、环境敏感区，可提出简化选址环境可行性和政策符合性分析，生态环境调查直接引用规划环境影响评价结论的建议

D. 对依托产业园区供热、清洁低碳能源供应、污水集中处理、固体废物集中处置等公用设施的建设项目，可提出正常工况下的环境影响直接引用规划环境影响评价结论的建议

51. 根据《规划环境影响评价技术导则　产业园区》，评价结论包括（　　）。

A. 产业园区生态环境现状与存在问题

B. 规划生态环境影响特征与预测评价结论

C. 资源环境压力与承载状态评估结论

D. 规划实施制约因素与优化调整建议

52. 根据《规划环境影响评价技术导则　流域综合规划》，评价原则包括（　　）。

A. 全程参与、充分互动　　B. 严守红线、强化管控

C. 统筹衔接、突出重点　　D. 协调一致、科学系统

53. 根据《规划环境影响评价技术导则　流域综合规划》，下列关于评价范围及评价时段的说法，正确的是（　　）。

A. 评价范围应覆盖规划空间范围及可能受到规划实施影响的区域

B. 评价范围应统筹兼顾流域上下游、干支流、左右岸、河（湖）滨带、地表和地下集水区、调入区和调出区及江河湖海交汇区

C. 评价时段与流域综合规划的规划时段一致，必要时可根据规划实施可能产生的累积性生态环境影响适当扩展，并根据规划方案的生态环境影响特征确定评价的重点时段

D. 评价时段与流域综合规划的规划时段一致，必要时可根据规划实施可能产生的生态环境影响适当扩展，并根据规划方案的生态环境影响特征确定评价的全过

程时段

54. 根据《规划环境影响评价技术导则　流域综合规划》，环境影响预测与评价应立足于利用已有成果，并说明（　）。

A. 资料来源　　B. 资料有效性

C. 资料完整性　　D. 资料合理性

55. 根据《规划环境影响评价技术导则　流域综合规划》，在评价结论中应明确的是（　）。

A. 流域生态环境保护定位和环境目标

B. 流域环境质量、资源利用现状和变化趋势，流域存在的主要生态环境问题，规划实施的资源、生态、环境制约因素

C. 规划定位、任务、布局、规模、建设方式、时序安排、重大工程等规划优化调整建议

D. 公众意见、会商意见的回复和采纳情况

参考答案

一、单项选择题

1. C

2. B 【解析】选项B属《开发区区域环境影响评价技术导则》的适用范围。

3. C 【解析】《规划环境影响评价技术导则　总纲》适用范围包括工业、农业、畜牧业、林业、能源、水利、交通、城市建设、旅游、自然资源开发的有关专项规划的环境影响评价。

4. C 5. B

6. D 【解析】跟踪评价指规划编制机关在规划的实施过程中，对已经和正在产生的环境影响进行监测、分析和评价的过程，用以检验规划实施的实际环境影响以及不良环境影响减缓措施的有效性，并根据评价结果，提出完善环境管理方案，或者对正在实施的规划方案进行修订。

7. B 【解析】选项B的正确说法是：生态保护红线指具有特殊重要生态功能、必须强制性严格保护的区域。

8. A 【解析】选项CD属旧导则（HJ 130—2014）中的原则。

9. A 10. C

11. B 【解析】选项B属旧导则（HJ 130—2014）中的内容。

12. C 【解析】选项C属环境影响预测与评价的内容。

13．D 【解析】选项D的正确说法是分析规划规模、布局、结构等规划内容与上层位规划、区域“三线一单”管控要求、战略或规划环评成果的符合性，识别并明确在空间布局以及资源保护与利用、生态环境保护等方面的冲突和矛盾。

14．B 15．A

16．A 【解析】选项A属于规划概述的内容。

17．D 【解析】调查应包括自然地理状况、环境质量现状、生态状况及生态功能、环境敏感区和重点生态功能区、资源利用现状、社会经济概况、环保基础设施建设及运行情况等内容。实际工作中应根据规划环境影响特点和区域生态环境保护要求，从附录C中选择相应内容开展调查和资料收集，并附相应图件。

18．D 【解析】依据导则附录C。

19．A 【解析】现状调查应立足于收集和利用评价范围内已有的常规现状资料，并说明资料来源和有效性。有常规监测资料的区域，资料原则上包括近5年或更长时间段资料，能够说明各项调查内容的现状和变化趋势。对其中的环境监测数据，应给出监测点位名称、监测点位分布图、监测因子、监测时段、监测频次及监测周期等，分析说明监测点位的代表性。

当已有资料不能满足评价要求，或评价范围内有需要特别保护的环境敏感区时，可利用相关研究成果，必要时进行补充调查或监测，补充调查样点或监测点位应具有针对性和代表性。

20．D 【解析】选项D的正确说法是：通过环境影响识别，筛选出受规划实施影响显著的资源、生态、环境要素，作为环境影响预测与评价的重点。

21．B 【解析】选项B属资源与环境承载力评估的内容。

22．D

23．C 【解析】选项C的正确说法是：根据规划实施新增资源消耗量和污染物排放量，分析规划实施对各评价时段剩余可利用资源量和剩余污染物允许排放量的占用情况，评估资源与环境对规划实施的承载状态。

24．C 25．D 【解析】选项D的正确说法是：分析规划实施在提高资源利用效率方面的环境效益。

26．B 27．D 28．B

29．B 【解析】环境影响减缓对策和措施应具有针对性和可操作性，能够指导规划实施中的生态环境保护工作，有效预防重大不良生态环境影响的产生，并促进环境目标在相应的规划期限内可以实现。选项B表述错误。

30．C

31．D 【解析】依据《规划环境影响评价技术导则 总纲》10.3，选项D的正确说法是：“对于产业园区等规划，从空间布局约束、污染物排放管控、环境风险防控、资源开发利用等方面，以清单方式列出生态环境准入要求。”

32. D 【解析】依据《规划环境影响评价技术导则　总纲》10.2 原文：“环境影响减缓对策和措施应具有针对性和可操作性，能够指导规划实施中的生态环境保护工作，有效预防重大不良生态环境影响的产生，并促进环境目标在相应的规划期限内可以实现。”

33. C　34. D

35. D 【解析】《规划环境影响评价技术导则　总纲》附录 C“环境现状调查内容”。

36. A　37. D　38. D　39. B　40. C　41. D　42. D　43. D　44. A　45. C　46. D　47. A　48. C　49. B　50. A

二、不定项选择题

1. ACD

2. ABC 【解析】主要生态因子包括生物量、植被覆盖度/率、重要生境面积等。

3. ABC　4. ABC　5. BD　6. ABCD　7. CD　8. ABCD　9. ABC　10. ABCD　11. ABCD　12. AB　13. ABCD

14. ABC 【解析】选项 D 属于确定评价指标的原则要求。

15. ABC 【解析】选项 D 属于确定环境目标的原则要求。

16. ABC 【解析】评价指标应易于统计、比较和量化，指标值符合相关产业政策、生态环境保护政策、相关标准中规定的限值要求，如国内政策、标准中没有相应的规定，也可参考国际标准来确定；对于不易量化的指标可参考相关研究成果或经过专家论证，给出半定量的指标值或定性说明。

17. AB　18. AB　19. ABCD

20. ABCD 【解析】规划分析的方式和方法较多，主要有：核查表、叠图分析、矩阵分析、专家咨询（如智暴法、德尔斐法等）、情景分析、类比分析、系统分析。

21. ABCD　22. ABCD　23. ABC　24. ABC　25. AB

26. ABCD 【解析】除 4 个选项外，规划方案的环境合理性论证还有一点：论证环境目标的可达性。

27. ABCD

28. ABC 【解析】对于土地利用的有关规划和区域、流域、海域的建设、开发利用规划，农业、畜牧业、林业、能源、水利、旅游、自然资源开发专项规划，重点从流域或区域生态保护红线、资源利用上线对规划实施的约束，以及规划实施对生态系统及环境敏感区、重点生态功能区结构、功能的影响和生态风险等角度，论述规划方案的环境合理性。注意：这个考点容易结合具体的规划改变命题形式。

29．ABCD

30．ABCD 【解析】对于城市规划、国民经济与社会发展规划等综合类规划，重点从区域资源利用上线、生态保护红线、环境质量底线对规划实施的约束，城市环境基础设施对规划实施的支撑能力、规划及相关交通运输实施对改善环境质量、优化城市生态格局、提高资源利用效率的作用等方面，综合论述规划方案的环境合理性。

31．AB 【解析】环境影响减缓对策和措施一般包括生态环境保护方案和管控要求。

32．ABCD 33．ABCD 34．ABCD

35．BCD 【解析】选项A的正确说法是：按照规划实施的时间维度和可能影响的空间尺度来界定评价范围。

36．ABCD

37．ABCD 【解析】规划环境影响评价结论较多，需注意每个结论的小结论。

38．ABC 【解析】生态环境准入清单考虑的是环境质量底线，不是环境质量目标。

39．AB 40．ACD

41．ABC 【解析】《规划环境影响评价技术导则 总纲》15.4原文："d）环境影响减缓措施。给出减缓不良生态环境影响的环境保护方案和环境管控要求。针对主要环境影响提出跟踪监测和评价计划。"注意：在规划环境影响评价报告书中的环境影响跟踪评价计划是单独成章的。

42．ABCDE 【解析】《规划环境影响评价技术导则 总纲》附录B原文："现状分析与评价：专家咨询、指数法（单指数、综合指数）、类比分析、叠图分析、生态学分析法（生态系统健康评价法、生物多样性评价法、生态机理分析法、生态系统服务功能评价方法、生态环境敏感性评价方法、景观生态学法等，以下同）、灰色系统分析法。"

43．ABC

44．ACD 【解析】《规划环境影响评价技术导则 总纲》9.1原文："以改善环境质量和保障生态安全为核心，综合环境影响预测与评价结果，论证规划目标、规模、布局、结构等规划内容的环境合理性以及评价设定的环境目标的可达性，分析判定规划实施的重大资源、生态、环境制约的程度、范围、方式等，提出规划方案的优化调整建议并推荐环境可行的规划方案。如果规划方案优化调整后资源、生态、环境仍难以承载，不能满足资源利用上线和环境质量底线要求，应提出规划方案的重大调整建议。"

45．ABCD　46．ABCD　47．ABCD　48．ABCD　49．ABCD

50．ABD　【解析】根据《规划环境影响评价技术导则　产业园区》，选项 C 的正确说法是："对不涉及特定保护区域、环境敏感区，且满足重点管控区域准入要求的建设项目，可提出简化选址环境可行性和政策符合性分析，生态环境调查直接引用规划环境影响评价结论的建议。"

51．ABCD　52．ABCD　53．ABC　54．AB　55．ABCD

第十章 建设项目环境风险评价技术导则

一、单项选择题（每题的备选项中，只有一个最符合题意）

1．根据《建设项目环境风险评价技术导则》，下列关于导则适用范围，错误的是（ ）。

A．适用于涉及有毒有害和易燃易爆危险物质生产、使用、储存的建设项目可能发生的突发性事故（不包括人为破坏及自然灾害引发的事故）的环境风险评价

B．标准规定的一般性原则适用于有特定行业环境风险评价技术规范要求的建设项目

C．适用于生态风险评价及核与辐射类建设项目的环境风险评价

D．相关规划类环境影响评价中的环境风险评价可参考执行

2．根据《建设项目环境风险评价技术导则》，下列应进行环境风险评价的建设项目是（ ）。

A．钢材物流中心　　B．海滨浴场

C．使用管线运输　　D．核电站

3．下列风险事故不适用于《建设项目环境风险评价技术导则》的是（ ）。

A．甲醇罐爆炸　　B．液氨罐泄漏

C．天然气田井喷　　D．炼油厂污水处理厂输送管道断裂

4．根据《建设项目环境风险评价技术导则》，环境风险潜势是（ ）。

A．对建设项目环境危害程度的概化分析表达，是基于建设项目涉及的物质和工艺系统危险性及其所在地环境质量的综合表征

B．对建设项目潜在环境危害程度的概化分析表达，是基于建设项目涉及的物质和工艺系统危险性及其所在地环境敏感程度的综合表征

C．对建设项目潜在环境危害程度的概化分析表达，是基于建设项目涉及的物质和设备危险性及其所在地环境敏感程度的综合表征

D．对建设项目环境危害程度的概化分析表达，是基于建设项目涉及的物质和设备危险性及其所在地环境质量的综合表征

5．根据《建设项目环境风险评价技术导则》，危险单元是（ ）。

A．由一个或多个风险源构成的具有相对独立功能的单元，应可实现与其他功能单

元的分割

B. 由一个或多个风险源构成的具有独立功能的单元，事故状况下应可实现与其他功能单元的分割

C. 由多个风险源构成具有相对独立功能的单元，事故状况下应可实现与其他功能单元的分割

D. 由一个或多个风险源构成的具有相对独立功能的单元，事故状况下应可实现与其他功能单元的分割

6. 根据《建设项目环境风险评价技术导则》，最大可信事故是（　　）。

A. 基于经验统计分析，在一定可能性区间内发生的事故中，造成环境危害最严重的事故

B. 基于统计分析，在一定区间内发生的事故中，造成环境危害最严重的事故

C. 基于经验统计分析，在一定可能性区间内发生的事故中，造成环境危害的事故

D. 基于经验统计分析，在一定区间内发生的事故中，造成环境危害严重的事故

7. 根据《建设项目环境风险评价技术导则》，大气毒性终点浓度是（　　）。

A. 人员长期暴露可能会导致出现健康影响或死亡的大气污染物浓度，用于判断周边环境风险影响程度

B. 人员短期暴露可能会导致出现健康影响或死亡的大气污染物浓度，用于判断周边环境风险影响程度

C. 人员短期暴露会导致出现健康影响或死亡的大气污染物浓度，用于判断周边环境风险影响程度

D. 人员长期暴露可能会导致出现健康影响的大气污染物浓度，用于判断周边环境风险影响程度

8. 根据《建设项目环境风险评价技术导则》，环境风险评价工作程序是（　　）。

A. 风险调查、环境风险潜势初判、风险识别、风险事故情形分析、风险预测与评价、环境风险管理

B. 风险识别、风险调查、环境风险潜势初判、风险事故情形分析、风险预测与评价、环境风险管理

C. 环境风险潜势初判、风险调查、风险识别、风险事故情形分析、风险预测与评价、环境风险管理

D. 风险调查、风险识别、环境风险潜势初判、风险事故情形分析、风险预测与评价、环境风险管理

9. 按照《建设项目环境风险评价技术导则》，根据环境风险潜势，将环境风险评价工作划分为（　　）。

A. 一级、二级、三级　　　　B. 一级、二级、三级、四级、五级

C. 一级、二级、三级、四级　　D. 一级、二级

10. 经判断某项目环境风险潜势为Ⅱ级，按照《建设项目环境风险评价技术导则》，该建设项目的环境风险评价工作等级为（　　）。

A. 三级　　B. 二级　　C. 一级　　D. 简单分析

11. 经判断某项目环境风险潜势为$Ⅳ^+$级，按照《建设项目环境风险评价技术导则》，该建设项目的环境风险（　　）。

A. 进行三级评价　　B. 进行二级评价

C. 进行一级评价　　D. 可开展简单分析

12. 根据《建设项目环境风险评价技术导则》，关于大气环境风险评价范围，下列说法错误的是（　　）。

A. 大气环境风险一级、二级评价，评价范围距建设项目边界一般不低于5 km

B. 大气环境风险三级评价，评价范围距建设项目边界一般不低于3 km

C. 油气、化学品输送管线项目大气环境风险二级评价，评价范围距管道中心线两侧一般均不低于100 m

D. 当大气毒性终点浓度预测到达距离超出评价范围时，应根据预测到达距离进一步调整评价范围

13. 根据《建设项目环境风险评价技术导则》，下列关于大气环境风险预测，错误的是（　　）。

A. 一级评价需选取最不利气象条件和事故发生地的最常见气象条件，选择适用的数值方法进行分析预测

B. 二级评价需选取最不利气象条件，选择适用的数值方法进行分析预测

C. 三级评价可以定性或者定量分析说明大气环境影响后果

D. 一级评价应对存在极高大气环境风险的项目，应进一步开展关心点概率分析

14. 根据《建设项目环境风险评价技术导则》，建设项目环境风险潜势划分为（　　）级。

A. Ⅰ、Ⅱ、Ⅲ、Ⅳ/$Ⅳ^+$　　B. Ⅰ、Ⅱ、Ⅲ、Ⅳ

C. Ⅰ、Ⅱ、Ⅲ、$Ⅳ^+$　　D. Ⅰ、Ⅱ、Ⅲ

15. 经计算某项目危险物质数量与临界量比值Q为10、项目所属行业及生产工艺特点M为15，根据《建设项目环境风险评价技术导则》，项目危险物质及工艺系统危险性等级为（　　）。

A. P1　　B. P2　　C. P3　　D. P4

16. 经计算某项目危险物质数量与临界量比值Q为100、项目所属行业及生产工艺特点M为5，根据《建设项目环境风险评价技术导则》，项目危险物质及工艺系统危险性等级为（　　）。

A．P1　　　　B．P2　　　　C．P3　　　　D．P4

17．根据《建设项目环境风险评价技术导则》，大气环境敏感程度分级错误的是（　　）。

A．项目周边 500 m 范围内人口总数大于 1 000 人，大气环境敏感程度为 E1 级

B．油气、化学品输送管线管段周边 200 m 范围内，每千米管段人口数小于 100 人，大气环境敏感程度为 E3 级

C．油气、化学品输送管线管段周边 200 m 范围内，每千米管段人口数大于 100 人，小于 200 人，大气环境敏感程度为 E3 级

D．项目周边 5 km 范围内科研、行政办公等机构人口总数大于 5 万人，大气环境敏感程度为 E2 级

18．根据《建设项目环境风险评价技术导则》，下列关于大气环境敏感程度分级，错误的是（　）。

A．项目周边 500 m 范围内人口总数大于 500 人，小于 1 000 人，大气环境敏感程度为 E2 级

B．油气、化学品输送管线管段周边 200 m 范围内，每千米管段人口数大于 200 人，大气环境敏感程度为 E1 级

C．项目周边 5 km 范围内居住区人口总数大于 1 万人，小于 5 万人，大气环境敏感程度为 E1 级

D．项目周边 500 m 范围内人口总数小于 500 人，大气环境敏感程度为 E3 级

19．根据《建设项目环境风险评价技术导则》，地表水环境敏感程度分级依据为（　　）。

A．危险物质泄漏到水体的排放点受纳地表水体功能区划与下游环境敏感目标情况

B．事故情况下物质泄漏到水体的排放点受纳地表水体功能敏感性与下游环境敏感目标情况

C．事故情况下物质泄漏到水体的排放点受纳地表水体功能区划与下游环境敏感目标情况

D．事故情况下危险物质泄漏到水体的排放点受纳地表水体功能敏感性与下游环境敏感目标情况

20．某项目排放点受纳地表水体功能敏感性为 F2，下游环境敏感目标分级为 S1，根据《建设项目环境风险评价技术导则》，地表水环境敏感程度分级为（　　）。

A．E1　　　　B．E2　　　　C．E3　　　　D．E4

21．某项目排放点受纳地表水体功能敏感性为 F3，下游环境敏感目标分级为 S2，根据《建设项目环境风险评价技术导则》，地表水环境敏感程度分级为（　　）。

A．E1　　　　B．E2　　　　C．E3　　　　D．E4

22．某化工项目煤气、氨水等所有危险物质的 Q=10，行业及生产工艺 M=20，项目边界外 500 m 范围内有 1 100 人的居民小区一处，根据《建设项目环境风险评价技术导则》，该项目大气环境风险潜势等级为（　　）。

A．Ⅰ级　　B．Ⅱ级　　C．Ⅲ级　　D．Ⅳ级

23．某项目所在地地下水体功能敏感性为 G2，包气带防污性能分级为 D1，根据《建设项目环境风险评价技术导则》，地下水环境敏感程度分级为（　　）。

A．E1　　B．E2　　C．E3　　D．E4

24．某项目所在地地下水体功能敏感性为 G1，包气带防污性能分级为 D3，根据《建设项目环境风险评价技术导则》，地下水环境敏感程度分级为（　　）。

A．E1　　B．E2　　C．E3　　D．E4

25．某项目危险物质及工艺系统危险性（P）等级为 P3，项目所在地环境敏感程度为 E2，按照《建设项目环境风险评价技术导则》，该建设项目环境风险潜势等级为（　　）。

A．Ⅰ级　　B．Ⅱ级　　C．Ⅲ级　　D．Ⅳ级

26．某项目危险物质及工艺系统危险性（P）等级为 P1，项目所在地环境敏感程度为 E2，按照《建设项目环境风险评价技术导则》，该建设项目环境风险潜势等级为（　　）。

A．Ⅰ级　　B．Ⅱ级　　C．$Ⅳ^{+}$级　　D．Ⅳ级

27．某项目危险物质及工艺系统危险性（P）等级为 P2，项目所在地环境敏感程度为 E2，按照《建设项目环境风险评价技术导则》，该建设项目环境风险评价等级为（　　）。

A．一级　　B．二级　　C．三级　　D．简单分析

28．某项目危险物质及工艺系统危险性（P）等级为 P3，项目所在地环境敏感程度为 E3，按照《建设项目环境风险评价技术导则》，该建设项目环境风险评价等级为（　　）。

A．一级　　B．二级　　C．三级　　D．简单分析

29．根据《建设项目环境风险评价技术导则》，下列（　　）不属于生产系统危险性识别。

A．生产装置　　B．储运设施

C．环境保护设施　　D．危险物质向环境转移的途径识别

30．根据《建设项目环境风险评价技术导则》，下列（　　）不属于风险事故情形设定内容。

A．影响方式　　B．环境风险类型

C．危险单元　　D．危险物质

31．根据《建设项目环境风险评价技术导则》，风险事故情形设定原则错误的是（　　）。

A．风险事故情形应包括危险物质泄漏，以及火灾、爆炸等引发的伴生/次生污染物排放情形

B．对不同环境要素产生影响的风险事故情形，应分别进行设定

C．发生频率大于 10^{-6}/年的事件是极小概率事件，可作为代表性事故情形中最大可信事故设定的参考

D．事故情形的设定应在环境风险识别的基础上筛选，设定的事故情形应具有危险物质、环境危害、影响途径等方面的代表性

32．根据《建设项目环境风险评价技术导则》，事故源强设定可采用计算法和（　　）。

A．经验估算法　　B．类比法

C．指数法　　D．矩阵法

33．根据《建设项目环境风险评价技术导则》，关于事故源强的确定，下列说法错误的是（　　）。

A．泄漏液体蒸发时间应结合物质特性、气象条件、工况等综合考虑，一般情况下，可按 15～30 min 计

B．物质泄漏时间应结合建设项目探测和隔离系统的设计原则确定

C．泄漏物质形成的液池面积以超过泄漏单元的围堰（或堤）内面积计

D．装卸事故泄漏量按装卸物质流速和管径及失控时间计算，失控时间一般可按 5～30 min 计

34．根据《建设项目环境风险评价技术导则》，下列关于大气环境风险预测模型筛选的说法，错误的是（　　）。

A．应区分重质气体与轻质气体排放选择合适的大气风险预测模型

B．重质气体和轻质气体的判断可采用导则附录推荐的 AFTOX 进行判定

C．采用导则附录推荐模型进行气体扩散后果预测，模型选择应结合模型的适用范围、参数要求等说明模型选择的依据

D．选用导则推荐模型以外的其他技术成熟的大气风险预测模型时，需说明模型选择理由及适用性

35．根据《建设项目环境风险评价技术导则》，最不利气象条件取（　　）。

A．F 类稳定度，1.5 m/s 风速，温度 20℃，相对湿度 60%

B．F 类稳定度，1.5 m/s 风速，温度 25℃，相对湿度 50%

C．E 类稳定度，1.5 m/s 风速，温度 20℃，相对湿度 60%

D．E 类稳定度，1.5 m/s 风速，温度 25℃，相对湿度 50%

36．根据《建设项目环境风险评价技术导则》，环境风险评价可采用后果分析和概率分析等方法开展（　　）评价。

A．定性　　B．定性或定量　　C．定量　　D．定性且定量

37．根据《建设项目环境风险评价技术导则》，环境风险管理目标是（　　）。

A．采用最低合理可行原则防范环境风险

B．采用最低合理可行原则管控环境风险

C．采用合理可行原则防范环境风险

D．采用合理可行原则管控环境风险

38．根据《建设项目环境风险评价技术导则》，按照（　　）确定地表水环境敏感目标分级。

A．发生风险事故时，危险物质泄漏到内陆水体的排放点下游（顺水流向）10 km范围内、近岸海域一个潮周期水质点可能达到最大水平距离的两倍范围内环境敏感目标分布情况

B．发生风险事故时，危险物质泄漏到内陆水体的排放点下游（顺水流向）5 km范围内、近岸海域一个潮周期水质点可能达到最大水平距离的两倍范围内环境敏感目标分布情况

C．发生风险事故时，危险物质泄漏到内陆水体的排放点下游（顺水流向）10 km范围内、近岸海域一个潮周期水质点可能达到最大水平距离的三倍范围内环境敏感目标分布情况

D．发生风险事故时，危险物质泄漏到内陆水体的排放点下游（顺水流向）5 km范围内、近岸海域一个潮周期水质点可能达到最大水平距离的三倍范围内环境敏感目标分布情况

39．根据《建设项目环境风险评价技术导则》，（　　）适用于平坦地形下重质气体排放的扩散模拟。

A．SLAB模型　　B．AFTOX模型

C．多烟团及分段烟羽模式　　D．箱模型

40．根据《建设项目环境风险评价技术导则》，判定烟团/烟羽是否为重质气体，取决于它的（　　）。

A．相对空气的“过剩密度”和环境条件因素等

B．相对空气的“初始密度”和环境条件因素等

C．相对氧气的“过剩密度”和环境条件因素等

D．相对氧气的“初始密度”和环境条件因素等

41．根据《建设项目环境风险评价技术导则》，建设项目环境风险潜势等级取（　　）。

A. 各要素环境风险潜势等级的高值

B. 各要素环境风险潜势等级的低值

C. 各要素环境风险潜势等级的中间值

D. 各要素环境风险潜势等级的平均值

42. 根据《建设项目环境风险评价技术导则》，对于存在极高大气环境风险的建设项目，应开展（ ）。

A. 关心点概率分析

B. 有毒有害气体对个体的大气伤害概率分析

C. 事故发生概率分析

D. 关心点处气象条件的频率分析

43. 某项目大气环境风险潜势等级为Ⅳ级，地表水环境风险潜势等级为Ⅱ级，地下水环境风险潜势等级为Ⅲ级，按照《建设项目环境风险评价技术导则》，该建设项目的环境风险评价工作等级为（ ）。

A. 三级　　B. 二级　　C. 一级　　D. 简单分析

44. 根据《建设项目环境风险评价技术导则》，（ ）不属于环境风险评价工作内容。

A. 环境风险潜势初判　　B. 风险事故情形分析

C. 环境风险管理　　D. 后果计算

45. 某化工项目处于环境中度敏感区，危险物质及工艺系统的危险性为轻度危害，根据《建设项目环境风险评价技术导则》，该项目环境风险评价工作等级为（ ）。

A. 一级　　B. 二级　　C. 三级　　D. 简单分析

46. 某化工项目柴油、氨水等所有危险物质的 Q=20，行业及生产工艺 M=20；项目南侧约 0.5 km 处地表水体水功能区划为Ⅳ类，发生风险事故时危险物质泄漏到水体后按最大流速计算经 12 h 后流入邻省，排放点下游（顺水流方向）15 km 范围内无导则表 D.4 中各类环境敏感目标，根据《建设项目环境风险评价技术导则》，该项目地表水环境风险潜势等级为（ ）。

A. Ⅰ级　　B. Ⅱ级　　C. Ⅲ级　　D. Ⅳ级

47. 某化工项目危险物质及工艺系统危险性等级为高度危害，项目地下水评价范围内涉及规划的集中式饮用水水源地准保区，根据《建设项目环境风险评价技术导则》，则该项目地下水环境风险潜势等级至少为（ ）。

A. Ⅱ级　　B. Ⅲ级　　C. Ⅳ级

D. Ⅳ$^+$级　　E. 无法判定

48. 根据《建设项目环境风险评价技术导则》，装卸事故泄漏量按装卸物质流速和管径及失控时间计算，失控时间一般可按（ ）min 计。

A．5～15　　B．5～30　　C．10～30　　D．15～30

二、不定项选择题（每题的备选项中至少有一个符合题意）

1．根据《建设项目环境风险评价技术导则》，（　　）属于环境风险评价范围确定依据。

A．应根据环境敏感目标分布情况、事故后果预测可能对环境产生危害的范围等综合确定

B．评价范围外存在需要特别关注的环境敏感目标，评价范围需延伸至所关心的目标

C．地表水环境风险评价范围参照《环境影响评价技术导则 地表水环境》确定

D．地下水环境风险评价范围参照《环境影响评价技术导则 地下水环境》确定

2．根据《建设项目环境风险评价技术导则》，（　　）属于建设项目风险源调查内容。

A．明确环境敏感目标

B．建设项目危险物质分布

C．建设项目生产工艺特点

D．危险物质安全技术说明书（MSDS）等基础资料

3．某化工项目大气环境风险评价等级为一级，下列（　　）调查内容满足《建设项目环境风险评价技术导则》中大气环境风险敏感目标调查的相关要求。

A．某小区　　B．居住区

C．位于项目东边界西南5 km处　　D．人口为1 200人

4．根据《建设项目环境风险评价技术导则》，关于危险物质及工艺系统危险性（P）分级的说法，正确的是（　　）。

A．分析建设项目生产、使用、储存过程中涉及的有毒有害、易燃易爆物质，确定危险物质的临界量

B．定性分析项目所属行业及生产工艺特点（M）

C．定量分析危险物质数量与临界量的比值（Q）和所属行业及生产工艺特点（M）

D．根据危险物质数量与临界量的比值（Q）和所属行业及生产工艺特点（M）确定危险物质及工艺系统危险性（P）分级

5．根据《建设项目环境风险评价技术导则》，物质危险性识别包括对（　　）的识别。

A．原辅材料、燃料　　B．中间产品、副产品　　C．最终产品

D．污染物　　E．火灾和爆炸伴生/次生物

6．根据《建设项目环境风险评价技术导则》，生产系统危险性识别包括对（　　）

的识别。

A．生产装置　B．储运设施　C．公用工程　D．环境保护设施

E．辅助生产设施

7．根据《建设项目环境风险评价技术导则》，危险物质向环境转移的途径识别包括（　　）。

A．分析危险物质特性

B．分析可能的环境风险类型

C．识别危险物质影响环境的途径

D．分析可能影响的环境敏感目标

8．根据《建设项目环境风险评价技术导则》，环境风险类型包括（　　）。

A．危险物质泄漏　B．火灾

C．爆炸　D．火灾、爆炸等引发的伴生/次生污染物排放

9．根据《建设项目环境风险评价技术导则》，环境风险评价收集的资料有（　　）。

A．同行业典型事故案例资料

B．项目可行性研究报告

C．已建工程环境管理制度，突发环境应急预案，应急培训、演练记录，历史突然环境时间及生产安全事故调查资料等

D．项目周边环境资料

10．根据《建设项目环境风险评价技术导则》，（　　）属于风险识别结果。

A．图示危险单元分布　B．汇总环境风险识别结果

C．说明风险源的主要参数　D．明确项目危险因素

11．根据《建设项目环境风险评价技术导则》，风险事故情形设定内容包括（　　）。

A．环境风险类型　B．风险源　C．危险单元

D．危险物质　E．环境敏感目标

12．根据《建设项目环境风险评价技术导则》，（　　）属于风险事故情形设定原则。

A．对不同环境要素产生影响的风险事故情形分别进行设定

B．发生频率小于 10^{-6}/年的事件是极小概率事件，可作为代表性事故情形中最大可信事故设定的参考

C．设定的风险事故情形发生可能性应处于合理的区间，并与经济技术发展水平相适应

D．事故情形的设定并不能包含全部可能的环境风险，但通过具有代表性的事故情形分析可为风险管理提供科学依据

E．事故情形的设定应在环境风险识别的基础上筛选

13．根据《建设项目环境风险评价技术导则》中风险事故情形设定原则，风险事故情形应包括（　　）。

A．危险物质泄漏　　B．火灾、爆炸

C．火灾引发的伴生/次生污染物排放　　D．爆炸等引发的伴生/次生污染物排放

14．根据《建设项目环境风险评价技术导则》中风险事故情形设定原则，设定的事故情形应具有（　　）等方面的代表性。

A．危险物质　　B．环境危害　　C．影响途径　　D．环境风险类型

15．根据《建设项目环境风险评价技术导则》，（　　）属于确定泄漏频率的方法。

A．类比法　　B．矩阵法　　C．事故树分析法　　D．事件树分析法

16．根据《建设项目环境风险评价技术导则》，事故源强设定方法采用（　　）。

A．计算法　　B．经验估算法　　C．概率法　　D．类比法

17．根据《建设项目环境风险评价技术导则》，关于事故源强的确定，下列说法正确的是（　　）。

A．油气长输管线泄漏事故按管道截面100%断裂估算泄漏量，应考虑截断阀启动前、后的泄漏量

B．油气长输管线泄漏事故截断阀启动后泄漏量按实际工况确定

C．油气长输管线泄漏事故截断阀启动前泄漏量以管道泄压至与环境压力平衡所需要时间计

D．水体污染事故源强应结合污染物释放量、消防用水量及雨水量等因素综合确定

18．根据《建设项目环境风险评价技术导则》，危险物质泄漏量的计算内容包括（　　）。

A．液体泄漏速率　　B．气体泄漏速率

C．两相流泄漏速率　　D．泄漏液体蒸发速率

19．根据《建设项目环境风险评价技术导则》，（　　）属于环境风险评价内容。

A．结合各要素风险预测，分析说明建设项目环境风险的危害范围与程度

B．大气环境风险的影响范围和程度由大气毒性终点浓度确定，明确影响范围内的人口分布情况

C．地表水、地下水对照功能区质量标准浓度（或参考浓度）进行分析，明确对下游环境敏感目标的影响情况

D．应结合风险源状况明确环境风险的防范、减缓措施，提出环境风险监控要求

E．环境风险可采用后果分析、概率分析等方法开展定性或定量评价。

20．根据《建设项目环境风险评价技术导则》，计算点包括（　　）。

A. 普通计算点　　　　　　　　　　B. 特殊计算点

C. 一般计算点　　　　　　　　　　D. 网格点

21. 根据《建设项目环境风险评价技术导则》，大气环境风险预测结果应（　　）。

A. 给出下风向不同距离处有毒有害物质的最大浓度，以及预测浓度达到不同毒性终点浓度的最大影响范围

B. 给出各关心点的有毒有害物质浓度随时间变化情况

C. 给出关心点的预测浓度超过评价标准时对应的时刻和持续时间

D. 结合风险源状况明确环境风险的防范、减缓措施

E. 对于存在极高大气环境风险的建设项目，应开展关心点概率分析

22. 根据《建设项目环境风险评价技术导则》，地表水环境风险预测时，应根据（　　）选择适用的预测模型。

A. 风险调查结果

B. 有毒有害物质进入水体的方式

C. 有毒有害物质进入水体的水体类别及特征

D. 有毒有害物质的溶解性

23. 根据《建设项目环境风险评价技术导则》，地表水环境风险预测结果应（　　）。

A. 给出有毒有害物质进入地表水体的最远超标距离及时间

B. 给出有毒有害物质经排放通道到达下游（按水流方向）环境敏感目标处的到达时间、超标时间、超标持续时间

C. 给出有毒有害物质经排放通道到达下游（按水流方向）环境敏感目标处的最大浓度

D. 对于在水体中漂移类物质，应给出漂移轨迹

24. 根据《建设项目环境风险评价技术导则》，地下水环境风险预测结果应（　　）。

A. 给出有毒有害物质进入地下水体到达厂区边界处的到达时间、超标时间、超标持续时间及最大浓度

B. 给出有毒有害物质进入地下水体到达下游厂区边界处的到达时间、超标时间、超标持续时间及最大浓度

C. 给出有毒有害物质进入地下水体到达环境敏感目标处的到达时间、超标时间、超标持续时间及最大浓度

D. 给出有毒有害物质进入地下水体到达下游环境敏感目标处的到达时间、超标时间、超标持续时间及最大浓度

25. 根据《建设项目环境风险评价技术导则》，下列（　　）属于环境风险管理目标要求。

A. 采取的环境风险减缓措施应与社会经济技术发展水平相适应

B．运用科学的技术手段和管理方法，对环境风险进行有效的预防、监控、响应

C．采取的环境风险防范措施应与社会经济技术发展水平相适应

D．运用科学的技术手段和管理方法，对环境风险进行有效的控制、监测、响应

E．采用最低合理可行原则

26．根据《建设项目环境风险评价技术导则》，属于环境风险防范措施的是（　　）。

A．防止事故废水进入外环境的控制、封堵系统

B．“单元—厂区—园区/区域”的环境风险防控体系要求

C．设置事故废水收集和应急储存设施

D．采取源头控制和分区防渗措施

E．针对所有风险源，提出设立风险监控及应急监测系统

27．根据《建设项目环境风险评价技术导则》，下列关于突发环境事件应急预案编制要求，正确的是（　　）。

A．按照国家、地方和相关部门要求提出企业突发环境事件应急预案编制或完善的原则要求

B．包括预案适用范围、环境事件分类与分级、组织机构与职责、监控和预警、应急响应、应急保障、善后处置、预案管理与演练等内容

C．明确企业、园区/区域、地方政府环境风险应急体系

D．企业突发环境事件应急预案应体现分级响应、区域联动的原则，与地方政府突发环境事件应急预案相衔接，明确分级响应程序

28．根据《建设项目环境风险评价技术导则》，评价结论与建议的内容包括（　　）。

A．项目危险因素　　B．环境敏感性及事故环境影响

C．环境风险防范措施和应急预案　　D．环境风险评价结论与建议

29．根据《建设项目环境风险评价技术导则》，下列选项中评价结论与建议部分关于项目危险因素内容要求，正确的是（　　）。

A．详细说明主要危险物质、危险单元及其分布，明确项目危险因素

B．提出优化平面布局的建议

C．提出调整危险物质存在量的建议

D．提出危险物质危险性控制的建议

30．根据《建设项目环境风险评价技术导则》，下列关于环境风险防范措施和应急预案内容要求，正确的是（　　）。

A．结合区域环境条件和园区/区域环境风险防控要求，明确建设项目环境风险防控体系

B．简要说明防止危险物质进入环境及进入环境后的控制、消减、监测等措施

C．提出优化调整风险防范措施建议

D．提出突发环境事件应急预案原则要求

31．根据《建设项目环境风险评价技术导则》，依据（ ）确定包气带防污性能分级。

A．包气带岩土层单层厚度　　B．包气带岩土层渗透系数

C．包气带岩土层分布特征　　D．包气带岩土层吸附性能

32．根据《建设项目环境风险评价技术导则》，AFTOX 模型可模拟（ ）。

A．液体或气体　　B．连续排放或瞬时排放

C．地面源或高架源　　D．点源或面源的指定位置浓度

E．点源或面源的下风向最大浓度及其位置

33．根据《建设项目环境风险评价技术导则》，下列（ ）属于大气环境风险一级评价工作内容要求。

A．选取最不利气象条件和事故发生地的最常见气象条件

B．选择适用的数值方法进行分析预测

C．给出风险事故情形下危险物质释放可能造成的大气环境影响范围与程度

D．对于存在极高大气环境风险的项目，应进一步开展关心点概率分析

34．根据《建设项目环境风险评价技术导则》，下列（ ）是环境风险评价的一般性原则。

A．以突发性事故导致的危险物质环境急性损害防控为目标，对建设项目的环境风险进行分析、预测和评估

B．提出环境风险预防、监控、响应措施

C．明确环境风险监控及应急建议要求

D．为建设项目环境风险防控提供科学依据

35．根据《建设项目环境风险评价技术导则》，下列（ ）属于环境风险评价工作内容。

A．风险调查　　B．风险识别

C．源项计算　　D．风险预测与评价

36．根据《建设项目环境风险评价技术导则》，关于事故源强的确定方法的说法，正确的是（ ）。

A．计算法适用于以腐蚀或应力作用等引起的泄漏型为主的事故

B．经验估算法适用于以腐蚀或应力作用等引起的泄漏型为主的事故

C．计算法适用于以火灾、爆炸等突发性事故伴生/次生的污染物释放

D．经验估算法适用于以火灾、爆炸等突发性事故伴生/次生的污染物释放

37．根据《建设项目环境风险评价技术导则》，下列关于大气环境风险防范措施的说法，正确的是（ ）。

A．应结合风险源状况明确环境风险的防范、减缓措施

B．给出风险事故情形下危险物质释放可能造成的大气环境影响范围与程度

C．提出环境风险监控要求

D．结合环境风险预测分析结果、区域交通道路和安置场所位置等，提出事故状态下人员的疏散通道及安置等应急建议

38．根据《建设项目环境风险评价技术导则》，下列关于地表水环境风险防范措施的说法，正确的是（　　）。

A．明确“单元—厂区—园区/区域”的环境风险防控体系要求

B．设置事故废水收集池和应急储存设施，以满足事故状态下收集泄漏物料、污染消防水和污染雨水的需要

C．明确并图示防止事故废水进入外环境的控制、封堵系统

D．结合环境风险预测分析结果，提出实施监控和启动相应的园区/区域突发环境事件应急预案的建议要求

39．根据《建设项目环境风险评价技术导则》，应急储存设施应根据（　　）等因素综合确定。

A．发生事故的设备容量

B．发生事故的设备围堰容积

C．事故时消防用水量

D．可能进入的雨水量

40．根据《建设项目环境风险评价技术导则》，下列关于地下水环境风险防范措施的说法，错误的是（　　）。

A．重点采取源头控制和分区防渗措施

B．加强地下水环境监控、预警

C．提出企业突发环境事件应急预案编制或完善的原则

D．提出事故应急减缓措施

E．提出实施监控和启动相应的园区/区域突发环境事件应急预案的建议要求。

41．根据《建设项目环境风险评价技术导则》，下列关于大气毒性终点浓度值的说法，正确的是（　　）。

A．大气毒性终点浓度值分 1 级、2 级

B．大气毒性终点浓度值 2 级为当大气中危险物质浓度低于该限值时，绝大多数人员暴露 1 h 不会对生命造成威胁

C．大气毒性终点浓度值 1 级为当大气中危险物质浓度低于该限值时，暴露 1 h 不会对人体造成不可逆的伤害，或出现的症状一般不会损伤该个体采取有效防护措施的能力

D．是大气环境风险预测评价标准

参考答案

一、单项选择题

1. C　【解析】导则 1 原文："本标准适用于涉及有毒有害和易燃易爆危险物质生产、使用、储存（包括使用管线输运）的建设项目可能发生的突发性事故（不包括人为破坏及自然灾害引发的事故）的环境风险评价。本标准不适用于生态风险评价及核与辐射类建设项目的环境风险评价。对于有特定行业环境风险评价技术规范要求的建设项目，本标准规定的一般性原则适用。相关规划类环境影响评价中的环境风险评价可参考本标准。"

2. C　【解析】导则 1 原文："本标准适用于涉及有毒有害和易燃易爆危险物质生产、使用、储存（包括使用管线输运）的建设项目可能发生的突发性事故（不包括人为破坏及自然灾害引发的事故）的环境风险评价。"该题关键是要抓住"有毒有害、易燃易爆物质"。

3. D　【解析】导则 1 原文："本标准适用于涉及有毒有害和易燃易爆危险物质生产、使用、储存（包括使用管线输运）的建设项目可能发生的突发性事故（不包括人为破坏及自然灾害引发的事故）的环境风险评价。"该题关键是要抓住"有毒有害、易燃易爆物质"。

4. B　【解析】导则 3.2 原文："对建设项目潜在环境危害程度的概化分析表达，是基于建设项目涉及的物质和工艺系统危险性及其所在地环境敏感程度的综合表征。"

5. D　【解析】导则 3.5 原文："由一个或多个风险源构成的具有相对独立功能的单元，事故状况下应可实现与其他功能单元的分割。"

6. A　【解析】导则 3.6 原文："是基于经验统计分析，在一定可能性区间内发生的事故中，造成环境危害最严重的事故。"

7. B　【解析】导则 3.7 原文："人员短期暴露可能会导致出现健康影响或死亡的大气污染物浓度，用于判断周边环境风险影响程度。"

8. A　【解析】导则 4.2 图 1。

9. A　【解析】导则 4.3 原文："环境风险评价工作等级划分为一级、二级、三级。根据建设项目涉及的物质及工艺系统危险性和所在地的环境敏感性确定环境风险潜势，按照表 1 确定评价工作等级。"

10. A　【解析】导则 4.3 原文："风险潜势为Ⅱ，进行三级评价。"

11. C　【解析】导则 4.3 原文："风险潜势为$Ⅳ^{+}$，进行一级评价。"

12. C 【解析】导则 4.5.1 原文：“油气、化学品输送管线项目一级、二级评价距管道中心线两侧一般均不低于 200 m；三级评价距管道中心线两侧一般均不低于 100 m。”

13. C 【解析】导则 4.4.4.1 原文：“一级评价需选取最不利气象条件和事故发生地的最常见气象条件，选择适用的数值方法进行分析预测，给出风险事故情形下危险物质释放可能造成的大气环境影响范围与程度。对于存在极高大气环境风险的项目，应进一步开展关心点概率分析。二级评价需选取最不利气象条件，选择适用的数值方法进行分析预测，给出风险事故情形下危险物质释放可能造成的大气环境影响范围与程度。三级评价应定性分析说明大气环境影响后果。”选项 D 为一级评价要求。

14. A 【解析】导则 6.1 原文：“建设项目环境风险潜势划分为Ⅰ、Ⅱ、Ⅲ、Ⅳ/Ⅳ$^+$级。”

15. B 【解析】危险物质数量与临界量比值 Q 为 10，项目所属行业及生产工艺特点 M 为 15，根据导则附录 C 表 C.2 判断可知，则该建设项目危险物质及工艺系统危险性等级为 P2。

16. C 【解析】危险物质数量与临界量比值 Q 为 100，项目所属行业及生产工艺特点 M 为 5，根据导则附录 C 表 C.2 判断可知，则该建设项目危险物质及工艺系统危险性等级为 P3。

17. D 【解析】油气、化学品输送管线管段周边 200 m 范围内，每千米管段人口数大于 100 人，小于 200 人，根据导则附录 D 表 D.1，大气环境敏感程度为 E2 级。

18. C 【解析】项目周边 5 km 范围内居住区、医疗卫生、文化教育、科研、行政办公等机构人口总数大于 1 万人，小于 5 万人，根据导则附录 D 表 D.1，大气环境敏感程度为 E2 级。

19. D 【解析】导则附录 D.2 原文：“依据事故情况下危险物质泄漏到水体的排放点受纳地表水体功能敏感性，与下游环境敏感目标情况，共分为三种类型，E1 为环境高度敏感区，E2 为环境中度敏感区，E3 为环境低度敏感区，分级原则见表 D.2。”

20. A 【解析】受纳地表水体功能敏感性为 F2，下游环境敏感目标分级为 S1，根据导则附录 D 表 D.2，地表水环境敏感程度分级为 E1。

21. C 【解析】受纳地表水体功能敏感性为 F3，下游环境敏感目标分级为 S2，根据导则附录 D 表 D.2，地表水环境敏感程度分级为 E3。

22. D 【解析】项目 Q=10，M=20，根据导则表 C.2，项目危险物质及工艺系统危险性等级为 P2；项目边界外 500 m 范围内有 1 100 人的居民小区一处，根据导则表 D.1，项目所在地大气环境敏感程度为 E1，根据导则 6.1 表 2 判断可知，项目大气环境风险潜势等级为Ⅳ级。

23. A　【解析】地下水体功能敏感性为 G2，包气带防污性能分级为 D1，根据导则附录 D 表 D.5，地下水环境敏感程度分级为 E1。

24. B　【解析】地下水体功能敏感性为 G1，包气带防污性能分级为 D3，根据导则附录 D 表 D.5，地下水环境敏感程度分级为 E2。

25. C　【解析】危险物质及工艺系统危险性 P3，项目所在地的环境敏感程度为 E2，根据导则 6.1 表 2 判断可知，项目环境风险潜势划分为Ⅲ级。

26. D　【解析】危险物质及工艺系统危险性 P1，项目所在地的环境敏感程度为 E2，根据导则 6.1 表 2 判断可知，项目环境风险潜势划分为Ⅳ级。

27. B　【解析】危险物质及工艺系统危险性 P2，项目所在地的环境敏感程度为 E2，根据导则 6.1 表 2 判断可知，项目环境风险潜势划分为Ⅲ级，根据导则 4.3 表 1，判定环境风险评价等级为二级。

28. C　【解析】危险物质及工艺系统危险性 P3，项目所在地的环境敏感程度为 E3，根据导则 6.1 表 2 判断可知，项目环境风险潜势划分为Ⅱ级，根据导则 4.3 表 1，判定环境风险评价等级为三级。

29. D　30. A

31. C　【解析】导则 8.1.2.3 原文："发生频率小于 10^{-6}/年的事件是极小概率事件，可作为代表性事故情形中最大可信事故设定的参考。"

32. A　【解析】导则 8.2.2 原文："事故源强设定可采用计算法和经验估算法。"

33. C　【解析】导则 8.2.2.1 原文："泄漏物质形成的液池面积以不超过泄漏单元的围堰（或堤）内面积计。"

34. B　【解析】导则 9.1.1.1 原文："重质气体和轻质气体的判断可采用导则附录推荐的理查德森数进行判定。"

35. B　36. B　37. B　38. A

39. A　【解析】导则附录 G.1.2.1 原文："AFTOX 模型适用于平坦地形下中性气体和轻质气体排放以及液池蒸发气体的扩散模拟。"

40. A　41. A　42. A

43. C　【解析】项目大气环境风险潜势等级为Ⅳ级，地表水环境风险潜势等级为Ⅱ级，地下水环境风险潜势等级为Ⅲ级，根据导则 6.4 原文："建设项目环境风险潜势综合等级取各要素等级的相对高值"，则项目环境风险潜势等级为Ⅳ级，根据导则 4.3 表 1，判定环境风险评价等级为一级。

44. D　【解析】答案 D 属于旧导则中评价的基本内容。

45. C　【解析】危险物质及工艺系统危险性为轻度危害，项目所在地的环境敏感程度为中度敏感区，根据导则6.1表2判断可知，项目环境风险潜势划分为Ⅱ级，根据导则4.3表1，判定环境风险评价工作等级为三级。

46. C 【解析】项目 Q=20，M=20，根据导则表C.2，项目危险物质及工艺系统危险性等级为P2；项目南侧地表水体水功能区划为Ⅳ类，发生风险事故时危险物质泄漏到水体按最大流速计算经12 h后流入邻省，排放点下游（顺水流方向）15 km范围内无导则表D.4中各类环境敏感目标，根据导则表D.2～表D.4，项目所在地地表水环境敏感程度为E2，根据导则6.1表2判断可知，项目地表水环境风险潜势等级为Ⅲ级。

47. B 【解析】项目地下水评价范围内涉及规划的集中式饮用水水源地准保区，根据导则表D.6，地下水环境敏感性为敏感；虽然题目未给出包气带防污性能等级，但根据表D.5判定地下水环境敏感程度至少E2。项目危险物质及工艺系统危险性等级为P2，根据导则6.1表2判断可知，项目地表水环境风险潜势等级至少为Ⅲ级。

48. B 【解析】导则8.2.2.3原文："装卸事故泄漏量按装卸物质流速和管径及失控时间计算，失控时间一般可按5～30 min计。"

二、不定项选择题

1. ABCD 【解析】导则4.5原文："地表水环境风险评价范围参照HJ 2.3确定。地下水环境风险评价范围参照HJ 610确定。环境风险评价范围应根据环境敏感目标分布情况、事故后果预测可能对环境产生危害的范围等综合确定。项目周边所在区域，评价范围外存在需要特别关注的环境敏感目标，评价范围需延伸至所关心的目标。"

2. BCD 【解析】导则5.1原文："调查建设项目危险物质数量和分布情况、生产工艺特点，收集危险物质安全技术说明书（MSDS）等基础资料。"明确环境敏感目标属于环境敏感目标调查内容。

3. ABCD 【解析】导则5.2原文："根据危险物质可能的影响途径，明确环境敏感目标，给出环境敏感目标区位分布图，列表明确调查对象、属性、相对方位及距离等信息。"答案A为敏感点名称，答案B为敏感点属性，答案C为相对方位及距离，答案D为敏感点人数。

4. ACD 【解析】导则6.2原文："分析建设项目生产、使用、储存过程中涉及的有毒有害、易燃易爆物质，参见附录B确定危险物质的临界量。定量分析危险物质数量与临界量的比值（Q）和所属行业及生产工艺特点（M），按附录C对危险物质及工艺系统危险性（P）等级进行判断。"导则附录C.1.3原文："根据危险物质数量与临界量的比值（Q）和所属行业及生产工艺特点（M），按照表C.2确定危险物质及工艺系统危险性（P）等级。”

5. ABCDE 【解析】导则 7.1.1 原文：“物质危险性识别，包括主要原辅材料、燃料、中间产品、副产品、最终产品、污染物、火灾和爆炸伴生/次生物等。”

6. ABCDE 【解析】导则 7.1.2 原文：“生产系统危险性识别，包括主要生产装置、储运设施、公用工程和辅助生产设施，以及环境保护设施等。”

7. ABCD 【解析】导则 7.1.3 原文：“危险物质向环境转移的途径识别，包括分析危险物质特性及可能的环境风险类型，识别危险物质影响环境的途径，分析可能影响的环境敏感目标。”

8. AD 【解析】导则 7.2.4.1 原文：“环境风险类型包括危险物质泄漏，以及火灾、爆炸等引发的伴生/次生污染物排放。”

9. ACD 【解析】导则 7.2.1 原文：“根据危险物质泄漏、火灾、爆炸等突发性事故可能造成的环境风险类型，收集和准备建设项目工程资料，周边环境资料，国内外同行业、同类型事故统计分析及典型事故案例资料。对已建工程应收集环境管理制度，操作和维护手册，突发环境事件应急预案，应急培训、演练记录，历史突发环境事件及生产安全事故调查资料，设备失效统计数据等。”

10. ABC 【解析】导则 7.3 原文：“风险识别结果在风险识别的基础上，图示危险单元分布。给出建设项目环境风险识别汇总，包括危险单元、风险源、主要危险物质、环境风险类型、环境影响途径、可能受影响的环境敏感目标等，说明风险源的主要参数。”

11. ABCD 【解析】导则 8.1.1 原文：“风险事故情形设定内容应包括环境风险类型、风险源、危险单元、危险物质和影响途径等。”

12. ABCDE

13. ACD 【解析】导则 8.1.2.1 原文：“风险事故情形应包括危险物质泄漏，以及火灾、爆炸等引发的伴生/次生污染物排放情形。”

14. ABC 【解析】导则 8.1.2.4 原文：“事故情形的设定应在环境风险识别的基础上筛选，设定的事故情形应具有危险物质、环境危害、影响途径等方面的代表性。”

15. ACD 【解析】导则 8.2.1 原文：“泄漏频率可参考附录 E 的推荐方法确定，也可采用事故树、事件树分析法或类比法等确定。”

16. AB

17. AD 【解析】导则 8.2.2.3 原文：“油气长输管线泄漏事故，按管道截面 100% 断裂估算泄漏量，应考虑截断阀启动前、后的泄漏量。截断阀启动前，泄漏量按实际工况确定；截断阀启动后，泄漏量以管道泄压至与环境压力平衡所需要时间计。”

18. ABCD　19. ABCE　20. BC　21. ABCE　22. BCD　23. ABCD　24. BD

25. BCE　26. ABCD　27. ABCD　28. ABCD

29. BCD　【解析】导则 11.1 原文：“简要说明主要危险物质、危险单元及其分布，明确项目危险因素，提出优化平面布局、调整危险物质存在量及危险性控制的建议。”

30. ACD　【解析】导则 11.3 原文：“结合区域环境条件和园区/区域环境风险防控要求，明确建设项目环境风险防控体系，重点说明防止危险物质进入环境及进入环境后的控制、消减、监测等措施，提出优化调整风险防范措施建议及突发环境事件应急预案原则要求。”

31. ABC　【解析】导则附录 D 表 D.7。

32. ABCDE　33. ABCD

34. ACD　【解析】导则原文 4.1，一般性原则，环境风险评价应以突发性事故导致的危险物质环境急性损害防控为目标，对建设项目的环境风险进行分析、预测和评估，提出环境风险预防、控制、减缓措施，明确环境风险监控及应急建议要求，为建设项目环境风险防控提供科学依据。

35. ABD　【解析】答案 C 属于旧导则中评价的基本内容。

36. AD　【解析】导则原文 8.2.2，事故源强的确定，事故源强是为事故后果预测提供分析模拟情形。事故源强设定可采用计算法和经验估算法。计算法适用于以腐蚀或应力作用等引起的泄漏型为主的事故；经验估算法适用于以火灾、爆炸等突发性事故伴生/次生的污染物释放。

37. ACD　【解析】导则 10.2.1 原文。

38. ABCD　【解析】导则 10.2.2 原文。

39. ACD　【解析】导则 10.2.2 原文：“应急存储设施应根据发生事故的设备容量、事故时消防用水量及可能进入应急储存设施的雨水量等因素综合确定。”

40. CE　【解析】导则 10.2.3 原文：“地下水环境风险防范应重点采取源头控制和分区防渗措施，加强地下水环境监控、预警，提出事故应急减缓措施。”选项 C 为环境风险管理中突发环境事件应急预案编制要求。

41. AD　【解析】导则 9.1.1.5 原文。

第十一章　有关固体废弃物污染控制标准

一、单项选择题（每题的备选项中，只有一个最符合题意）

1．某城镇建设一座生活垃圾填埋处置场，不能入场填埋的废弃物是（　　）。

A．居民厨房垃圾　　B．居民的破旧衣物

C．废弃的花木　　D．禽畜养殖废物

2．按照《生活垃圾填埋场污染控制标准》，（　　）不属于生活垃圾渗滤液排放控制项目。

A．pH　　B．悬浮物　　C．生化需氧量　　D．化学需氧量

3．根据《生活垃圾填埋场污染控制标准》，生活垃圾填埋场环境监测必须监测的项目是（　　）。

A．二氧化硫　　B．石油类　　C．粪大肠菌群　　D．动植物油

4．《生活垃圾填埋场污染控制标准》除了适用于生活垃圾填埋场建设、运行和封场后的维护与管理，其部分规定也适用于（　　）的建设、运行。

A．与生活垃圾填埋场配套建设的生活垃圾转运站

B．与生活垃圾填埋场配套建设的污水处理厂

C．生活垃圾焚烧场

D．生活垃圾堆肥场

5．根据《生活垃圾填埋场污染控制标准》，生活垃圾填埋场选址的标高应位于重现期不小于（　　）的洪水位之上，并建设在长远规划中的水库等人工蓄水设施的淹没区和保护区之外。

A．100 年一遇　　B．30 年一遇　　C．50 年一遇　　D．150 年一遇

6．拟建生活垃圾填埋场有可靠防洪设施的山谷型填埋场，并经过环境影响评价证明（　　）对生活垃圾填埋场的环境风险在可接受范围内。

A．地震　　B．泥石流　　C．火灾　　D．洪水

7．生活垃圾填埋场场址的位置及与周围人群的距离（　　），并经地方生态环境主管部门批准。

A．应依据环境影响评价结论确定　　B．300 m

C．500 m　　D．400 m

8．根据《生活垃圾填埋场污染控制标准》，厌氧产沼等生物处理后的固态残余物经处理后含水率小于（　　），可以进入生活垃圾填埋场填埋处置。

A．50%　　B．60%　　C．70%　　D．80%

9．根据《生活垃圾填埋场污染控制标准》，（　　）起，现有全部生活垃圾填埋场应自行处理生活垃圾渗滤液并执行规定的水污染排放浓度限值。

A．2008年7月1日　　B．2010年1月1日

C．2011年7月1日　　D．2012年1月1日

10．2011年7月1日前，现有生活垃圾填埋场无法满足《生活垃圾填埋场污染控制标准》（GB 16889—2008）中表2规定的水污染物排放浓度限值要求的，满足相应的条件时可将生活垃圾渗滤液送往（　　）进行处理。

A．城市一级污水处理厂　　B．城市三级污水处理厂

C．工业区集中污水处理厂　　D．城市二级污水处理厂

11．根据《生活垃圾填埋场污染控制标准》，生活垃圾填埋场的填埋工作面上2 m以下高度范围内，甲烷的体积分数应（　　）。

A．不大于0.1%　　B．不小于0.8%　　C．不大于0.5%　　D．不大于1%

12．根据《生活垃圾填埋场污染控制标准》，当生活垃圾填埋场通过导气管道直接排放填埋气体时，导气管排放口的甲烷的体积分数应（　　）。

A．不大于20%　　B．不大于15%　　C．不大于10%　　D．不大于5%

13．生活垃圾转运站产生的渗滤液经收集后，可采用密闭运输方式送到城市污水处理厂处理、排入城市排水管道进入城市污水处理厂处理或者自行处理等方式。其中，（　　）应在转运站内对渗滤液进行处理，总汞、总镉、总铬、六价铬、总砷、总铅等污染物浓度限值达到《生活垃圾填埋场污染控制标准》（GB 16889—2008）中表2规定的浓度限值，其他水污染物排放控制要求由企业与城镇污水处理厂根据其污水处理能力商定或执行相关标准。

A．排入环境水体的

B．排入设置城市污水处理厂的排水管网的

C．排入未设置污水处理厂的排水管网的

D．自行处理的

14．掺加生活垃圾的工业窑炉，其污染控制参照执行《生活垃圾焚烧污染控制标准》的前提条件是（　　）。

A．掺加生活垃圾质量须超过入炉（窑）物料总质量的10%

B．掺加生活垃圾质量须超过入炉（窑）物料总质量的20%

C．掺加生活垃圾质量须超过入炉（窑）物料总质量的30%

D．掺加生活垃圾质量须超过入炉（窑）物料总质量的40%

15．下列（　　）不适用于《生活垃圾焚烧污染控制标准》。

A．生活污水处理设施产生的污泥专用焚烧炉

B．一般工业固体废物的专用焚烧炉

C．掺加生活垃圾质量须超过入炉（窑）物料总质量的 30%的工业窑炉

D．危险废物焚烧炉

16. 根据《生活垃圾焚烧污染控制标准》，下列关于选址的说法，正确的是（　　）。

A．生活垃圾焚烧厂厂址的场界应位于居民区 500 m 以外

B．生活垃圾焚烧厂厂址的场界应位于居民区 800 m 以外

C．生活垃圾焚烧厂厂址的场界应位于居民区 1 000 m 以外

D．生活垃圾焚烧厂厂址的位置及其与周围人群的距离依据环境影响评价结论确定

17．根据《生活垃圾焚烧污染控制标准》，下列废物中（　　）不符合入炉要求。

A．由生活垃圾产生单位自行收集的混合生活垃圾

B．生活垃圾堆肥处理过程中筛分工序产生的筛出物

C．电子废物及其处理处置残余物

D．服装加工行业产生的性质与生活垃圾相近的一般工业固体废物

18．根据《生活垃圾焚烧污染控制标准》，下列废物中（　　）符合入炉要求。

A．危险废物

B．其他生化处理过程中产生的固态残余组分

C．按照相关行业技术规范要求进行破碎毁形和消毒处理并满足消毒效果检验指标的《医疗废物分类目录》中的病理性废物

D．电子废物及其处理处置残余物

19．根据《生活垃圾焚烧污染控制标准》，关于生活垃圾焚烧厂的排放控制要求的说法，错误的是（　　）。

A．生活垃圾渗滤液和车辆清洗废水可经收集在生活垃圾焚烧厂内处理，处理后满足相关标准后可直接排放

B．生活垃圾渗滤液和车辆清洗废水可送至生活垃圾填埋场渗滤液处理设施处理，处理后满足相关标准可直接排放

C．生活垃圾渗滤液和车辆清洗废水可通过污水管网或采用密闭输送方式送至采用二级处理方式的城市污水处理厂处理，但应满足相应条件

D．生活垃圾焚烧飞灰与焚烧炉渣应按危险废物进行管理

20．下列废物不适用《危险废物贮存污染控制标准》的是（　　）。

A．石棉　　　B．重金属　　　C．金属淤泥　　　D．尾矿

21. 根据《危险废物贮存污染控制标准》，危险废物贮存设施的底部必须（　　）。

A. 低于地下水最高水位　　B. 高于地下水最高水位

C. 高于地下水最低水位　　D. 低于地下水最低水位

22. 根据《危险废物贮存污染控制标准》，危险废物贮存设施的场界应位于居民区（　　）以外。

A. 应依据环境影响评价结论确定　　B. 800 m

C. 500 m　　D. 1 000 m

23. 根据《危险废物贮存污染控制标准》，危险废物贮存设施应位于居民中心区（　　）最大风频的下风向。

A. 多年　　B. 近5年　　C. 常年　　D. 近3年

24. 根据《危险废物贮存污染控制标准》，危险废物贮存设施应选在地质结构稳定，地震烈度不超过（　　）度的区域内。

A. 6　　B. 7　　C. 8　　D. 9

25. 根据《危险废物贮存污染控制标准》，危险废物贮存设施的基础必须防渗，防渗层为至少（　　）m厚黏土层（渗透系数≤10^{-7} cm/s）。

A. 1　　B. 2　　C. 3　　D. 1.5

26. 某企业拟建设危险废物贮存设施，其选址邻近一条小河，根据《危险废物贮存污染控制标准》，该贮存设施场界必须距小河（　　）。

A. 100 m　　B. 150 m

C. 200 m　　D. 应依据环境影响评价结论确定

27. 根据《危险废物填埋污染控制标准》，除刚性危险废物填埋场以外，填埋场防渗结构底部应与地下水有记录以来的最高水位保持（　　）m以上的距离。

A. 1　　B. 3　　C. 5　　D. 6

28. 根据《危险废物焚烧污染控制标准》，下列符合焚烧设施选址基本要求的是（　　）。

A. 建在GB 3838中规定的地表水环境质量Ⅱ类功能区

B. 建在GB 3095中规定的环境空气质量二类功能区

C. 建在循环经济园区

D. 建在水源地保护区内

29. 根据《危险废物贮存污染控制标准》，下列不符合危险废物贮存设施选址基本要求的是（　　）。

A. 区域地质结构稳定，地震烈度6度

B. 应建在易挥发、易爆等危险品仓库、高压输电线路防护区域以外

C. 设施底部必须高于地下水最高水位

D. 位于居民中心区常年最大风频的下风向

30. 下列不适用于《危险废物填埋污染控制标准》的有（　）。

A. 含汞废物填埋　　B. 含放射性废物填埋

C. 卤化物溶剂填埋　　D. 含氰化物填埋

31. 根据《危险废物填埋污染控制标准》，危险废物填埋场场址必须位于重现期不小于（　　）的洪水位之上，并在长远规划中的水库等人工蓄水设施淹没和保护区之外。

A. 30 年一遇　　B. 50 年一遇　　C. 80 年一遇　　D. 100 年一遇

32. 根据《危险废物填埋污染控制标准》，危险废物填埋场运行期间，企业自行监测频率为（　　）。如果监测结果出现异常，应及时进行重新监测，间隔时间不得超过一星期。

A. 每个月至少一次　　B. 每个季度至少一次

C. 每半年至少一次　　D. 每年至少一次

33. 根据《危险废物填埋污染控制标准》，以下符合填埋场场址选择要求的是（　　）。

A. 填埋场选址应符合环境保护法律法规及相关法定规划要求

B. 填埋场场址的位置及与周围人群的距离应在 800 m 以外

C. 填埋场场址不应选在淤泥、泥炭及软土区域，刚性填埋场选址除外

D. 填埋场防渗结构底部应与地下水有记录以来的最低水位保持 3 m 以上的距离

34. 根据《危险废物填埋污染控制标准》，危险废物填埋场场界应位于居民区（　　）以外，并保证在当地气象条件下对附近居民区大气环境不产生影响。

A. 500 m　　B. 600 m

C. 800 m　　D. 依据环境影响评价结论确定

35. 根据《危险废物填埋污染控制标准》，危险废物填埋场场址距地表水域的距离不应小于（　　）。

A. 50 m　　B. 100 m

C. 依据环境影响评价结论确定　　D. 150 m

36. 根据《危险废物焚烧污染控制标准》，危险废物焚烧设施选址应符合生态环境保护法律法规及相关法定规划要求，并综合考虑设施服务区域、（　　）、地质环境等基本要素，确保设施处于长期相对稳定的环境。

A. 生活设施　　B. 电力设施　　C. 用水条件　　D. 交通运输

37. 根据《一般工业固体废物贮存和填埋污染控制标准》，一般工业固体废物贮存场、填埋场分为（　　）。

A. Ⅰ级场和Ⅱ级场　　B. Ⅰ类场和Ⅱ类场

C．1类场和2类场　　D．Ⅰ类场、Ⅱ类场、Ⅲ类场

38．根据《一般工业固体废物贮存和填埋污染控制标准》，贮存场、填埋场的防洪标准应按重现期不小于（　　）的洪水位设计，国家已有标准提出更高要求的除外。

A．20年一遇　　B．50年一遇

C．100年一遇　　D．200年一遇

39．根据《一般工业固体废物贮存和填埋污染控制标准》，一般工业固体废物贮存场、填埋场不得选在江河、湖泊、运河、渠道、水库（　　）的滩地和岸坡。

A．最高水位线以上　　B．最低水位线以下

C．最高水位线以下　　D．最低水位线以上

40．根据《一般工业固体废物贮存和填埋污染控制标准》，一般工业固体废物贮存场、填埋场不得选在江河、湖泊、运河、渠道、水库最高水位线以下的滩地和（　　）。

A．耕地　　B．湿地　　C．岸坡　　D．坝址

41．根据《一般工业固体废物贮存和填埋污染控制标准》，一般工业固体废物贮存、填埋Ⅱ类场应选在防渗性能好的地基上，天然基础层地表距地下水位的距离不得小于（　　）m。

A．4.5　　B．3.5　　C．2.5　　D．1.5

42．根据《一般工业固体废物贮存和填埋污染控制标准》，当Ⅰ类场址天然基础层饱和渗透系数不大于（　　）cm/s，且厚度不小于0.75 m时，可以采用天然基础层作为防渗衬层。

A．1.0×10^{-5}　　B．1.0×10^{-9}　　C．1.0×10^{-11}　　D．1.0×10^{-12}

43．根据《一般工业固体废物贮存和填埋污染控制标准》，贮存场、填埋场企业周边应安装（　　）浓度监测设施，并保存1年以上数据记录。

A．H_2S　　B．NO_x　　C．CO　　D．颗粒物

44．以下适用《一般工业固体废物贮存和填埋污染控制标准》的是（　　）。

A．煤矸石贮存场设计　　B．落地油泥贮存场运行

C．含铅废物贮存场监督管理　　D．含镍废物贮存场建设

45．根据《一般工业固体废物贮存和填埋污染控制标准》，一般工业固体废物贮存场、填埋场未做污染物监测要求的是（　　）。

A．渗滤液　　B．噪声　　C．地下水　　D．大气

46．根据《危险废物贮存污染控制标准》的规定，下列符合危险废物贮存设施的选址要求是（　　）。

A．设施底部低于地下水最高水位线

B．位于居民中心区冬季最大风频的上风向

C．场界距居民区 100 m

D．建在易燃、易爆等危险品仓库、高压输电线防护区域以外

47．根据《危险废物填埋污染控制标准》的规定，下列符合危险废物填埋场选址要求的是（　　）。

A．填埋场场址不得选在山洪、泥石流影响地区及沙丘区

B．填埋场选址的标高应位于重现期不小于 50 年一遇的洪水位之上

C．填埋场选址不得选在冲积扇、冲沟地区

D．场址天然基础层的饱和渗透系数不应大于 1.0×10^{-5} cm/s，且其厚度不应小于 2 m，刚性填埋场除外

48．根据《危险废物焚烧污染控制标准》的规定，各类焚烧设施不允许建在（　　）地区。

A．永久基本农田集中区域　　B．循环经济园区

C．交通便利地区　　D．距离城镇较近区域

49．下列区域中允许建设危险废物焚烧设施的是（　　）。

A．《环境空气质量标准》（GB 3095）中的一类功能区

B．《环境空气质量标准》（GB 3095）中的二类功能区

C．《地表水环境质量标准》（GB 3838）中的Ⅰ类功能区

D．《地表水环境质量标准》（GB 3838）中的Ⅱ类功能区

50．下列废物中，适用于《危险废物焚烧污染控制标准》的是（　　）。

A．具有放射性的危险废物　　B．生活垃圾

C．易爆的危险废物　　D．低热值的危险废物

51．根据《一般工业固体废物贮存和填埋污染控制标准》，下列关于贮存场、填埋场场址选址要求，错误的是（　　）。

A．选在湿地外

B．选在江河、湖泊、运河、渠道、水库最高水位线以上的滩地和岸坡

C．避开国家和地方长远规划中的水库等人工蓄水设施的淹没区和保护区

D．选在煤矿采空区内

52．依据《一般工业固体废物贮存和填埋污染控制标准》，贮存场、填埋场地下水监测因子常规测定项目不包括（　　）。

A．浑浊度　　B．SS　　C．pH　　D．氯化物

53．按照《生活垃圾填埋场污染控制标准》，下列（　　）不属于生活垃圾填埋场必须监测的项目。

A．颗粒物　　B．总汞　　C．粪大肠菌群　　D．悬浮物

54. 根据《危险废物贮存污染控制标准》，危险废物堆内设计雨水收集池，并能收集（　　）年一遇的暴雨 24 h 降水量。

A. 10　　B. 25　　C. 50　　D. 100

55. 根据《危险废物填埋污染控制标准》，柔性填埋场应设置渗滤液收集和导排系统，包括渗滤液导排层、导排管道和集水井。渗滤液导排层的坡度不宜小于（　　）。

A. 1%　　B. 2%　　C. 5%　　D. 8%

56.《生活垃圾填埋场污染控制标准》中控制的污染物不包括（　　）。

A. 总汞　　B. 总铬　　C. 总铜　　D. 总铅

57. 下列固体废物中，不适用于《危险废物贮存污染控制标准》的是（　　）。

A. 废有机溶剂　　B. 铬选矿场的矿砂

C. 变电站的废变压器油　　D. 汽车制造厂的漆渣

58. 根据《危险废物填埋污染控制标准》，危险废物填埋场场址选择应避开的区域有（　　）。

A. 地震及活动构造区　　B. 沙丘区

C. 废弃矿区、塌陷区　　D. 一般耕地

59. 根据《危险废物焚烧污染控制标准》，下列关于危险废物焚烧设施选址，符合要求的是（　　）。

A. 厂址位于自然保护区内的实验区

B. 厂址位于城市商业区

C. 厂址远离地表水体，邻近 400 m 有一座化肥厂

D. 永久基本农田集中区域

60. 根据《一般工业固体废物贮存和填埋污染控制标准》，下列可进入一般工业固体废物处置场处置的固体废物是（　　）。

A. 厨余垃圾　　B. 平板玻璃厂的废玻璃

C. 电镀厂的含铬渣　　D. 废弃的电子线路板

61. 根据《生活垃圾填埋场污染控制标准》，下列可作为生活垃圾填埋场选址的区域是（　　）。

A. 一般林地　　B. 活动沙丘区

C. 国家保密地区　　D. 城市工业发展规划区

62. 根据《生活垃圾填埋场污染控制标准》，下列可直接入场进行填埋的废物是（　　）。

A. 生活垃圾焚烧产生的飞灰　　B. 生活垃圾焚烧产生的炉渣

C. 危险废物焚烧产生的飞灰　　D. 医疗废物焚烧产生的底渣

63. 根据《生活垃圾填埋场污染控制标准》，下列关于生活垃圾转运站渗滤液的

处理方式的说法，正确的是（　　）。

A．排到站外的Ⅴ类地表水体中　　B．排到站外的农田灌溉渠中作农肥

C．排入自设的防渗池内，自然蒸发　　D．密闭运输到城市污水处理厂处理

64．下列固体废物处置中，（　　）不适用于《危险废物填埋污染控制标准》。

A．化工厂的有机淤泥　　B．汽车厂的含油废棉丝

C．采矿厂的放射性固体废物　　D．皮革制品厂的皮革废物（铬鞣溶剂）

65．下列关于危险废物填埋场选址，（　　）符合《危险废物填埋污染控制标准》要求。

A．优先选用废弃的矿坑

B．填埋场与居民区的距离 600 m

C．地下水位应在防渗结构底部下 1.5 m 处

D．填埋场场址不应选在高压缩性淤泥、泥岩及软土区域，刚性填埋场选址除外

66．下列固体废物处置中，（　　）不适用于《危险废物焚烧污染控制标准》。

A．含油污泥　　B．有机磷农药残液

C．含汞废活性炭　　D．含硝酸铵的废活性炭

67．下列固体废物处置中，（　　）适用于《一般工业固体废物贮存和填埋污染控制标准》。

A．废衣物　　B．废有机溶剂

C．电厂粉煤灰　　D．废弃电子线路板

68．根据《一般工业固体废物贮存和填埋污染控制标准》，某煤矸石贮存场（煤矸石含硫量大于 2%）的大气监测因子是（　　）。

A．TSP、PM_{10}　　B．TSP、SO_2

C．CO、SO_2　　D．NO_2、SO_2

69．下列不适用《固体废物鉴别标准　通则》的是（　　）。

A．放射性废物的鉴别　　B．液态废物的鉴别

C．物质的固体废物鉴别　　D．物品的固体废物鉴别

70．根据《固体废物鉴别标准　通则》，下列关于其适用范围的说法，错误的是（　　）。

A．液态废物的鉴别，适用于本标准

B．本标准不适用于放射性废物的鉴别

C．本标准适用于固体废物的分类

D．对于有专用固体废物鉴别标准的物质的固体废物鉴别，不适用于本标准

71．根据《固体废物鉴别标准　通则》，下列（　　）不属于依据产生来源的固体废物。

A．执法机关查处没收的毒品　　B．侵犯知识产权的书

C．钻井泥浆　　D．填埋处置的生活垃圾

72．根据《固体废物鉴别标准　通则》，下列（　　）不属于依据产生来源的固体废物。

A．生产筑路材料　　B．水泥窑协同处置的污染土壤

C．生产砖的污染土壤　　D．植物枝叶

73．根据《固体废物鉴别标准　通则》，下列（　　）不属于固体废物。

A．石油炼制过程中产生的废酸液

B．煤气净化产生的煤焦油

C．有机化工生产过程中产生的废母液

D．煤气净化产生的煤焦油，在现场直接返回到另一条生产线

74．根据《固体废物鉴别标准　通则》，（　　）作为固体废物管理的物质。

A．直接留在采空区符合 GB 18599 中第Ⅰ类一般工业固体废物要求的尾矿

B．直接留在采空区符合 GB 18599 中第Ⅰ类一般工业固体废物要求的煤矸石

C．直接返回到采空区符合 GB 18599 中第Ⅰ类一般工业固体废物要求的采矿废石

D．金属矿、非金属矿和煤炭开采、选矿过程中产生的废石、尾矿、煤矸石

75．根据《固体废物鉴别标准　通则》，（　　）应作为固体废物管理的物质。

A．满足《医疗机构水污染物排放标准》的医疗废水

B．排入城镇污水处理厂的生活废水

C．排入工业园区污水处理站的废酸液

D．石油炼制过程中产生的废酸液

二、不定项选择题（每题的备选项中至少有一个符合题意）

1．根据《生活垃圾填埋场污染控制标准》，下列不适用于（　　）的处置场所。

A．生活垃圾填埋　　B．工业固体废物　　C．危险物

D．尾矿场　　E．灰渣场

2．根据《生活垃圾填埋场污染控制标准》，生活垃圾填埋场场址不应选在（　　）。

A．农业保护区　　B．文物（考古）保护区

C．供水远景规划区　　D．国家保密地区

E．自然保护区

3．根据《生活垃圾填埋场污染控制标准》，生活垃圾填埋场的选址应符合（　　）。

A．区域性环境规划　　B．环境卫生设施建设规划

C．当地的农业发展规划　　D．当地的城市规划

4．在对生活垃圾填埋场场址进行环境影响评价时，应考虑生活垃圾填埋场产生的

因素有（　　）。

A．渗滤液　　B．大气污染物

C．恶臭物质　　D．滋养动物（蚊、蝇、鸟类等）

5．根据《生活垃圾填埋场污染控制标准》，生活垃圾填埋场场址的选择应避开（　　）区域。

A．活动中的坍塌、滑坡和隆起地带　　B．石灰岩溶洞发育带

C．活动沙丘区　　D．稳定的冲积扇及冲沟地区

E．泥炭

6．根据《生活垃圾填埋场污染控制标准》，生活垃圾填埋场场址的选择应避开（　　）区域。

A．破坏性地震及活动构造区　　B．活动中的断裂带

C．废弃矿区的活动塌陷区　　D．海啸及涌浪影响区

E．湿地

7．根据《生活垃圾填埋场污染控制标准》，下列废物可以直接进入生活垃圾填埋场填埋处置的是（　　）。

A．未经处理的餐饮废物

B．生活垃圾堆肥处理产生的固态残余物

C．生活垃圾焚烧炉渣（不包括焚烧飞灰）

D．环境卫生机构收集的混合生活垃圾

E．服装加工、食品加工以及其他城市生活服务行业产生的性质与生活垃圾相近的一般工业固体废物

8．根据《生活垃圾填埋场污染控制标准》，下列废物可以直接进入生活垃圾填埋场填埋处置的是（　　）。

A．电子废物

B．企事业单位产生的办公废物

C．医疗废物焚烧残渣（包括飞灰、底渣）

D．含水率小于 30%，二噁英含量低于 3 μgTEQ/kg 的生活垃圾焚烧飞灰

E．禽畜养殖废物

9．根据《生活垃圾填埋场污染控制标准》，下列废物不得在生活垃圾填埋场中填埋处置的是（　　）。

A．满足相关要求的医疗废物焚烧残渣（包括飞灰、底渣）

B．未经处理的餐饮废物

C．未经处理的粪便

D．禽畜养殖废物

E. 电子废物及其处理处置残余物

10. 2011年7月1日前，现有生活垃圾填埋场无法满足《生活垃圾填埋场污染控制标准》（GB 16889—2008）中表2规定的水污染物排放浓度限值要求的，满足下列（　　）条件时可将生活垃圾渗滤液送往城市二级污水处理厂进行处理。

A. 生活垃圾渗滤液在填埋场经过处理后，总汞、总镉、总铬、六价铬、总砷、总铅等污染物浓度达到GB 16889—2008表2规定的浓度限值

B. 城市二级污水处理厂每日处理生活垃圾渗滤液总量不超过污水处理量的1%，并不超过城市二级污水处理厂额定的污水处理能力

C. 生活垃圾渗滤液应均匀注入城市二级污水处理厂

D. 不影响城市二级污水处理厂的污水处理效果

11. 根据《生活垃圾填埋场污染控制标准》，生活垃圾填埋场不得建设在下列（　　）。

A. 居民密集居住区

B. 国务院和国务院有关主管部门及省、自治区、直辖市人民政府划定的自然保护区、风景名胜区、生活饮用水水源地和其他需要特别保护的区域内

C. 直接与航道相通的地区

D. 活动的坍塌地带、断裂带、地下蕴矿带、石灰坑及溶岩洞区

E. 地下水补给区、洪泛区、淤泥区

12. 根据《生活垃圾填埋场污染控制标准》，一般情况，下列是生活垃圾填埋场渗滤液排放控制项目的是（　　）。

A. DO　　B. SS　　C. COD

D. BOD_5　　E. 粪大肠菌群数

13. 根据《危险废物贮存污染控制标准》，适用于危险废物的（　　）。

A. 产生者　　B. 经营者　　C. 使用者　　D. 管理者

14. 根据《危险废物焚烧污染控制标准》，适用于除（　　）以外的新建危险废物焚烧设施建设项目的环境影响评价、危险废物焚烧设施的设计与施工、竣工验收、排污许可管理及建成后运行过程中的污染控制和环境管理。

A. 易爆　　B. 易燃　　C. 剧毒　　D. 具有放射性

15. 根据《危险废物焚烧污染控制标准》，危险废物焚烧设施不允许建设在人口密集的（　　）等需要特别保护的区域内。

A. 文化区　　B. 商业区　　C. 工业区　　D. 居住区

16. 根据《危险废物焚烧污染控制标准》，危险废物焚烧设施不允许建设在下列功能区的是（　　）。

A. 地表水环境质量Ⅰ类功能区　　B. 环境空气质量一类功能区

C．环境空气质量二类功能区　　D．地表水环境质量Ⅱ类功能区

17．根据《危险废物焚烧污染控制标准》，危险废物焚烧设施不允许建设在下列区域的是（　　）。

A．水产养殖区　　B．集中式生活饮用水地表水源一级保护区

C．风景名胜区　　D．集中式生活饮用水地表水源二级保护区

E．农村地区

18．根据《危险废物焚烧污染控制标准》，关于焚烧炉排气筒高度的说法，正确的是（　　）。

A．新建集中式危险废物焚烧厂焚烧炉排气筒周围半径 200 m 内有建筑物时，排气筒高度必须高出最高建筑物 5 m 以上

B．对有几个排气源的焚烧厂应集中到一个排气筒排放或采用多筒集合式排放

C．焚烧炉排气筒应按 GB/T 16157 的要求，设置永久采样孔

D．焚烧炉排气筒最低允许高度不低于 25 m

19．根据《一般工业固体废物贮存和填埋污染控制标准》，适用于（　　）的一般工业固体废物贮存场和填埋场的选址、建设、运行、封场、土地复垦的污染控制和环境管理。

A．新建　　B．扩建　　C．改建

D．已经建成投产　　E．退役

20．根据《一般工业固体废物贮存和填埋污染控制标准》，不适用于（　　）填埋场。

A．纺织工业垃圾　　B．危险废物

C．生活垃圾　　D．水泥工业垃圾

21．根据《一般工业固体废物贮存和填埋污染控制标准》，下列关于一般工业固体废物贮存场、填埋场场址选择要求的说法，正确的是（　　）。

A．应符合环境保护法律法规及相关法定规划要求

B．应避开活动断层、溶洞区、天然滑坡或泥石流影响区以及湿地等区域

C．不得选在生态保护红线区域、永久基本农田集中区域和其他需要特别保护的区域外

D．不得选在江河、湖泊、运河、渠道、水库最高水位线以上的滩地和岸坡

E．贮存场、填埋场的位置与周围居民区的距离应依据环境影响评价文件及审批意见确定

22．根据《一般工业固体废物贮存和填埋污染控制标准》，属于自燃性煤矸石的贮存场，大气以（　　）为控制项目。

A．二氧化氮　　B．二氧化硫　　C．一氧化碳　　D．颗粒物

23. 根据《一般工业固体废物贮存和填埋污染控制标准》，下列关于一般工业固体废物贮存场、填埋场的地下水的控制项目的说法，正确的是（ ）。

A. 地下水监测因子由企业根据贮存及填埋废物的特性提出

B. 地下水监测因子必须具有代表性且能表征固体废物特性

C. 常规测定项目应至少包括：浑浊度、pH、溶解性总固体、氯化物、硝酸盐（以N计）、亚硝酸盐（以N计）

D. 常规测定项目应包括所有GB/T 14848中所列因子

24. 根据《一般工业固体废物贮存和填埋污染控制标准》，适用于新建、扩建、改建及已经建成投产的一般工业固体废物贮存场、填埋场的（ ）。

A. 选址　　B. 建设

C. 运行　　D. 封场及土地复垦

25. 某危险废物填埋场选址位于荒山沟里，场界周边1 km内无居民区，地下水位在不透水层1 m以下，场界边缘处有一活动断裂带。据此判断，可能制约该危险废物填埋场选址可行性的因素有（ ）。

A. 地下水位　　B. 现场黏土资源

C. 活动断裂带　　D. 无进场道路

26. 根据《生活垃圾填埋场污染控制标准》，下列甲烷排放控制要求中正确的有（ ）。

A. 填埋工作面上2 m以下高度范围内甲烷的体积百分比应不大于0.1%

B. 填埋工作面上2 m以下高度范围内甲烷的体积百分比应不大于1%

C. 生活垃圾填埋场应采取甲烷减排措施

D. 当通过导气管道直接排放填埋气体时，导气管排放口的甲烷的体积百分比不大于5%

E. 当通过导气管道直接排放填埋气体时，导气管排放口的甲烷的体积百分比不大于3%

27. 根据《生活垃圾填埋场污染控制标准》，生活垃圾填埋场选址应避开的区域有（ ）。

A. 经济林区　　B. 成片一般农田

C. 活动沙丘区　　D. 城市规划区

28. 根据《一般工业固体废物贮存和填埋污染控制标准》，下列可用于煤矿采空区井下充填的一般固体废物有（ ）。

A. 粉煤灰　　B. 煤矸石

C. 生活垃圾　　D. 气化渣

29. 下列活动中，适用《生活垃圾填埋场污染控制标准》的有（ ）。

A．新建生活垃圾填埋场建设过程中的污染控制

B．新建生活垃圾填埋场运行过程中的污染控制

C．现有生活垃圾填埋场运行过程中的污染控制

D．与生活垃圾填埋场配套建设的生活垃圾转运站的建设、运行

30．根据《一般工业固体废物贮存和填埋污染控制标准》，场址符合贮存场及填埋场选择要求的有（　　）。

A．位于生态保护红线区域

B．不在地下水主要补给区

C．位于渠道最高水位线之上的滩地和岸坡

D．与周围居民区的距离符合环评要求

31．根据《固体废物鉴别标准　通则》，下列关于其适用范围的说法，正确的是（　　）。

A．放射性废物的鉴别适用本标准

B．本标准不适用于固体废物的分类

C．对于有专用固体废物鉴别标准的物质的固体废物鉴别，不适用于本标准

D．本标准适用于材料和物质的固体废物鉴别

E．本标准适用于液态废物的鉴别

32．根据《固体废物鉴别标准　通则》，该标准规定了（　　）。

A．依据产生来源的固体废物鉴别准则

B．在利用和处置过程中的固体废物鉴别准则

C．不作为固体废物管理的物质

D．不作为液态废物管理的物质

33．根据《固体废物鉴别标准　通则》，下列（　　）属于利用和处置过程中的固体废物。

A．焚烧处置的生活垃圾　　B．病害动物尸体

C．堆肥后的肥料　　D．煤矸石

34．根据《固体废物鉴别标准　通则》，下列（　　）不属于利用和处置过程中的固体废物。

A．科学研究用的污泥样品　　B．企业生产的不合格品

C．填埋处置的工业垃圾　　D．假冒伪劣产品

35．根据《固体废物鉴别标准　通则》，下列（　　）不作为固体废物管理的物质。

A．实验室化验分析用的废酸液样品

B．生产筑路材料

C．科学研究用的动物粪便样品

D．修复后作为土壤用途使用的污染土壤

36．根据《固体废物鉴别标准 通则》，下列（ ）不作为固体废物管理的物质。

A．焚烧用的污染土壤

B．修复后作为土壤用途使用的污染土壤

C．供实验室化验分析用或科学研究用固体废物样品

D．直接留在采空区符合 GB 18599 中第Ⅰ类一般工业固体废物要求的采矿废石

37．根据《固体废物鉴别标准 通则》，下列（ ）不作为固体废物管理的物质。

A．直接留在采空区符合 GB 18599 中第Ⅰ类一般工业固体废物要求的尾矿

B．采矿过程中产生的尾矿

C．直接留在采空区符合 GB 18599 中第Ⅰ类一般工业固体废物要求的煤矸石

D．采矿过程中产生的煤矸石

38．根据《固体废物鉴别标准 通则》，下列（ ）不作为液态废物管理的物质。

A．化工生产过程中产生的废母液

B．石油炼制过程中产生的废碱液经处理设施达标后的废水

C．固体废物填埋场产生的渗滤液经处理设施达标后的废水

D．固体废物填埋场产生的渗滤液经处理产生的浓缩液

参考答案

一、单项选择题

1．D 【解析】依据《生活垃圾填埋场污染控制标准》，禽畜养殖废物不能进入生活垃圾填埋场填埋处置。

2．A 3．C 4．A 5．C 6．D 7．A

8．B 【解析】依据《生活垃圾填埋场污染控制标准》6.6 原文："厌氧产沼等生物处理后的固态残余物、粪便经处理后的固态残余物和生活污水处理厂污泥经处理后含水率小于 60%，可以进入生活垃圾填埋场填埋处置。"

9．C 10．D 11．A 12．D

13．B 【解析】依据《生活垃圾填埋场污染控制标准》9.4 原文："生活垃圾转运站产生的渗滤液经收集后，可采用密闭运输送到城市污水处理厂处理、排入城

市排水管网进入城市污水处理厂处理或自行处理等方式，排入设置城市污水处理厂的排水管网的，应在转运站内对渗滤液进行处理，总汞、总镉、总铬、六价铬、总砷、总铅等污染物质量浓度达到表 2 规定的浓度限值，其他水污染物排放控制要求由企业与城镇污水处理厂根据其污水处理能力商定或执行相关标准。”

14. C 【解析】掺加生活垃圾质量超过入炉（窑）物料总质量 30%的工业窑炉以及生活污水处理设施产生的污泥、一般工业固体废物的专用焚烧炉的污染控制参照本标准执行。

15. D

16. D 【解析】应依据环境影响评价结论确定生活垃圾焚烧厂厂址的位置及其与周围人群的距离。经具有审批权的生态环境主管部门批准后，这一距离可作为规划控制的依据。

17. C 【解析】危险废物和电子废物及其处理处置残余物不得在生活垃圾焚烧炉中进行焚烧处置。

18. B 【解析】危险废物和电子废物及其处理处置残余物不得在生活垃圾焚烧炉中进行焚烧处置。C 为感染性废物。

19. D 【解析】生活垃圾焚烧飞灰与焚烧炉渣应分别收集、贮存、运输和处置。生活垃圾焚烧飞灰应按危险废物进行管理，如进入生活垃圾填埋场处置，应满足 GB 16 889 的要求；如进入水泥窑处置，应满足 GB 30485 的要求。

20. D 【解析】现把有关固体废物污染控制标准适用范围总结如下：

有关固体废物污染控制标准适用范围比较

标准类型	适用范围
《生活垃圾填埋场污染控制标准》	
《危险废物贮存污染控制标准》	不适用于尾矿
《危险废物填埋污染控制标准》	不适用于放射性废物
《危险废物焚烧污染控制标准》	不适用于放射性和易爆废物

21. B

22. A 【解析】根据《危险废物贮存污染物控制标准》修改单（2013 年），应依据环境影响评价结论确定危险废物集中贮存设施的位置及其与周围人群的距离，并经具有审批权的生态环境主管部门批准，并可作为规划控制的依据。

23. C　24. B

25. A 【解析】基础必须防渗，防渗层为至少 1 m 厚黏土层（渗透系数 $\leqslant 10^{-7}$ cm/s），或 2 mm 厚高密度聚乙烯，或至少 2 mm 厚的其他人工材料，渗透系数 $\leqslant 10^{-10}$ cm/s。

26．D 【解析】根据《危险废物贮存污染物控制标准》修改单（2013 年），在对危险废物集中贮存设施场址进行环境影响评价时，应重点考虑危险废物集中贮存设施可能产生的有害物质泄漏、大气污染物（含恶臭物质）的产生与扩散以及可能的事故风险等因素，根据其所在地区的环境功能区类别，综合评价其对周围环境、居住人群的身体健康、日常生活和生产活动的影响，确定危险废物集中贮存设施与常住居民居住场所、农用地、地表水体以及其他敏感对象之间合理的位置关系。

27．B 28．C 29．B 30．B 31．D 32．B 33．A

34．D 【解析】根据《危险废物填埋污染控制标准》，危险废物填埋场场址的位置及与周围人群的距离应依据环境影响评价结论确定。

35．C 36．D 37．B

38．B 【解析】根据《一般工业固体废物贮存和填埋污染控制标准》（GB 18599—2020），原文 5.1.2：“贮存场、填埋场的防洪标准应按重现期不小于 50 年一遇的洪水位设计，国家已有标准提出更高要求的除外。”

39．C 40．C 41．D

42．A 【解析】根据《一般工业固体废物贮存和填埋污染控制标准》原文 5.2.1：“当天然基础层饱和渗透系数不大于 1.0×10^{-5} cm/s，且厚度不小于 0.75 m 时，可以采用天然基础层作为防渗衬层。”

43．D

44．A 【解析】其他 3 个属危险废物。

45．B 46．D

47．D 【解析】根据《危险废物填埋污染控制标准》，选项 A 正确描述为：填埋场场址不得选在山洪、泥石流影响地区及活动沙丘区；B 正确描述为：填埋场选址的标高应位于重现期不小于 100 年一遇的洪水位之上；C 正确描述为：填埋场选址不得选在尚未稳定的冲积扇、冲沟地区。

48．A 49．B 50．D

51．D【解析】选在煤矿采空区不符合《一般工业固体废物贮存和填埋污染控制标准》贮存场、填埋场应避开活动断层、溶洞区、天然滑坡或泥石流影响区以及湿地等区域。

52．B 53．A 54．B 55．B 56．C

57．B 【解析】《危险废物贮存污染控制标准》的适用范围除尾矿外，适合所有的危险废物。铬选矿场的矿砂属于尾矿。

58．C 59．C

60．B 【解析】平板玻璃厂的废玻璃属于一般工业固体废物，厨余垃圾属生活垃圾，其余两个属危险废物。

61．A

62．B　【解析】生活垃圾焚烧飞灰和医疗废物焚烧残渣（包括飞灰、底渣）经处理后满足下列条件，可以进入生活垃圾填埋场填埋处置。

63．D　【解析】生活垃圾转运站产生的渗滤液经收集后，可采用密闭运输送到城市污水处理厂处理、排入城市排水管道进入城市污水处理厂处理或者自行处理等方式。

64．C

65．D　【解析】高频考点。选项 A 为避开的区域，选项 C 的深度应为 3 m。

66．D　【解析】含硝酸铵的废活性炭具有爆炸性，不适用。

67．C　【解析】选项 B 和 D 属危险废物。

68．B

69．A　【解析】本标准不适用于放射性废物的鉴别。

70．C　【解析】本标准不适用于固体废物的分类。

71．D　【解析】选项 D 属于利用和处置过程中的固体废物。

72．A　【解析】选项 A 属于利用和处置过程中的固体废物。

73．D　【解析】“不经过贮存或堆积过程，而在现场直接返回到原生产过程或返回其产生过程的物质”不作为固体废物管理的物质。

74．D　【解析】选项 D 属固体废物，但金属矿、非金属矿和煤炭采选过程中直接留在或返回到采空区的符合 GB 18599 中第Ⅰ类一般工业固体废物要求的采矿废石、尾矿和煤矸石不按固体废物进行管理（但是带入采矿废石、尾矿和煤矸石以外的其他污染物质的除外）；这样管理可以促使高炉渣、钢渣、粉煤灰、锅炉渣、煤矸石、尾矿等固体废物作为建材原料使用，减少堆存量。

75．D　【解析】“在石油炼制过程中产生的废酸液、废碱液、白土渣、油页岩渣”属固体废物。

二、不定项选择题

1．BCDE　【解析】选项 D 和 E 属工业固体废物的一种。

2．ABCDE　3．ABD　4．ABCD　5．ABCE　6．ABCDE　7．BCDE

8．B　【解析】选项 D 错的原因是：除满足题中的两个条件以外，它还应满足浸出液污染物浓度限值的要求。

9．BCDE　10．ACD　11．ABCDE　12．BCDE　13．ABD　14．AD　15．ABD　16．ABD

17．BC　【解析】危险废物焚烧设施不允许建设在 GB 3838 中规定的地表水环境质量Ⅰ类、Ⅱ类功能区和 GB 3095 中规定的环境空气质量一类功能区。选项 A 和

D属地表水环境质量Ⅲ类功能区。选项E属环境空气质量二类功能区。

18. ABCD 【解析】根据《危险废物焚烧污染控制标准》5.3.5.1中表2可知，焚烧炉排气筒最低允许高度为25 m。

19. ABC 20. BC 21. ABE 22. BD 23. ABC

24. ABCD 【解析】参照《一般工业固体废物贮存和填埋污染控制标准》（GB 18599—2020）。

25. AC

26. ACD 【解析】根据《生活垃圾填埋场污染控制标准》原文9.2："填埋工作面上2 m以下高度范围内甲烷的体积百分比应不大于0.1%。生活垃圾填埋场应采取甲烷减排措施；当通过导气管道直接排放填埋气体时，导气管排放口的甲烷的体积百分比不大于5%。"

27. CD 【解析】生活垃圾填埋场场址不应选在城市工农业发展规划区、农业保护区、自然保护区、风景名胜区、文物（考古）保护区、生活饮用水水源保护区、供水远景规划区、矿产资源储备区、军事要地、国家保密地区和其他需要特别保护的区域内。生活垃圾填埋场场址的选择应避开下列区域：破坏性地震及活动构造区；活动中的坍塌、滑坡和隆起地带；活动中的断裂带；石灰岩溶洞发育带；废弃矿区的活动塌陷区；活动沙丘区；海啸及涌浪影响区；湿地；尚未稳定的冲积扇及冲沟地区；泥炭以及其他可能危及填埋场安全的区域。

28. AB 【解析】《一般工业固体废物贮存和填埋污染控制标准》（GB 18599—2020）对可用于煤矿井下充填及回填作业的一般固废做了规定。

29. ABCD 30. BCD 31. BCDE 32. ABCD

33. AC 【解析】依据《固体废物鉴别标准 通则》5利用和处置过程中的固体废物鉴别，5.1 a 原文："以土壤改良、地块改造、地块修复和其他土地利用方式直接施用于土地或生产施用于土地的物质（包括堆肥），以及生产筑路材料。"

34. BD 【解析】供实验室化验分析用或科学研究用固体废物样品不作为固体废物管理。填埋处置的工业垃圾属于利用和处置过程中的固体废物。

35. ACD

36. BCD 【解析】以下物质不作为固体废物管理：任何不需要修复和加工即可用于其原始用途的物质，或者在产生点经过修复和加工后满足国家、地方制定或行业通行的产品质量标准并且用于其原始用途的物质；不经过贮存或堆积过程，而在现场直接返回到原生产过程或返回其产生过程的物质；修复后作为土壤用途使用的污染土壤；供实验室化验分析用或科学研究用固体废物样品。金属矿、非金属矿和煤炭采选过程中直接留在或返回到采空区的符合 GB 18599 中第Ⅰ类一般工业固体废物要求的采矿废石、尾矿和煤矸石。但是带入除采矿废石、尾矿和煤矸石以外的其他污染物质的除外。

37. AC

38. BC 【解析】不作为液态废物管理的物质有：满足相关法规和排放标准要求可排入环境水体或者市政污水管网和处理设施的废水、污水；经过物理处理、化学处理、物理化学处理和生物处理等废水处理工艺处理后，可以满足向环境水体或市政污水管网和处理设施排放的相关法规和排放标准要求的废水、污水。废酸、废碱中和处理后产生的满足上述两条要求的废水。

第十二章　海洋工程环境影响评价技术导则

一、单项选择题（每题的备选项中，只有一个最符合题意）

1．近岸海域在渤海和北部湾一般指水深（　　）海域。

A．5 m 以浅　　B．10 m 以浅

C．15 m 以浅　　D．20 m 以浅

2．某一跨海桥梁，长度约 5 km，其生态和生物资源环境评价等级应为（　　）。

A．一级　　B．二级

C．三级　　D．一级或二级均有可能

3．海底隧道工程采取明挖（沉管等）方式建设时，其单项评价工作等级应（　　）。

A．维持不变　　B．调高

C．调低　　D．结合项目所在区敏感程度判定

4．沿岸海域以外的海洋沉积物、海洋地形地貌与冲淤、数值模拟用海洋水文动力历史资料应为（　　）。

A．3 年以内　　B．5 年以内

C．10 年以内　　D．30 年以内

5．下列说法正确的是（　　）。

A．特大型海洋工程建设项目，可以根据项目特征有选择性地获得海洋水文动力、海水水质、海洋生态（含生物资源）的春、夏、秋、冬四季现状资料

B．1 级评价的建设项目，须获得海洋水文动力、海水水质、海洋生态（含生物资源）三个季节以上现状资料

C．2 级评价的建设项目，须获得海洋水文动力、海水水质、海洋生态（含生物资源）一个季节以上现状资料

D．3 级及 3 级以下项目，根据项目的必要性确定是否搜集现状资料

6．环境现状（含海洋生物遗传多样性）调查或监测时，海水水质、海洋生态和生物资源的调查频次为（　　）。

A．1 次　　B．2 次　　C．3 次　　D．4 次

二、不定项选择题（每题的备选项中至少有一个符合题意）

1．根据《海洋工程环境影响评价技术导则》，适用于中华人民共和国（　　）海洋工程建设项目的环境影响评价工作。

A．内水　　B．领海　　C．管辖的其他海域内

D．入海口　　E．大陆架

2．海洋工程建设项目各单项环境影响评价内容包括（　　）。

A．海水水质环境　　B．海洋沉积物环境

C．海洋生态和生物资源环境　　D．海洋地形地貌与冲淤环境

E．海洋水文动力环境　　F．环境风险

3．海洋工程调查站布设的一般原则有（　　）。

A．全面覆盖（范围）　　B．均匀布设

C．重点代表　　D．应考虑环境敏感区

4．下列关于环境现状（含海洋生物遗传多样性）和放射性现状（本底）调查或监测的范围，说法正确的是（　　）。

A．以放射性废液排放点为中心，半径 30～50 km 海域

B．调查断面以扇形布置为宜

C．调查站位的布设应符合全面覆盖、近密远疏、重点代表原则

D．调查断面数量宜不少于 5 条

E．每条调查断面中站位数量宜不少于 5～6 个站位

5．下列关于取排水口选址，说法正确的是（　　）。

A．不应选在海湾内　　B．不应选在生态敏感区海域

C．不应选在水文动力较强海域　　D．宜选在有利于水体交换的海湾口外海域

E．应考虑受纳水体范围内生物、沉积物的放射性长期积累效应和影响

6．下列关于海洋工程建设项目选址与优化，说法正确的是（　　）。

A．其选址、规模、类型等应当符合海洋功能区划、海洋环境保护规划、区域发展规划和相关的产业发展规划

B．区域（连片）开发工程应避开冲蚀区、地质不稳定区等水动力、地形地貌与冲淤环境敏感区

C．单项海砂开发工程应避开冲蚀区、地质不稳定区等水动力、地形地貌与冲淤环境敏感区

D．应把环境影响的方式、范围、程度，对周边海洋生态和海洋功能的影响，环境风险等作为比选要素

参考答案

一、单项选择题

1. B 2. A 3. B 4. C 5. C 6. D

二、不定项选择题

1. ABC 【解析】导则已明确给出适用范围。

2．ABCDEF 3．ABC 4．ABCDE 5．ABDE 6．ABCD

参考文献

[1] 生态环境部．环境影响评价工程师职业资格考试大纲（2023 年版）．北京：中国环境出版集团，2023．

[2] 生态环境部环境工程评估中心．环境影响评价技术导则与标准（2023 年版）．北京：中国环境出版集团，2023．

[3] 生态环境部．建设项目环境风险评价技术导则：HJ 169—2018．北京：中国环境出版集团，2019．

[4] 生态环境部．环境影响评价技术导则　大气环境：HJ 2.2—2018．北京：中国环境出版集团，2018．

[5] 生态环境部．环境影响评价技术导则　地表水环境：HJ 2.3—2018．北京：中国环境出版集团，2019．

[6] 生态环境部．环境影响评价技术导则　土壤环境（试行）：HJ 964—2018．北京：中国环境出版集团，2019．

[7] 环境保护部．建设项目环境影响评价技术导则　总纲：HJ 2.1—2016．北京：中国环境出版社，2017．

[8] 环境保护部．环境影响评价技术导则　地下水环境：HJ 610—2016．北京：中国环境出版社，2016．

[9] 生态环境部．环境影响评价技术导则　声环境：HJ 2.4—2021．北京：中国环境出版集团，2021．

[10] 生态环境部．环境影响评价技术导则　生态影响：HJ 19—2022．北京：中国环境出版集团，2022．

[11] 生态环境部．规划环境影响评价技术导则　总纲：HJ 130—2019．

[12] 生态环境部．规划环境影响评价技术导则　产业园区：HJ 131—2021．

[13] 生态环境部．规划环境影响评价技术导则　流域综合规划：HJ 1218—2021．

[14] 国家质量监督检验检疫总局，中国国家标准化管理委员会．海洋工程环境影响评价技术导则：GB/T 19485—2014．